本套丛书由
中航传媒与《轻兵器》杂志社
联袂推出

兵器装备研究所权威出品
轻武器科普丛书标杆之作

轻武器典藏手册
——世界著名冲锋枪 I

《轻武器系列丛书》编委会／编

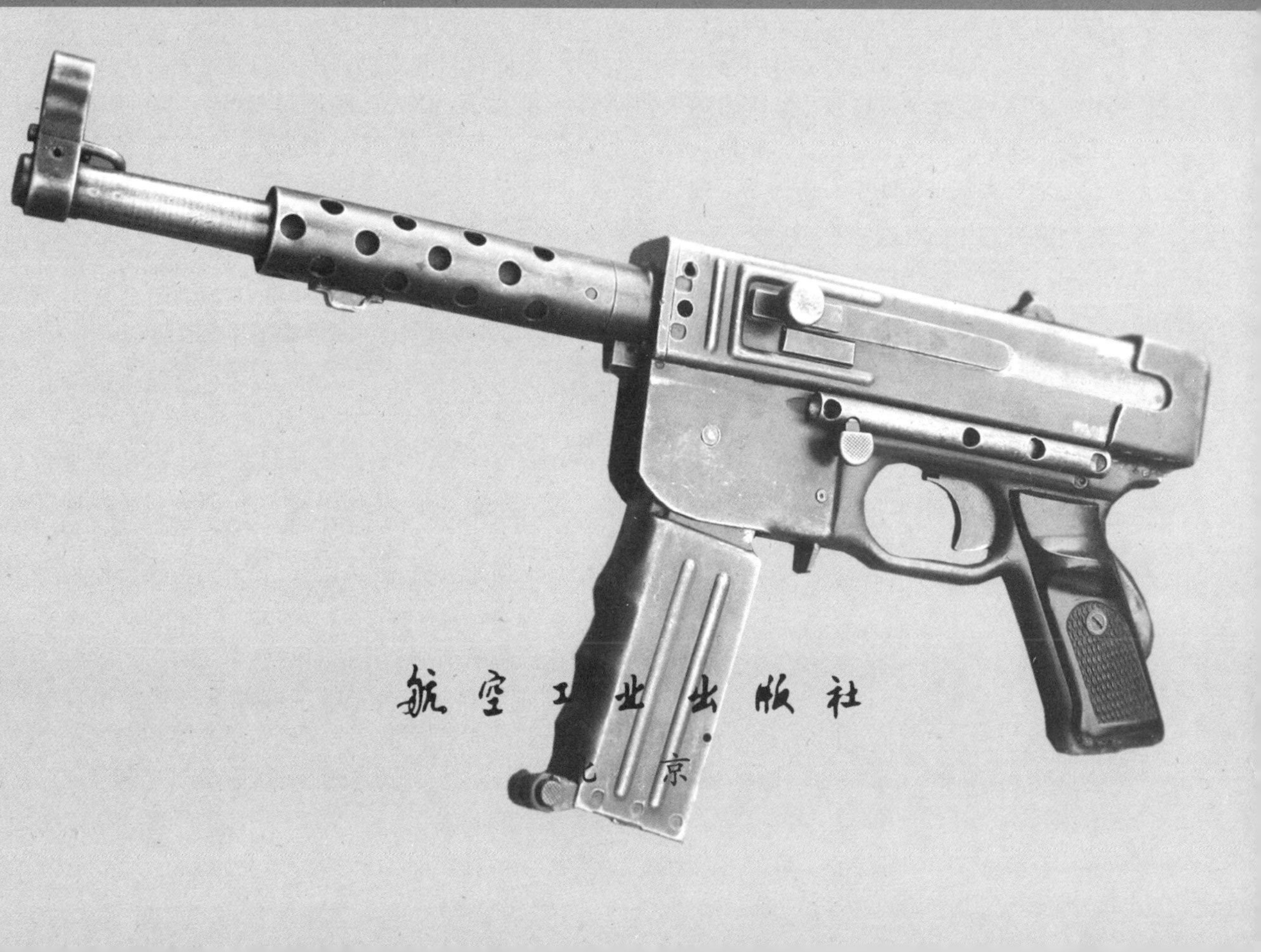

航空工业出版社
·北京·

内 容 提 要

《轻武器典藏手册——世界著名冲锋枪I》精选了第二次世界大战前的世界主要军事强国最富有代表性的典型冲锋枪型号,图文并茂。书中不仅全面细致地介绍了各种冲锋枪的基本性能特点,而且结合研制历史、经典战例,以及军队装备使用等情况进行了综合描述,使读者能全方位地了解每种世界顶尖轻武器的来龙去脉和奇闻趣事。

图书在版编目（CIP）数据

世界著名冲锋枪. 1 / 《轻武器系列丛书》编委会编. --北京：航空工业出版社，2013.1（2019.1重印）
　（轻武器典藏手册）
　ISBN 978-7-5165-0125-2

Ⅰ. ①世… Ⅱ. ①轻… Ⅲ. ①冲锋枪—世界—普及读物 Ⅳ. ①E922.13-49

中国版本图书馆CIP数据核字(2012)第293353号

轻武器典藏手册——世界著名冲锋枪 Ⅰ
Qingwuqi Diancang Shouce——Shijie Zhuming Chongfengqiang I

航空工业出版社出版发行
（北京市朝阳区北苑2号院　100012）
发行部电话：010-84936597　010-84936343

三河市金轩印务有限公司印刷	全国各地新华书店经售
2013年1月第1版	2019年1月第2次印刷
开本：787×1092　1/16	印张：12　字数：320千字
印数：8001—8500	定价：49.80元

（凡购买本社图书，如有印装质量问题，可与发行部联系调换）

《轻武器系列丛书》编委会

总策划 袁 炜
主 任 王晓涛
副主任 魏开功
主要作者（按汉语拼音排序）

卞荣宣	褚倩倩	陈 霞	池晓宇	陈艳丽	程明生
方韦福	郭 勇	郭占义	韩奎元	金云凤	黎 明
柳鹏飞	罗长秀	李振平	李伟录	李克峰	刘秀玲
聂春明	马式曾	孙成智	史宗宾	吴海峰	王继亮
魏开功	汪 垚	王玉枢	王亚玮	王正和	袁 炜
张鸿铨	孙 卉	程力行	张宇翔	张燕龙	张 敏
张作友	曾振宇				

序

国无防不立，国家的昌盛、民族的兴旺离不开全民国防意识的增强。还在担任轻武器博物馆馆长的时候，我就在计划出一套轻武器类的科普丛书。因为枪械是士兵最基本的装备，枪械发展史几乎就是世界近代战争史的一个缩影。现在，要想收集齐全世界的各种轻武器，几乎是不可能的，但如果要说近代以前的枪械种类型号，却大都能在中国找到。因为20世纪前50年群雄逐鹿、战乱纷飞的中国，为各种新式武器提供了一个绝佳的展示平台，全世界稍有名气的枪械几乎都能通过各种渠道进入到中国，这在其他国家是难以想象的一件事。这些战后留存在中国的武器，现在大都进了军械库、博物馆或专业机构，也正因为如此，研究轻武器发展史，中国具有很多国家不具备的优势条件。

经过几年的策划和准备，终于有机会出版这样一套丛书。本套轻武器典藏手册系列丛书，是中航出版传媒有限责任公司和《轻兵器》杂志社联袂出版的一套轻武器科普丛书，为《轻兵器》杂志30多年精华内容的鼎力呈现，可以说是目前国内见得到的最有权威性和欣赏、收藏价值的武器装备类丛书之一。《轻兵器》杂志社是国内唯一的一家轻武器类专业期刊社，有中国唯一的轻武器研究所作为支撑，作者群涵括了军队、兵器行业科研领域的顶级枪械专家，30多年来发表了难以计数的高质量文章，文字权威专业，写作风格严谨活泼，可以说在内容品质上树立了国内轻武器类科普丛书领域不容置疑的标杆地位。

身为《轻兵器》杂志社的前成员之一，我非常欣慰这套丛书的出版。为了配合文字内容达到更好的视觉效果，很多枪械照片都专门从轻武器博物馆进行了重新拍摄，希望读者能喜欢。

袁炜
2012年12月

目录

绪　论　近代冲锋枪发展简史 ... 1

冲锋枪的鼻祖
——意大利维勒·帕洛沙M1915冲锋枪 ... 10

惊鸿一瞥的设计
——意大利FNAB-43冲锋枪 ... 16

史上第一支实用的冲锋枪
——德国MP18 I式冲锋枪 ... 20

禁令下的产物
——德国MP28II式冲锋枪 ... 30

闪电战的象征
——德国MP38/40冲锋枪 ... 36

偷学而垂成
——德国MP3008冲锋枪 ... 46

英国"第一支"冲锋枪
——兰彻斯特冲锋枪 ... 50

具有"乞丐"风格的"大腕"
——英国司登系列冲锋枪 ... 54

"管子工"的继承者
——英国斯太令系列冲锋枪 ... 62

不为人知的英国BSA希拉里冲锋枪与德纳利冲锋枪 ... 73

从臭名昭著的黑手党武器到军用名枪
——美国汤姆逊冲锋枪 ... 78

传奇的"注油"枪
——美国M3盖德冲锋枪 ... 87

太平洋战场的见证
——美国雷兴11.43mm系列冲锋枪 ... 94

I

最昂贵≠最实用
——瑞士斯太尔-苏罗通S1-100冲锋枪 　　101

后知后觉的经典
——瑞典M45 系列冲锋枪 　　106

被忽略的角色
——日本100式冲锋枪 　　117

异域奇葩
——澳大利亚欧文冲锋枪 　　121

遗忘之剑
——波兰BH冲锋枪 　　126

划破黑暗的夜空
——波兰闪电冲锋枪 　　130

时运不济
——法国STA1924冲锋枪 　　136

独具特色的法国MAS M1938冲锋枪 　　141

第一代冲锋枪中的佼佼者
——捷克ZK383双射速冲锋枪 　　144

包络式枪机的代表
——捷克Vz23/25冲锋枪 　　148

罗马尼亚的骄傲
——奥里塔M1941冲锋枪 　　152

星途坎坷
——西班牙星式冲锋枪系列 　　157

沉默中闪光
——芬兰、瑞典冲锋枪 　　162

卡拉什尼柯夫设计的第一支枪
——苏联1942年式卡拉什尼柯夫（ППК）冲锋枪 　　169

卫国战争的象征
——苏联"波波莎"冲锋枪 　　174

反法西斯战场上的"铁骨男孩"
——苏联"波波斯"冲锋枪 　　180

绪论 近代冲锋枪发展简史

冲锋枪是一种单兵双手握持发射手枪弹的轻型全自动武器，它短小精悍、火力猛烈、使用灵活，非常适合冲锋或反冲锋，山岳丛林、阵地堑壕、城市巷战等短兵相接的遭遇战和破袭战等，是轻武器家族中年轻而不可缺少的重要成员之一。

最早的冲锋枪是从19世纪90年代开始设计的，但直至第一次世界大战开始后才出现了几支样枪。被誉为冲锋枪之父的意大利人贝特尔·艾比尔·列维里（Bethel Abiel Revelli）于1915年设计成功的维勒·帕洛沙M1915 9mm冲锋枪是世界上第一支发射手枪弹的自动武器，被公认为是冲锋枪的鼻祖。而世界上第一支真正实用的冲锋枪却是德国伯格曼MP18I式9mm冲锋枪。当时的意大利人称冲锋枪为"轻机枪"，首创"冲锋枪（Submachinegun）"这一名称的人则是美国主管轻武器研究的约翰·托利费·汤姆逊将军。纵观冲锋枪的发展历程，已经历了四个不同的发展阶段，本书主要对近代（第二次世界大战结束前）的冲锋枪发展作一回顾。

20世纪初叶冲锋枪的发展

意大利冲锋枪 堪称冲锋枪鼻祖的维勒·帕洛沙M1915 9mm冲锋枪是世界上第一支使用手枪弹的双管连发武器，它的出现不仅给人以耳目一新的感觉，而且开创了单兵连发武器的新纪元。该枪采用半自由枪机自动方式；配有各种不同的两脚架和三脚架，或者固定在一个特殊的金属挡板上；供弹方式为25发弹匣的上方供弹。意大利陆军为填补步枪和重机枪之间的空白，将其作为轻机枪使用，但手枪弹的威力却不能满足轻机枪射程的要求，结果事与愿违。第一次世界大战一结束，维勒·帕洛沙冲锋枪就被打入"冷宫"。1918年，意大利政府要求当时的维勒·帕洛沙和伯莱塔两家兵工厂对9mm维勒·帕洛沙冲锋枪进行改进。根据这一要求，维勒·帕洛沙兵工厂设计了9mm OVP冲锋枪，而伯莱塔兵工厂则由意大利著名的多产设计师图利奥·马恩戈尼在原维勒·帕洛沙冲锋枪的基础上设计了他的第一支冲锋枪——9mm伯莱塔M1918冲锋枪。此后，他又设计了一些冲锋枪，其中最成功的一支是伯莱塔M1938A 9mm冲锋枪。该枪分I、II、III型。I型是原型，装有一把折叠式刺刀；II型将散热孔改为圆孔，在扳机护圈内增加了一个连发射击扳机保险；III型取消了刺刀，设计了新的枪口防跳器，并将活动式击针改为固定式，双扳机机构分别控制单发和连发，在机匣左侧设有保险，右侧是拉机柄。该枪被公认为是当时世界上最优秀的冲锋枪之一。

德国冲锋枪 最早认识到需要一种轻型自动武器来填补手枪与步枪之间空白的是德国人，他们的7.63mm和9mm毛瑟手枪的枪套还兼具枪托的双重作用，使其成为我们现在

世界上最早的冲锋枪
——意大利维勒·帕洛沙M1915冲锋枪

世界上第一支真正实用的冲锋枪——德国MP18 I冲锋枪

常说的冲锋手枪而大量装备。另外，德国人还采用了加长的P08手枪枪管、弧形表尺、可调整枪托、专门设计的32发弹鼓等构件以适应冲锋枪基本要求。1916年，德国著名武器设计师雨果·希买司开始了他的第一支冲锋枪的设计工作。德国人把从卡波特战斗中缴获的维勒·帕洛沙冲锋枪送回国内进行分析研究，并从中受到启示，加速了德国冲锋枪的设计工作。1918年，9mm伯格曼MP18式冲锋枪完成了设计，同年改型为MP18I式冲锋枪，成为世界上第一支真正实用的冲锋枪，并装备前线部队。

(1)德国MP18I式9mm冲锋枪

该枪采用开膛待击，自动方式为自由枪机式；结构简单，加工简便，只能连发射击，设有专门的保险机构；采用了缺点较多的"蜗牛"式弹鼓供弹；1920年改为直弹匣，在表尺前方增加了一个保险机构；该枪分解结合简单，不需任何工具。MP18 I式之后又进一步改型为MP28 II式9mm冲锋枪、MP35／I式冲锋枪和沃尔默(厄玛)9mm冲锋枪等。

(2)德国9mm沃尔默(厄玛)冲锋枪

该枪有两种型号：长枪管型在握把下方有一个伸缩式单管支架，卧姿射击时用以稳定枪身；短枪管型没有伸缩式支架。该枪最先应用了叠套式复进簧结构；有些零件直接采用无缝钢管制成；拉机柄位于右侧，快慢机位于扳机护圈的右上方。该枪加工精良，表面粗糙度较小。

瑞士冲锋枪　根据《凡尔赛条约》的要求，禁止战败国德国军队装备9mm MP18 I式冲锋枪，于是德国不得不暂时停止该枪的生产。在《凡尔赛条约》生效的1920年，德国伯格曼兵工厂将其生产权转卖给瑞士工业公司(简称SIG)。SIG在1920～1927年期间，将原9mm口径改为7.65mm(巴拉贝鲁姆手枪弹)和7.63mm(毛瑟手枪弹)两种口径，并命

为了规避凡尔赛条约的限制，德国将武器生产秘密转移到国外，瑞士斯太尔-苏罗通冲锋枪就是这一时期的典型产物

名为SIG M1920式冲锋枪,出口芬兰、西班牙、中国和日本等国家。1930年SIG又研制了改进型SIG M1930式冲锋枪。20世纪30年代的SIG还生产了MKMO等系列冲锋枪。

瑞士MKMO式冲锋枪的突出特点是首创了折叠式弹匣舱,结构紧凑、携行方便,后来被许多国家的冲锋枪采纳。该枪有四种型号,分别发射7.63mm、9mm毛瑟手枪弹和7.65mm、9mm巴拉贝鲁姆手枪弹;采用开膛待击;半自由枪机式原理,枪机由机头和机体两部分组成;后期生产的产品准星略微后移,并在准星座下方增加了一个刺刀挂耳等。

德国的莱因金属公司也于1929年4月将所有武器研制、生产、销售权转卖给了瑞士苏罗通武器公司,1930年该公司生产了瑞士斯太尔－苏罗通SI-100式冲锋枪,广泛销往世界各地。

美国冲锋枪 当时的美国同样感到需要一种具有压倒集中火力能力的步兵便携武器,于是首创冲锋枪名称的约翰·托利费·汤姆逊从1917年开始主持冲锋枪系列设计。1918年美国最早的汤姆逊冲锋枪样枪问世,1919年M1919式汤姆逊冲锋枪研制成功,1921年最早的生产型号M1921式汤姆逊冲锋枪推出。之后,美国又相继设计了M1923式、M1927式、M1928A1式汤姆逊冲锋枪等。

美国0.45in[①]M1928A1式汤姆逊冲锋枪结构与早期的M1921式冲锋枪基本相同;采用一个结构比较复杂的"H"形延迟开锁机构;枪管上有环形散热槽,枪口有一个锯齿形减震器;击针为活动式,击铁呈三棱形;手动保险在握把左侧上方,快慢机靠近手动保险;供弹具为20／30发弹匣或50／100发弹鼓。

芬兰冲锋枪 芬兰自行设计与生产的第一支冲锋枪是由著名武器设计师艾莫·约翰尼斯·莱迪设计的7.65mm苏米M1926冲锋枪,它具有许多与众不同的特点,是当时世界上最著名的冲锋枪之一。该枪最突出的特点是使用了一个弧度较大的36发弹匣;枪管易于拆卸;有一个手控调节射速的特殊缓冲器;拉机柄位于机匣下方的枪托内;快慢机在枪托右侧,可控制单发、连发和保险;早期产品为活动式击针,到20世纪20年代末改为固定击针。该枪后来又演变为9mm苏米M1931式冲锋枪,但只保留了M1926式冲锋枪的可卸枪管和拉机柄,枪机基本上是全新设计的,酷似汤姆逊和苏罗通的枪机。

苏联冲锋枪 起初,苏联仿照德国希买司专利(主要是MP18 I式冲锋枪)设计了9mm塔林M1923式冲锋枪;接着,自行设计了7.62mm托卡列夫M1926式冲锋枪,终因不满意其性能而未采用,改为生产德国MP28

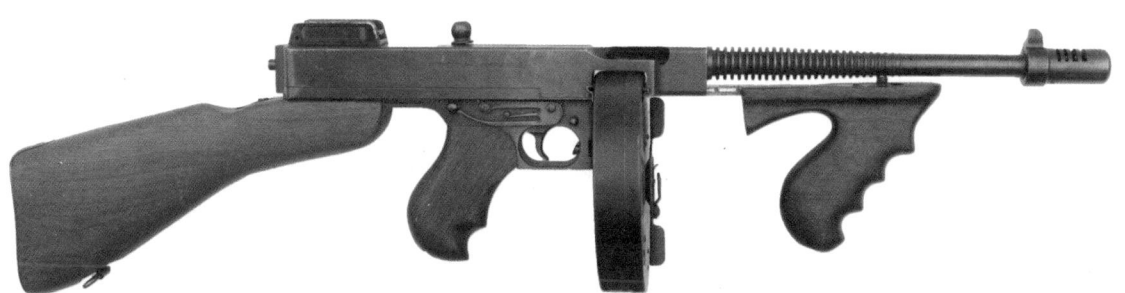

在美国汤姆逊冲锋枪出现之前,冲锋枪的名称五花八门,而从其开始,"sub machinegun"这个词汇才慢慢成为冲锋枪的正式称谓

---

① 1in = 25.4mm。

苏联早期设计生产的ППД冲锋枪

Ⅱ式冲锋枪,但以7.62mm口径取代了9mm口径;之后,轻武器设计师瓦西里·捷格加廖夫吸取芬兰和德国冲锋枪的特点,设计了7.62mm ППД1934／38式冲锋枪等。

ППД1934／38式冲锋枪有三种型号:Ⅰ型抛壳窗在照门前方且狭窄;Ⅱ型加宽了抛壳窗;Ⅲ型将枪管护筒散热孔由每排8个改为3个。该枪采用开膛待击,自由枪机式自动方式,发射7.62mm托卡列夫和7.63mm毛瑟手枪弹;采用25发弹匣和71发(早期73发)弹鼓;快慢机在扳机护圈内扳机的前方。

西班牙冲锋枪 由于西班牙内战中冲锋枪的出色表现,西班牙才认识到冲锋枪的重要作用。戈拉特设计了9mm MX1935式冲锋枪;西班牙博尼法西奥·埃切维利亚"星"牌有限公司生产了"星"牌SⅠ35、RU35、TN35式9mm冲锋枪,统称35系列冲锋枪。

(1)西班牙9mm MX1935式冲锋枪

总体设计与德国伯格曼MP34／I式长枪管型冲锋枪相似,但内部结构不同,属传统设计,独特之处是瞄准基线长。

(2)西班牙9mm "星"牌35系列冲锋枪

35系列SⅠ35、BU35和TN35式冲锋枪结构基本相同,只是理论射速不同。半自由枪机结构与众不同,由机体、闭锁块、升降块和平移击锤组成,但发射机构与枪机较为复杂。

法国冲锋枪 1924年法国陆军炮兵技术装备局设计了一支9mm STA1924冲锋枪,但实际上是德国MP18 Ⅰ式冲锋枪的仿制品。20世纪30年代中期研制成功的7.65mm ETVS式冲锋枪,虽然结构性能一般,却是世界上最早采用折叠式木托的冲锋枪。

其他国家的冲锋枪 20世纪初,由于其他一些国家对冲锋枪的战术地位认识不足,致使这一时期的冲锋枪发展比较缓慢,无论从使用范围还是从装备数量上说都是非常有限的。尤其是英国人对冲锋枪的战术作用反应迟钝,直到1940年面临德军大举进攻的危险时方如梦初醒。而1936～1938年爆发的西班牙内战更点燃了冲锋枪使用的"导火索",大多数国家从中认识到使用冲锋枪的作用,从而揭开了第二次世界大战中大量使用冲锋枪的序幕。

20世纪初叶冲锋枪的几个特点

(1)发展缓慢。冲锋枪诞生初期,多数国家还没有认识到这类武器的潜力,所以试制和试验费始终保持在最低水平,影响其发展。

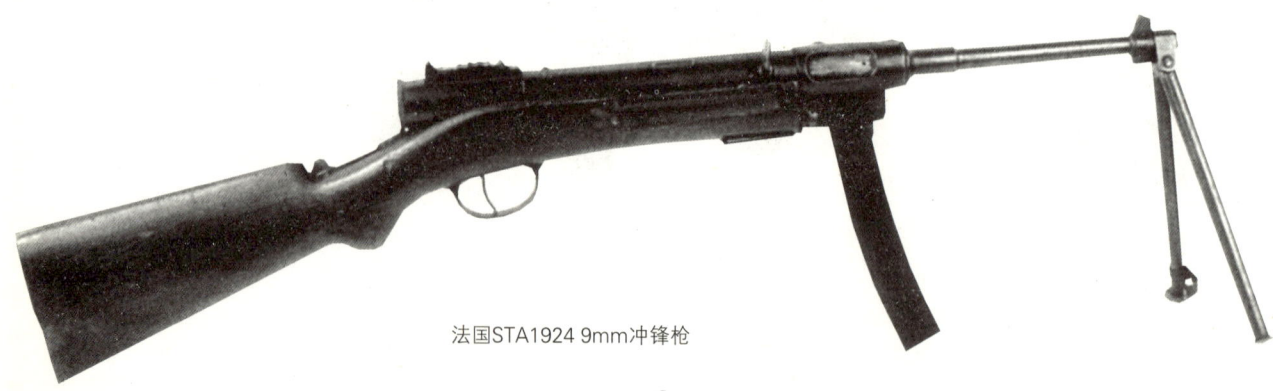

法国STA1924 9mm冲锋枪

(2)结构复杂。结构复杂是第一代冲锋枪的缺点之一,如西班牙35系列冲锋枪发射机构和枪机的复杂化,美国M1928A1式冲锋枪的"H"形延迟开锁机构、芬兰M1926式冲锋枪的活动式击针、德国MP18 I式冲锋枪的"蜗牛"式弹鼓和意大利M1918式冲锋枪的抛壳漏斗以及冲锋枪配三脚架等。

(3)尺寸偏大。第一代冲锋枪都存在着尺寸偏大的缺点,如瑞士MKMO式冲锋枪不带枪刺全长为1025mm,若带枪刺长达1295mm,比现代冲锋枪的尺寸大得多。

(4)比较笨重。如意大利维勒·帕洛沙冲锋枪空枪质量6.5kg,若装弹则为7.4kg;就连最著名的美国M1928A1冲锋枪空枪质量也达4.9kg,比现代步枪还重。

(5)成本高昂。这一代冲锋枪的零部件多采用切削加工,且结构复杂,费工费时必然造成成本高昂。

(6)装拆不便,可靠性差。虽然也有个别冲锋枪分解结合简单(如德MP18 I冲锋枪),但就总体而言,多数冲锋枪存在着装拆不便的缺点;而且结构越复杂、零部件越多,可靠性就越差。

冲锋枪虽然在第二次世界大战(二战)以前发展比较缓慢,但从其结构特点来看,不仅出现了一些优秀而著名的冲锋枪,而且还设计了一些新颖巧妙的结构,为以后的冲锋枪研制提供了非常有价值的参考。尤其是德国MP18 I式冲锋枪,20世纪以来世界上出现的形形色色的冲锋枪都或多或少地留有它的影子。

二战期间冲锋枪发展

20世纪30年代后期到40年代末是第二代冲锋枪发展的鼎盛时期。1939年底,第二次世界大战爆发后,在战争的刺激下,冲锋枪的发展速度达到了惊人的程度。不同型号的冲锋枪得到了迅速发展和大量应用,迅速成为各参战国大量生产和装备的一种单兵武器,是二战时期轻武器中种类最多、品种最全的一个枪种。据统计,苏联、美国、英国、德国、意大利等国军队在第二次世界大战期间使用的冲锋枪总量,最保守的估计为2000万支。

德国　开路先锋　在第二次世界大战期间,德国9mm MP38式冲锋枪最先显示出其优越性,它与后来改进的9mm MP40式冲锋枪是二战中使用最广泛、性能最优良的冲

德国MP40冲锋枪是二战中使用最广泛、性能最优良的冲锋枪之一

苏联是二战期间装备冲锋枪最多的国家。PPSh-1941式冲锋枪一直到朝鲜战争还有大量使用

锋枪之一。由于9mm MP38式冲锋枪所有零部件均用钢材和塑料制成,且是世界上第一支成功使用折叠式枪托的冲锋枪,故享有盛名。改进后的9mm MP40式冲锋枪(也称MP40系列,包括改进型MP40/Ⅰ和MP40/Ⅱ等)在生产中开始采用先进的冲压工艺,极大地简化了加工工艺,降低了成本,适于大批量生产,因此成为德国在二战中产量最多的一种冲锋枪,共计生产了104.7多万支。这两种冲锋枪为德国立下了赫赫战功。仅用一个小小战例即可说明:1940年,德国海军陆战队和空降兵携带9mm MP38式冲锋枪在丹麦和挪威突然登陆,结果德国仅以死亡2名、伤10名的代价占领了丹麦。另外,德国在二战中还研制了9mm MP41式、EMP44式和MP3008式冲锋枪等,但产量较少。

苏联 遍地开花 与此同时,苏联军队的步兵、装甲兵和空降兵等在战争初期大量装备了由著名轻武器设计师瓦西里·捷格佳廖夫设计的PPD34/38和PPD/40式冲锋枪,但性能落后。所以在1941年又换装了由著名轻武器设计师乔治·S.斯帕金设计的PPSh-1941式冲锋枪,1942年中期开始大量生产,到40年代末共生产500多万支,成为苏联军队在大战中使用数量最多的一种冲锋枪。为适合装甲兵和空降兵使用,苏联工程

师亚历克赛·苏达列夫于1942年设计了PPS-1942和PPS-1943式冲锋枪。从1943年开始,苏联军队每个步兵连有一个排全部装备冲锋枪,其他军兵种的军士、驾驶员和各种大型武器设备的操作人员以及战场后勤保障人员也都配发了冲锋枪,成为在二战中广泛使用冲锋枪的国家。冲锋枪成为了苏联军队步兵的主要武器,共计生产了各种型号的冲锋枪700多万支。

1942年,一名英国女工在装配司登冲锋枪。具有讽刺意味的是,并不太重视冲锋枪的英国却不经意创造了当时最为著名的司登冲锋枪

绪论 近代冲锋枪发展简史

英国　后起之秀　后知后觉的英国人对冲锋枪的战术作用反应迟钝，抱着一贯消极的态度，直到1940年法国沦陷后，英国在面临德军大举进攻的危险时才如梦初醒，深感急需研制和生产一批价格低廉、加工迅速、机加零部件少的冲锋枪。于是9mm司登冲锋枪诞生，并被仓促生产和大量装备。据有关资料报道，其周产量高达47000支，从1941年中期到1945年末共生产约375万支。因而，司登冲锋枪不免给人以面目寒碜、加工粗糙之印象，引来种种嘲笑：首先由于司登冲锋枪结构简单，乍看似乎由大小不同的钢管组成，所以有人嘲笑是管子工的杰作；又因司登英文的复数形式STENS，与英文STENCH(恶臭)语音相近，再加之外观粗糙，所以有人在装配、装箱现场或在看到司登冲锋枪时，故作掩鼻状哼一声"臭不可闻"；另外，也因司登冲锋枪省工省料、成本低廉，每支枪不到11美元，所以嘲笑其是"玩具枪"，等等。尽管如此，司登冲锋枪在美国进行专门试验后，却受到了高度评价，美国军械人员认为：该枪外形虽然不十分正统，但却是一支加工迅速、廉价、有效的冲锋枪，并提醒人们对武器的评价不能只局限于外形，还应当有其他的评价标准，同时指出司登冲锋枪将是同类武器努力发展的方向。司登冲锋枪有9种型号：司登MKⅠ式及改进型MKⅠ*式；外形不同而内部结构一样的MKⅡ式及微声型MKⅡS式；几乎全部由冲压件焊铆而成的MKⅢ式；供英国军队试验使用的试验型MKⅣ式(含MKⅣA和MKⅣB两种)；供空降兵使用的MKⅤ式及微声型MKⅥ式冲锋枪。另外，英国还研制了弹匣仓由黄铜制成的9mm兰彻斯特MKⅠ式及改进型MKⅠ*式冲锋枪；复进簧采用一根拉簧的9mm韦尔岗式冲锋枪；由一个隔片与各自独立的托弹板和托弹簧组成双弹匣的9mm V-42式冲锋枪和9mm帕彻特Ⅰ型与Ⅱ型冲锋枪等。由此可见，英国可算是后来者居上，不能不令人刮目相看。

美国　独具匠心　美国在第二次世界大战初期只有一种汤姆逊冲锋枪在使用，但它加工复杂、成本过高，因此美国决定研制一支简单、可靠、便于大量生产的冲锋枪。于是由美国轻工总署上校雷内·R.斯塔德勒负责将乔治·J.海德和弗雷德克·W.桑普森两人联合在一起，在对司登冲锋枪的技术进行了专门研究之后，经过几个人的共同努力，

美国M3盖德冲锋枪

于1942年拿出了样枪,在阿伯丁试验场进行了各部队参加的全面试验,同年正式批准为制式冲锋枪,并命名为0.45in M3式冲锋枪。该枪结构简单、易于大量生产,性能优于当时其他大多数冲锋枪,它的研制成功展示了美国轻武器系统研究方面的一个崭新的设计思想,在武器生产方法上也是一次重大突破。1944年美国又研制出供特种分队使用的M3式微声冲锋枪,并将M3式冲锋枪改进为M3A1式冲锋枪。从1945年起,美国正式批准以M3和M3A1式冲锋枪取代汤姆逊冲锋枪,使之不仅成为美国的制式武器,也是美国在第二次世界大战期间使用的冲锋枪代表。此外美国还研制了抗风沙性能强的0.45in海德M35式冲锋枪;采用前冲击发方式的0.45in艾特迈德式冲锋枪;没有弹匣仓的9mm塞奇利式冲锋枪;结构上独出心裁但性能并不理想的0.45in莱辛M50／M55式冲锋枪;备用枪管兼作折叠式枪托的9mm／11.43mm UD-1式冲锋枪;口径为9mm和11.43mm的UDM式冲锋枪;0.45in M2式冲锋枪等。

意大利　精益求精　意大利在第二次世界大战期间的冲锋枪仍是出于多产设计师图利奥·马恩戈尼之手,他将自己设计的被公认为当时最优秀冲锋枪之一的M1938A式冲锋枪先简化为M38／42式冲锋枪,之后改进为M38／44式冲锋枪,进而又简化为M38／49式冲锋枪,并为伞兵部队设计了世界一流的M1式冲锋枪。二战中大量使用和生产的冲锋枪还是M38／42式,在1944年和1945年平均月生产量达2万支。

法国　五花八门　法国军队在第二次世界大战期间装备的冲锋枪简直是一个"大杂烩",有英国司登、美国汤姆逊、本国的MAS M1938式。弹药有9mm、11.43mm和7.65mm口径。即使在二战法国被占领期间,MAS M1938式冲锋枪也只允许少量生产。但法国对冲锋枪的研制还是非常重视的,1947年研制了短小轻便的9mm MAC 47-2式冲锋枪,空枪仅重2.1kg,是当时最轻的冲锋枪之一;1948年又研制了全部零件不足40个的MAC 48-2式冲锋枪,之后改进为MAC 48LS式冲锋枪等。

其他国家　其他国家装备的冲锋枪中,值得一提的还有日本在1940年装备的南部兵工厂研制的百式冲锋枪,这是日本历史上装备的第一支冲锋枪,但应用并不广泛。瑞典在1944~1945年也研制了9mm M45式冲锋枪,在当时是一支结构新颖的冲锋枪。

二战期间冲锋枪的发展特点

在第二次世界大战期间,冲锋枪品种之多、数量之大、范围之广都是前所未有的。通过二战战火的考验,充分体现了冲锋枪在夜战、丛林战、山地战、巷战和阵地战中的优势。所以战场上普遍用冲锋枪取代了手枪。

工艺简化　在第二次世界大战中,德国因率先采用了冲压技术而成为冲锋枪鼎盛

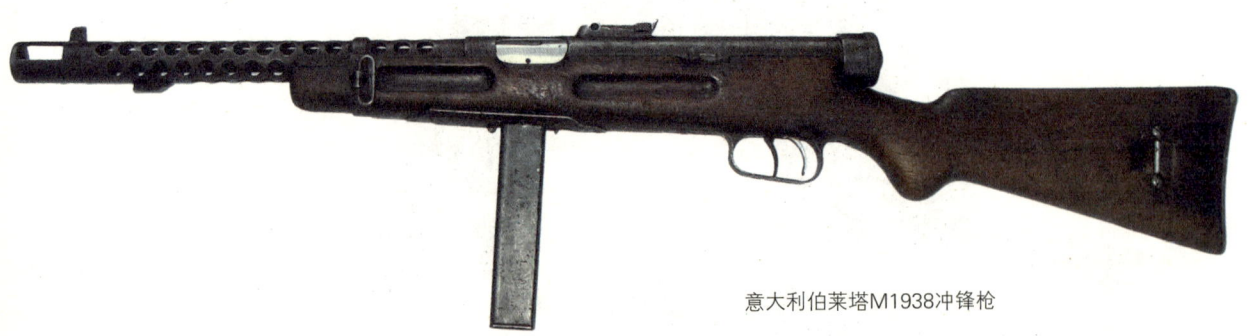

意大利伯莱塔M1938冲锋枪

绪论
近代冲锋枪发展简史

日本二战期间少量装备的百式冲锋枪

发展的先驱；英国主要采用的是钢管焊接技术；苏联在受到启发后生产了集冲压、焊接和铆接于一体，结构更加简单的7.62mm PPSh-1941式冲锋枪。这些加工技术的改进，简化了冲锋枪生产的加工工艺。

火力迅猛 大多数冲锋枪可进行单、连发射击，且普遍采用了较大容弹量的直弹匣，甚至有的冲锋枪还采用了双排弹匣。如德国9mm MP38/40式冲锋枪用一双联弹匣仓将两个标准的32发弹匣联为一体，可在枪管与机匣之间的一个特殊伞型罩内横向滑动，以保证每个弹匣的准确供弹；又如英国9mm V-42式冲锋枪的弹匣由一个隔离片分隔成前后两部分，每部分分别由托弹板和托弹簧构成一个独立的容弹量各30发的弹匣。显然这大大提高了冲锋枪的战斗射速。据资料记载：在第二次世界大战中，一个冲锋枪手(带4个弹匣)在1min内发射的枪弹数相当于8人组成的步兵班在相同时间内发射的枪弹数。因此冲锋枪因火力迅猛而倍受青睐。

结构简单、成本较低、性能提高 针对第一代冲锋枪结构复杂、尺寸偏大、成本高、装拆不便和可靠性差等缺点，第二代冲锋枪在简化结构、提高性能和降低成本等方面狠下功夫。以英国9mm司登冲锋枪和法国9mm MAC 48-2式冲锋枪为代表的多数冲锋枪大量采用冲压、焊接、铆接和销连接等加工工艺，简化了结构，提高了性能，降低了成本。如英司登冲锋枪每支成本不到11美元。

广泛使用折叠式或伸缩式枪托 继法国7.65mm ETV5式冲锋枪和德国9mm MP38式冲锋枪最早使用折叠式枪托以来，以苏联设计的7.62mm PPS-1942式和以德国改进的9mm MP38/40式为代表的冲锋枪普遍采用了折叠式或伸缩式枪托，从而改善了冲锋枪的便携性。

设有专门的保险机构 第二次世界大战中的大多数冲锋枪可进行单发和连发发射，所以多数冲锋枪都有快慢机保险，对少数只能连发的冲锋枪也都设置了专门的保险机构。如美国0.45in M3式冲锋枪因取消了快慢机，所以用抛壳窗盖控制保险；苏联7.62mm PPS-1942式冲锋枪虽然没有快慢机，但它用机匣下方扳机护圈右侧的保险手柄控制保险。此外，还有扳机保险、握把保险和不到位保险等，充分保证了安全性。

枪弹趋于通用化 据不完全统计，除苏联采用7.62mm和美国采用11.43mm（0.45in）手枪弹外，大多数国家普遍采用的是9mm巴拉贝鲁姆手枪弹。

综上所述，第二次世界大战中的冲锋枪充分发挥了近战武器的长处：携行方便、出枪迅速、轻便灵活、火力迅猛、可控制连发。其优点得到了肯定，从而得以迅速发展和大量装备。

冲锋枪的鼻祖——
意大利维勒·帕洛沙M1915冲锋枪

横空出世

马克沁发明的利用火药燃气完成自动循环的机枪引发了武器发展的革命，同时也带来一场战争变革。机枪密集火力的优点以及其沉重而不便于伴随步兵进攻的缺点，使交战双方都深陷在堑壕中停滞不前，任何进攻行动都必须承受由机枪所带来的巨大、恐怖的伤亡。

在堑壕战中冲锋枪比刺刀更有效，但是当第一次世界大战在1914年8月爆发时，冲锋枪这种事物还不存在世上。

1915年5月23日，意大利加入协约国，并向奥匈帝国宣战。阿尔卑斯山的卡尔尼克和朱利安地区的山岳地带提供了理想的防御环境，虽然意军兵力大大超过奥军，但地形却对防御一方的奥军有利。那一年从6月到12月间毫无建树的进攻行动当中，意军损失了将近3万人。当时意大利人想，要是有一种能够供单兵携带和使用的轻机枪就好了。于是，一种单人携带、发射手枪弹的"冲锋枪"在1915年年底被意大利军队采用。它就是被称为冲锋枪鼻祖的维勒·帕洛沙M1915冲锋枪，简称"V.P.冲锋枪"。

系出名门

维勒·帕洛沙M1915冲锋枪由意大利轻

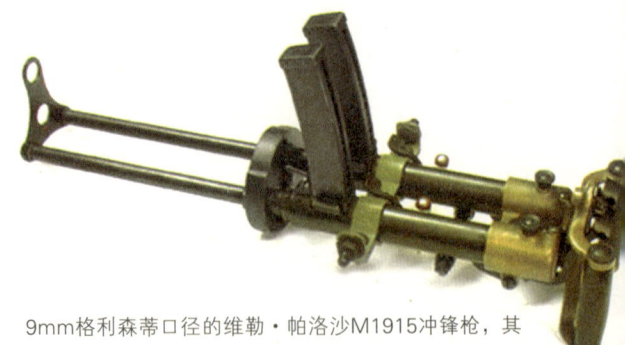

9mm格利森蒂口径的维勒·帕洛沙M1915冲锋枪，其弹匣短而弯，每个弹匣只能装25发弹

冲锋枪的鼻祖——意大利维勒·帕洛沙M1915冲锋枪

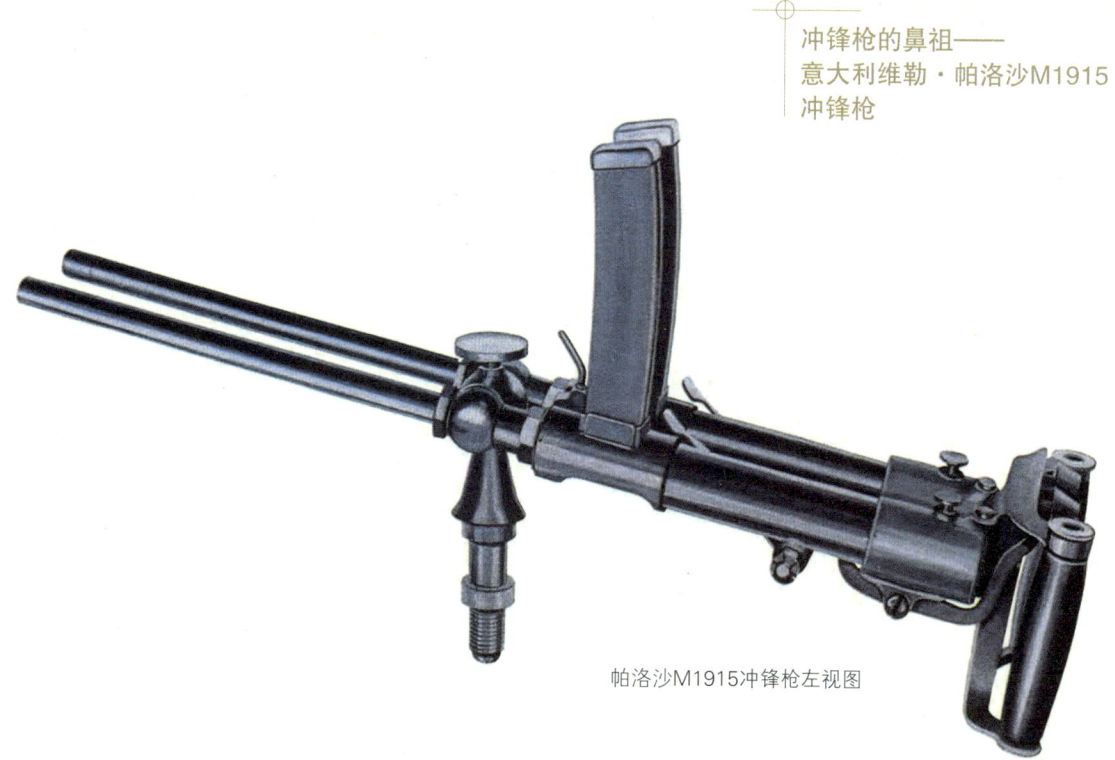

帕洛沙M1915冲锋枪左视图

武器设计师贝特尔·艾比尔·列维里设计,在这之前他在1908年设计了一种也是采用延迟后坐及枪管短后坐混合式原理的机枪,后被意大利军队大量采用并命名为列维里M1914机枪,由于该枪由菲亚特公司生产,因此也被称为菲亚特机枪。

列维里设计的维勒·帕洛沙M1915冲锋枪同样也采用延迟后坐式枪机,但其真正前身却是S.I.A.机枪。S.I.A.机枪是菲亚特公司后来的经理乔万尼·阿涅利(Giovanni Agnelli)在第一次世界大战爆发前几年设计的。S.I.A.机枪采用延迟后坐式原理,气冷式枪管,并固定在机匣前端,弹匣在机匣顶部从上往下供弹。而列维里M1914机枪则采用延迟后坐及枪管短后坐混合式自动原理,卡铁摆动式闭锁机构,水冷式枪管,在机匣左侧有一个捕鼠笼式弹匣,弹匣内分10格,每格装5发弹。

S.I.A.机枪存在抽壳困难的问题。当时,许多采用延迟后坐式原理的意大利机枪都用油润滑弹膛来防止弹壳被拉断。列维里M1914机枪在机匣内就有一个小油泵,使枪弹在进膛前弹壳得到自动润滑。但即使如此,列维里M1914机枪仍然经常卡壳或断壳。

但是阿涅利并没有采用润滑弹膛的方法,改为在弹膛内切出纵向凹槽来解决这个问题,其原理是让少量火药燃气泄进弹膛,

从俯视角度看维勒·帕洛沙M1915冲锋枪

从后视角度看维勒·帕洛沙M1915冲锋枪,弹匣后面有观察余弹数量的开槽

使弹壳在弹膛中处于"飘浮"状态,从而降低抽壳阻力并避免弹壳贴膛。他申请的这项专利,被广泛应用到后来的武器设计中,像日后著名的HK G3步枪就采用了这种凹槽弹膛的设计。不过阿涅利的设计和专利在第一次世界大战之前不久被安塞尔多公司接管,而S.I.A.机枪直到20世纪20年代才发展成实用的武器,而且只有极少量S.I.A.机枪被意大利军队购买用作训练。由于数量极少,现在S.I.A.机枪变得异常珍稀。

结构奇特

维勒·帕洛沙M1915冲锋枪与列维里M1914机枪完全不同,更像是阿涅利S.I.A.机枪的缩小型,同样采用为延迟后坐式自动原理、上方供弹,枪机质量比较大,采用开膛待击。

现在人们公认维勒·帕洛沙M1915冲锋枪是世界上第一支冲锋枪(而对于德国MP18 I式冲锋枪的定义则是世界上第一支实用的冲锋枪),这是因为它是第一支以连发方式发射手枪弹的全自动轻武器,但实际上维勒·帕洛沙设计的初衷是用作轻机枪。

维勒·帕洛沙M1915冲锋枪实际上是由两支枪左右并联组装而成,这两支枪各有一个铲形握把和一个按钮式扳机。虽然维勒·帕洛沙M1915冲锋枪非常短,全枪长只有533mm,装上两个装满25发弹的弹匣后武器全质量仅7.26kg,但其整体设计确实很像一挺机枪,所以在意大利又被称为"自动机枪"。

维勒·帕洛沙M1915冲锋枪的动作原理和机构完全仿照了S.I.A.机枪,枪弹击发前才完全闭膛。后来大多数冲锋枪的设计都采用质量较大的枪机和开膛待击的方式,并且只要枪弹的威力不是太大就采用自由式枪机,利用枪机的质量实现惯性闭锁。但维勒·帕洛沙M1915冲锋枪的枪机虽然质量很大,但本身并不是依靠惯性闭锁,而是通过管状机匣内表面的斜向闭锁凹槽与枪机上的延迟突笋在"布里希原则"的基础上延迟开锁的时间。[注:约翰·贝尔·布里希(John

操作手册上的射击姿势之一

冲锋枪的鼻祖——
意大利维勒·帕洛沙M1915
冲锋枪

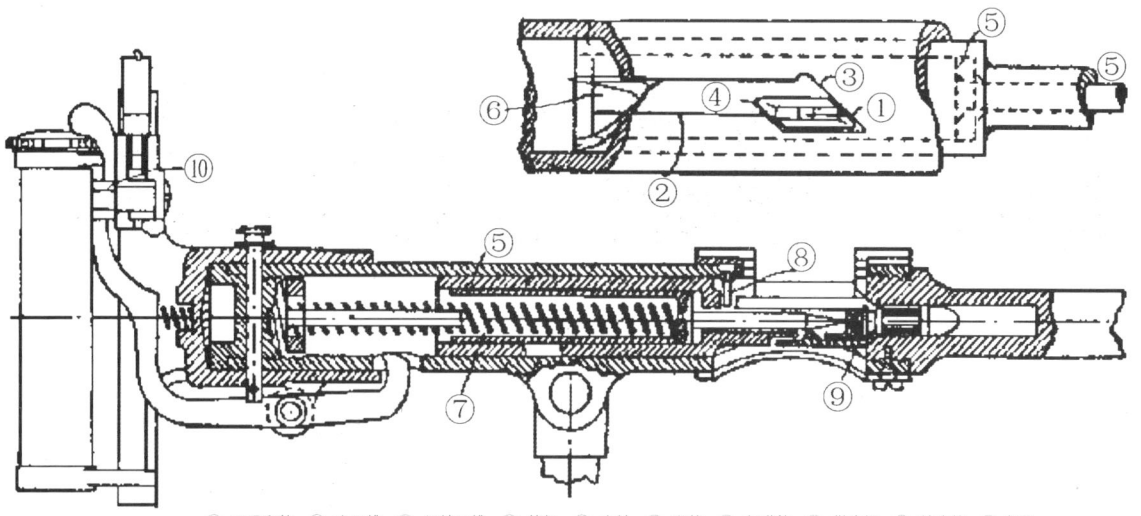

①—延迟突笋；②—直凹槽；③—闭锁凹槽；④—枪机；⑤—击针；⑥—突笋；⑦—复进簧；⑧—抛壳挺；⑨—抽壳钩；⑩—扳机

维勒·帕洛沙M1915冲锋枪的枪机结构图

装在防弹盾后面是维勒·帕洛沙冲锋枪的一种典型用法，说明它的设计出发点还是一种"机枪"

Bell Blish）是名美国海军军官，他观察舰炮发射过程时发现重装药的膛锁机比轻装药的不易弹开，由此他得出结论，金属表面在承受巨大压力时，会有大于摩擦力的黏着性，此特性因此称为"布里希原则"。]

维勒·帕洛沙M1915冲锋枪的动作原理是这样的：扣下扳机后，枪机向前运动，枪机的延迟突笋嵌进机匣内表面的直凹槽中，闭锁凹槽的闭锁斜面与延迟突笋的前端斜面作用，迫使枪机在发射前顺时针方向旋转15°，此时枪机仍然在向前移动，击针撞击枪弹底火击发枪弹，当火药燃气达到最大压力后，延迟突笋被迫逆时针转动并向后从闭锁凹槽中脱出，使枪机回转。而击针后面的突笋在直凹槽的作用下使击针不随枪机一起回转。剩余的火药燃气压力推动弹壳和枪机一起后坐并压缩复进簧，随后抛壳挺把弹壳向下抛出机匣外。如果扳机仍然被扣压，则枪机再度向前复进，把下一发弹推进弹膛，重复进行上述动作。

一般认为维勒·帕洛沙M1915冲锋枪过高的射速（单支枪管就高达2000发/分）是由于枪机质量不够大和设计的迟延时间不足所致。事实上，其射速过高的真正原因是枪机行程太短，只后坐大约40mm。几乎所有的带有连发机构的自动手枪（冲锋枪）都会达到每分钟超过1000发的高射速，就是由于套筒的行程太短所致。在设计上有一个经验法则是增加一倍的枪机行程能使射速降低一半左右。例如芬兰的苏米M31冲锋枪的枪机行程是80mm（是维勒·帕洛沙冲锋枪的两倍），它的射速是800～1000发/分；再如乌齐冲锋枪有好几种型号，标准型的枪机行程最长，射速为600发/分，而最小的微型乌齐冲锋枪的枪机行程缩短了一半，其射速则达到1200发/分。在美国，由于微型乌齐冲锋枪在市场

13

电影《印地安纳·琼斯与最后的十字军东征》中的0.455in口径维勒·帕洛沙冲锋枪,其外观略有改变,例如在枪管外侧套了一个有散热孔的护套,在抛壳窗下方增加了一个弹壳收集袋

上数量较少,有些拥有全自动武器的平民为了享受高速射击枪弹的快感(虽然射速慢打得更准),就在标准乌齐冲锋枪的复进簧后加了一个垫片来缩短枪机行程。当然,增大枪机质量或复进簧硬度,或增加一个缓冲器都能够进一步降低射速。

维勒·帕洛沙M1915冲锋枪采用双排双进弹匣,很容易装填,后来其他国家效仿其特点研制冲锋枪时却没有效仿这种设计,例如德国的MP28、英国的司登以及许多国家的冲锋枪采用的是双排单进弹匣。维勒·帕洛沙M1915冲锋枪没有快慢机,只能连发发射,而25发容弹量的弹匣对于2000发/分的射速来说持续不了多久,不到两秒钟就把弹匣打空!

意大利军队装备的维勒·帕洛沙M1915冲锋枪为9mm口径,但并不是欧洲冲锋枪流行的9mm巴拉贝鲁姆口径,而是威力更小的9mm格利森蒂口径(Glisenti),其初速约

300m/s。

其实维勒·帕洛沙M1915冲锋枪的设计用途之一是用作侦察机观察员的旋转机枪,这就是为什么列维里把射速设计得这么高,以及采用双管结构使射速提高1倍的原因,但9mm格利森蒂弹的威力完全满足不了这方面的要求。第一次世界大战中、后期的飞机已经没有早期的那么脆弱了,要想击毁此时的飞机还非得用步枪弹不可,最好还是高爆弹、燃烧弹和穿甲弹混用,奥地利飞行员在与意大利飞行员的缠斗中就普遍使用高爆弹。

维勒·帕洛沙M1915冲锋枪在地面使用时必须用两脚架,就像一挺真正的"轻机枪"一样,但如前文所述,阿尔卑斯山的地形更需要一种单人携带和发射步枪弹的轻机枪,而发射可怜的9mm格利森蒂手枪弹的维勒·帕洛沙M1915冲锋枪无论如何也担当不了轻机枪的角色。虽然它在理论上的射程是800m,但实际上只有100m左右。

影响深远

当意大利人最终认识到维勒·帕洛沙

维勒·帕洛沙M1915冲锋枪使用威力比9mm巴拉贝鲁姆弹更小的9mm格利森蒂枪弹(Glisenti),因此弹匣的形状也不同

冲锋枪的鼻祖——
意大利维勒·帕洛沙M1915
冲锋枪

英国测试的0.455in口径维勒·帕洛沙M1915冲锋枪,采用直弹匣

瑞士伯恩机枪的设计与维勒·帕洛沙冲锋枪很相似,也采用并联枪管,但采用不同的动作机构,而且有握把和枪托,可以抵肩射击

用顶部弹匣和原来的延迟式枪机。

维勒·帕洛沙M1915冲锋枪作为火力支援武器一直使用到1918年,直到皮特罗·伯莱塔公司于当年秋天推出了M1918冲锋枪。伯莱塔M1918冲锋枪仍然仿照阿涅利的延迟后坐式枪机和上方供弹方式,算是维勒·帕洛沙M1915冲锋枪同父异母的弟弟。其他一些国家受到维勒·帕洛沙M1915冲锋枪的启发而研制了具有发射手枪弹、开膛待击、非刚性闭锁重型枪机等特征的真正的冲锋枪,其中一些早期的试验品甚至是直接仿制维勒·帕洛沙M1915冲锋枪的结构设计。

另外有一些国家也曾试验过维勒·帕洛沙M1915冲锋枪,一些欧洲国家曾订购和试验过9mm巴拉贝鲁姆口径的维勒·帕洛沙冲锋枪,而英国则试验过0.455in口径的维勒·帕洛沙冲锋枪,据说加拿大多伦多也曾在1917~1918年少量生产过维勒·帕洛沙冲锋枪。有意思的是,在好莱坞的电影《印地安纳·琼斯与最后的十字军东征》中,出现了一挺安装在一架双翼飞机后座上的0.455in口径的维勒·帕洛沙冲锋枪,著名演员肖恩·康纳利扮演的考古学家在片中使用这挺机枪打掉了自己乘坐的飞机的尾翼。该口径的维勒·帕洛沙冲锋枪十分罕见,其突出特点是采用直弹匣。

M1915冲锋枪不适合用作机枪时,已经过去了很长时间。由于其便于携带、后坐力小和非常高的射速,更适合作为突击武器使用。然而与后世真正的冲锋枪相比,维勒·帕洛沙M1915冲锋枪的外形结构无论是抵肩射击还是腰际射击都极困难,而且还必须有另一个弹药手紧随射手行动,协助携带弹药和更换弹匣,不方便边冲锋边射击。

维勒·帕洛沙M1915冲锋枪由于结构和弹药的限制而算不上是成功的武器,但它为真正有效的武器提供了设计基础。意大利后来研制了一种名为9mm OVP的冲锋枪,就是改为单枪管的真正的冲锋枪,不过就长度而言,OVP冲锋枪比较像是一支步枪,仍然采

维勒·帕洛沙M1915冲锋枪主要诸元	
口径	9mm
全枪长	533mm
枪管长	319mm
全枪质量	7.26kg
空枪质量	6.9kg
弹头初速	400m/s
理论射速	4000发/分
弹匣容弹量	25发

提起二战时意大利军队使用的冲锋枪,人们最先想到的肯定是著名的伯莱塔公司生产的各种产品。的确,作为一家已有400多年历史的老牌兵器制造商,"伯莱塔"基本上已经成为意大利枪械的代名词。不过,在二战快要结束的时候,意大利还曾经出现过一款鲜为人知的冲锋枪。这款枪并非伯莱塔公司的产品,但其先进的设计和鲜明的特点同样堪称经典。这款枪随着轴心国意大利的命运,只在世间留下了惊鸿一瞥,这就是意大利FNAB-43 9mm冲锋枪。

惊鸿一瞥的设计
——意大利FNAB-43冲锋枪

二战快要结束时,意大利军方根据战争的需要,决定研制一种结构简单、轻便耐用、性能稳定、操作优良的冲锋枪。他们集中了许多经验丰富的设计师和科研人员,花费大量时间,经过精确设计,最终研制出一款做工精良、性能稳定的FNAB-43冲锋枪。该枪由意大利国立德布雷西亚兵工厂(Fabbrica Nazionale d, Armi de Bresica,FNAB)在1943年~1944年间生产,并根据制造工厂的名称缩写被命名为FNAB-43。

性能优异源于先进设计

在世界冲锋枪发展史上,FNAB-43虽只刹那一现,但其是一个非常值得关注的型号。该枪采用自由枪机式自动方式,枪机延迟开锁机构,开膛待击方式。这几项设计在当时是非常先进的,它们共同的优点就是有助于减轻枪支质量、简化枪体机械结构,提高上膛、击发过程的顺畅程度和射击的稳定性。

枪机延迟开锁的工作原理是:枪弹发射时,枪机被枪机内部两侧的延迟开锁杆锁住,其后退的时间稍稍受到延迟,当枪膛内的膛压下降到较为安全的程度时,延迟开锁杆解脱对枪机的控制,枪机才开始后退。这种设计可以使枪身结构变得较为简单,枪机质量可以大为减轻,复进簧的弹力也可以降低一点,对于减轻枪支的质量、增强便携性

惊鸿一瞥的设计
——意大利FNAB-43冲锋枪

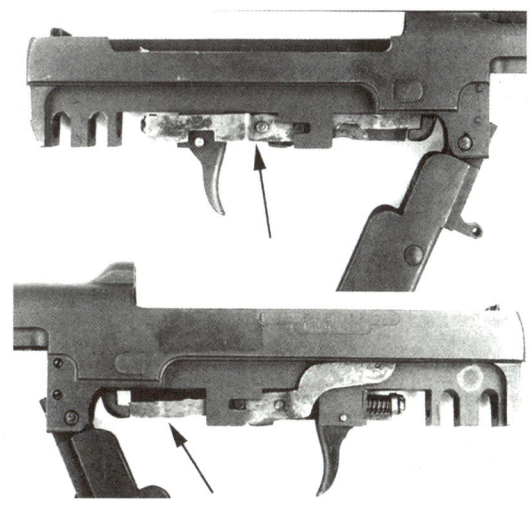

上方：右侧的扳机连杆用于控制单发点射
下方：左侧的扳机连杆用于控制连发发射

这都得益于以上两种先进设计方法的采用，使枪身能够实现极为合理的质量分配。

该枪外观上最大的特点是，采用简易折叠式枪托和折叠式弹匣，也使该枪的质量控制和便携性能更加出众。该枪折叠式的枪托造型极为简捷，仅仅把一根金属管安装在枪身右侧，当需要把枪托收起时，只需把这根金属管沿着枪身右侧向前折叠即可。值得一提的是，为了尽量减轻枪托的质量，设计者甚至对托底板进行了镂空处理，在原本就很轻薄的托底板上开了两个孔，从而使枪身更轻。该枪另一个很吸引人的设计就是其折叠式弹匣的采用，携带时弹匣可以向前折叠，提高了便携性能。同时，这种设计也使该枪在满弹匣的情况下仍能非常安全地携带，不用担心枪弹在颠簸中上膛走火。

和便于维护保养都有很大帮助。

开膛待击的工作原理是：当枪支处于待发状态时，枪机停在后方位置，弹膛呈开启状态，扣动扳机，枪机向前运动，推弹上膛、击发动作一气呵成。这种枪机的结构比较简单，可以有效降低枪体质量，减小枪机复进到位的撞击，并且便于击发后的弹膛散热。

第一次使用FNAB-43冲锋枪往往会惊异于该枪轻便的枪身和非常平衡的枪体质量，

主体结构简捷明快

从枪身结构上看，该枪的主体由握把、扳机、枪机框、枪机、机匣带有散热筒的枪

FNAB-43的枪托造型极为简洁，需要将枪托收起时，向前折叠即可

FNAB-43的枪管外安装有散热筒，其上打了很多孔

17

管和瞄具组成。机匣盖被枪身后方的枪尾帽锁紧，枪尾帽同时起到固定复进簧的作用。

握把由两块木质握把板组成，安装在钢铁握把金属杆的两侧，将握把金属杆包覆在中间，用螺钉固定牢靠。发射机构安装在枪身后端，由扳机、左右两个扳机连杆和阻铁共同组成。在扳机系统的左侧，一前一后分布有两个控制钮。处在前方的是保险钮，当把保险钮拨到竖直位置时为保险状态，枪支发射系统被锁定，无法完成上膛和击发的动作；当把该保险钮拨到水平位置时为待发状态。在保险钮后面是该枪的快慢机。快慢机与安装在枪机内部左右两侧的两个扳机连杆相连，这两个连杆可以对枪机的运动进行控制，从而实现单发/连发的转换。快慢机拨到竖直位置时，左边的扳机连杆发挥作用，枪支处于连发发射状态；快慢机处于水平位置时，右边的扳机连杆发挥作用，枪支则处于单发发射状态。

枪身上有两个背带环：一个在枪身左侧后方，另一个在准星下面，也在枪身左侧。

该枪枪管采用9mm口径，有6条右旋膛线。在机匣前方、枪管外面还安装有枪管散热筒。散热筒由一个打了很多圆孔的金属管制成，套在枪管外面，从机匣一直包覆到枪口，用4个螺钉固定在枪管和机匣上。枪管前端装有枪口制退防跳器，即其兼具制退功能和抑制上跳功能，类似于苏联PPSh-41冲锋枪的设计。这个枪口装置把制退器和防跳

注意图中保险钮及快慢机均处于水平位置，表示武器处于单发发射状态

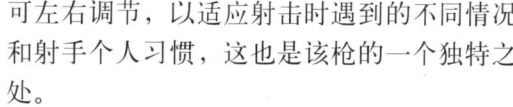

惊鸿一瞥的设计
——意大利FNAB-43冲锋枪

器的优点结合起来,在枪弹发射瞬间,它既能把部分火药燃气转向后喷,提供向枪口前方的推力,以抵消部分后坐力;又能把部分火药燃气向上喷出,以抵消枪口上跳。但这种枪口装置也有缺点,那就是增大了枪弹发射时的噪声。

带有待发控制杆的枪机主体通过一个U形部件与机头相连。机头内安装有击针、复进簧和击发控制杆,两侧还各有一个延迟开锁杆。该枪的复进簧是一个较小的部件,所以没有设计复进簧导杆。为了减缓枪机后坐到位的撞击,设计者在枪身后部安装了缓冲器,缓冲器由皮革制成,既可以较为有效地减小发射时的后坐力,又控制枪机击发后回退的速度,进而降低射速。

该枪采用V形照门,设在枪匣顶部靠后的位置。准星位于枪管散热筒顶部前端。准星可左右调节,以适应射击时遇到的不同情况和射手个人习惯,这也是该枪的一个独特之处。

分解结合便利

该枪的分解大致可分七步进行:第一步,卸下弹匣,后拉拉机柄,确认弹膛无弹;第二步,旋下枪尾帽,拆下复进簧;第三步,抬起并顺势取下机匣盖;第四步,后拉枪机,将其从机匣中取出;第五步,拧下机匣尾部的固定螺钉;第六步,将枪机/发射机座向下旋转;第七步,将机头与枪机主体分离。

重新安装的过程与分解的过程正好相反。

本土亮相　出口德国

二战末期,在意大利中北部地区作战的意大利军队也装备了该枪。同时,意大利游击队也通过缴获和购买等渠道,把这种冲锋枪用于对机动性要求很高的游击战。

FNAB-43冲锋枪大部分装备意大利本国军队,但是也有少量在德国及其他军队中配备。德国军队在装备这种枪械时,将其重新命名为MASCHINE-PISTOLE PM43。我们在现存的德用FNAB-43冲锋枪上可以发现,德军把原来刻印在枪身上的型号去掉,又用轧印的工艺刻上新命名的型号。同时,保险钮和快慢机旁边的标记也被用相同的方法除去,但没有刻上新的标记。稍后不久,突尼斯和阿尔及利亚的军队也被该型冲锋枪的性能吸引,将其装备自己的军队。随后由于二战的结束和意大利的战败,该枪很快就退出了战争舞台。

在FNAB-43冲锋枪短暂的服役生涯中,德布雷西亚兵工厂一共只生产了约7000支,其中大部分在战争中损毁,只有少量保存下来。现在,在欧洲和美国的博物馆中还可以见到它的身影。

FNAB-43冲锋枪左视图

弹匣向前折叠状态,此时可以安全地携带

枪托和弹匣同时折叠状态下的左视图

史上第一支实用的冲锋枪——德国MP18 I式冲锋枪

研制前提

在一系列闪电战之后，1914年9月，德军被协约国军队阻于马恩战役中，第一次世界大战从而转入一系列的狙击战、炮击战和堑壕战。

为了打破僵局，德军将领埃利希·卢德恩多夫（Erich Ludendorf）针对当时的战场情况制定了一套全新的战术方案，陆军上校万·洛斯伯格（Von Lossberg）指挥部队首次尝试这套战术，没想到在战场上取得了相当大的成功，这套战术因而被称为"万·洛斯伯格战术"。

"万·洛斯伯格战术"的实施建立在小分队机动灵活作战的基础上，每个小分队由1名军士、11名士兵组成，他们不必严格按照上级的战略部署执行任务，在实际战斗中可对战局的变化灵活应对，力求在协约国军队防线最薄弱的地方展开攻击。当发现某处薄弱点时，他们能利用这个薄弱点将协约国军队的机枪、炮兵阵地以及障碍等迅速攻占或摧毁，为大部队

漫画中的德军士兵，前面两名分别手持MG轻机枪和伯格曼MP18冲锋枪

的进攻扫清障碍。

"万·洛斯伯格战术"为德军取得了相当大的战果，然而由于德军缺乏得心应手的突击武器，从而影响了这套战术的完美发挥。当时小分队使用的是长约1143mm的枪机旋转后拉式步枪，这种步枪过长，不便于操作，射速过低，在近距离突击作战中使用非常不顺手；而德国自己生产的马克沁机枪则过于笨重，转

移、架枪的速度都太慢，无法依靠它为突击作战的队友提供火力掩护。因此装备轻型速射单兵作战武器迫在眉睫。

基于"万·洛斯伯格战术"的需要，德军认为每个作战小分队都需要一支新型的突击武器，在保证突击火力的前提下，这种新式武器要足够轻、短，机动性要好，同时容弹量要尽量地多。1915年，德国枪械检测委员会对新式突击武器提出具体要求：质量轻，连发射击，有效射程200m，使用9mm巴拉贝鲁姆手枪弹。

同时代枪型对比

首先积极响应的是卢格（Luger）公司，该公司先后向枪械检测委员会提供了数支卢格P08长枪管型自动手枪，这些自动手枪均配备了抵肩托以及容弹量为32发的"蜗牛"式弹鼓。但是由于射速过快（1200发/分）以及在连发状态下枪口上跳难以控制等原因，P08手枪最终未能入选。

由于有卢格公司方案的前车之鉴，毛瑟公司在7.63mm M1896毛瑟手枪的基础上，设计了50余支毛瑟半自动卡宾枪，使用容弹量为40发的弹匣供弹。与此同时，美国也有研制类似的新式步兵武器的计划，名为"佩德森武器"的研制计划被美国军方列为最高机密，而且即将实施。如果当时德国枪械检测委员会得知美国的这一计划，就不会对毛瑟公司的方案置之不理了。可惜的是，枪械检测委员会对毛瑟公司的方案丝毫不感兴趣。

与毛瑟卡宾枪相比，美国的佩德森武器全枪更长，机动性能也不如毛瑟卡宾枪，但其有自身的优势：它是从斯普林菲尔德M1903步枪改进而来、使用手枪弹的半自动武器，以短后坐式枪机取代了原来的旋转后拉式枪机，供弹具为容弹量40发的弹匣，所使用的0.30in口径的佩德森弹药与毛瑟7.63×25mm手枪弹的威力相当。值得一提的是，佩德森武器具有毛瑟卡宾枪所不具备的远射转换功能，在必要的时候，佩德森武器可以迅速转换为其前身——斯普林菲尔德M1903步枪，对较远的目标进行射击。

无论是毛瑟卡宾枪还是佩德森武器，其设计目的都是为了提高杀伤力。当一名士兵手持这样一个容弹量大、火力强的武器出现在敌人面前的时候，对手的末日也就到了。

希买司父子的鼎力之作

1916年，伯格曼兵工厂向德国枪械检测委

卢格公司提供的竞选方案为采用"蜗牛"式弹鼓的P08手枪，最终被淘汰

毛瑟公司推出的卡宾枪竞选方案，也没有获得成功

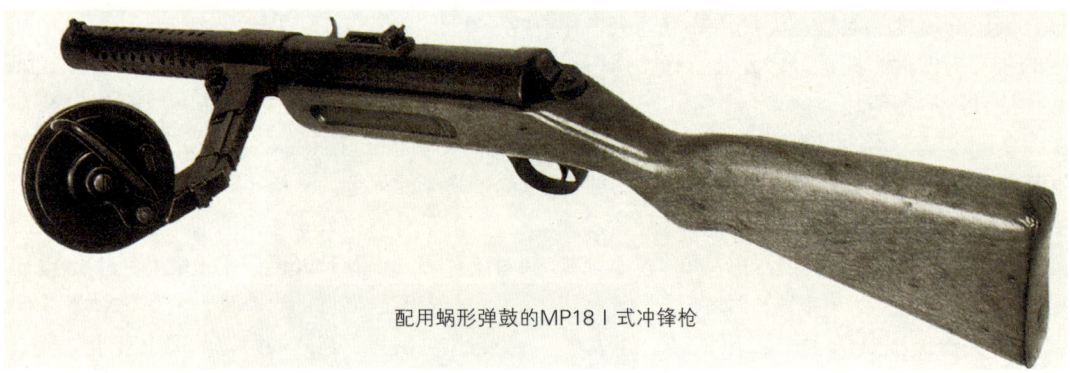

配用蜗形弹鼓的MP18I式冲锋枪

员会提交了他们的最新方案——一支真正意义上的自由枪机式冲锋枪。它的第一个型号是MP18式冲锋枪，于1918年初完成试验，同年夏天，又在此基础上经过一系列的优化设计，命名为MP18I式冲锋枪，并正式列装德国陆军。该枪的零件在很多工厂分别加工，最后由伯格曼兵工厂组装，所以该枪也称为伯格曼冲锋枪。

该枪的首席设计师是雨果·希买司，他为这支枪费尽了心思。雨果·希买司是德国历史上非常著名的轻武器设计师，他出生在一个轻武器世家，他的父亲路易斯·希买司也是一位才华横溢的枪械设计师，曾经设计了M1901伯格曼机枪，并对M1893伯格曼手枪进行改进，最终定型为M1897手枪。同时路易斯·希买司还为M1893伯格曼手枪设计了一种新式的双排可拆卸式弹匣，这是对该枪最重要的改进。这种新式弹匣装弹方便，不必借助任何器械，可靠性相当高，是当时最早的可拆卸式弹匣，对以后的供弹具设计起了极大的推动作用，之后出现的轻武器如美国的汤姆逊、斯太尔MP34、伯格曼MP35等冲锋枪使用的都是这种弹匣。

MP18I式冲锋枪从1918年夏开始列装，一直到1918年11月11日第一次世界大战结束时，德国前线部队配发的MP18I式冲锋枪在短期内得到了广泛使用，所有前线部队军官都使用过，步兵连有10%的士兵使用过。

关于此枪在战场上的使用情况，因无史料记载，已无法考证。但从战后的《凡尔赛条约》中明确规定"禁止战败的10万德军使用MP18I式9mm冲锋枪，只允许德国警察使用"这一条，便可以看出协约国对此枪的重视程度了。

MP18I面面观

MP18I式冲锋枪只有5大部件，即枪机组件、枪身组件、弹匣组件、枪托组件以及枪管组件。如果不计螺钉，MP18I式冲锋枪只有37个零件。该枪采用自由枪机式自动原理，只能

MP18冲锋枪的设计者雨果·希买司

连发发射。枪机质量为650g，一体式的大质量枪机有利于节约加工成本，降低射速。抽壳钩在枪机推弹入膛的过程中隔离了底火和击针，以防止早发火故障的发生。进弹到位后，抽壳钩钩住弹底缘。

尽管此枪的加工与二战时期普遍流行的铆接、焊接等工艺比较起来有些复杂，但是其制造工艺在当时来说已经达到了非常先进的水平，比起当时的卢格自动手枪、意大利的维勒·帕洛沙冲锋枪以及毛瑟M1917半自动卡宾枪，MP18I式冲锋枪的结构已经非常简单了，除枪托和扳机座之外，所有零件都可以直接从标准圆钢、方钢材料或管材上下料加工。全枪最复杂的零件是弹匣和枪管，如果事先提供了这两个零件，一个熟练的枪械师可以在一天之内做成一支MP18I式冲锋枪。

简单实用的击发原理和击发机构 MP18I式冲锋枪是世界上第一支采用自由枪机式自动原理、开膛待击的冲锋枪，其设计简化了生产工艺。MP18I式冲锋枪也是世界上第一支使用前冲击发方式的冲锋枪，这一原理后来被德国人贝克尔进一步完善并成功应用于20mm加农炮上。

MP18I式冲锋枪实现前冲击发的原理非常简单，结构也并不复杂。其弹膛比9mm巴拉贝鲁姆手枪弹短千分之几in，击针在枪机前端面未撞击弹膛尾端面之前将底火击发。此时，弹壳在火药燃气作用下开始后坐，将枪机前冲的动能部分抵消，减小枪机前冲速度，减轻枪机对弹膛尾端面的撞击力。另外，枪机前冲的剩余动能有效地阻止了枪口的上跳。从整个动作过程来分析，MP18I式冲锋枪的击发原理使得自动循环的过程更加平稳，有效提高了射击精度。同时由于弹壳后坐可以抵消枪机前冲的部分动能，因此枪机的质量可以适当减轻，对全枪质量的减轻有一定帮助。

世界上几乎没有哪支冲锋枪的击发机构比MP18I式冲锋枪的简单。扣动扳机，击发阻铁直接在扳机的作用下向下移动一点距离，将枪机解脱，由此便开始连续击发，直至松开扳机，击发阻铁在阻铁簧作用下复位将枪机挂住。

拉机柄卡在枪机上的拉机柄槽中，在装配完毕后与枪机是一体的。在射击过程中，拉机柄随着枪机往复运动。由于MP18I式冲锋枪的枪机为圆柱体，拉机柄在自动循环的过程中一直沿着机匣上的拉机柄槽运动，因此拉机柄同

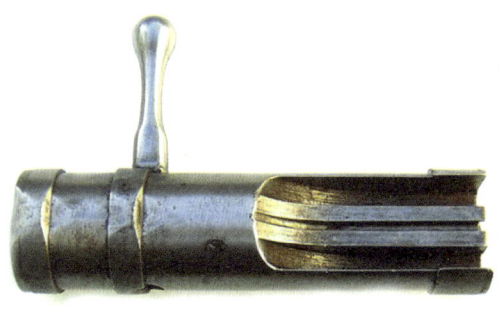
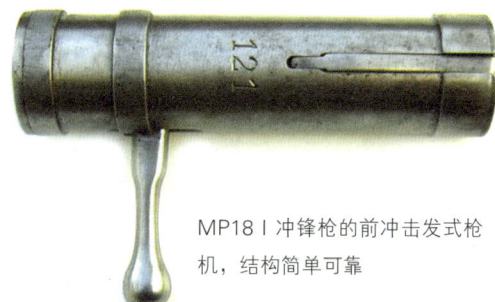

MP18I冲锋枪的前冲击发式枪机，结构简单可靠

MP18I冲锋枪的枪管与卢格P08炮兵型手枪的枪管加工工艺相似

时也起到枪机径向定位的作用,拉机柄槽也可以将落入枪中的杂物排出。这一设计在许多枪上都有应用,例如MP28、MP41、兰彻斯特冲锋枪等。

枪管 为加速MP18I式冲锋枪的生产,德国枪械检测委员会要求雨果·希买司使用已有的P08"蜗牛"式弹鼓。还有一种说法是德国枪械检测委员会还要求雨果·希买司使用卢格炮兵型P08手枪的长为203mm的枪管,但事实并非如此。203mm的手枪枪管并不适合MP18I式冲锋枪,因为二者的径向尺寸并不相符。尽管如此,关于MP18I式冲锋枪和炮兵型P08手枪203mm枪管的制造工艺手册却显示:二者从头至尾的生产工艺是极为相似的。因此只能说,在当时,加工MP18I式冲锋枪枪管使用的就是生产炮兵型P08手枪枪管的工装设备。从以下所述的部分数据中我们可以一窥端倪:

(1) P08枪管最大直径为22mm,MP18I式冲锋枪枪管直径的最大值为21.7mm,只比前者小0.3mm。

(2) P08的枪管肩部后端面至枪管尾端的距离为18.9mm,MP18I式冲锋枪的相应尺寸为18.4mm。

这些数据都非常地接近,但从整体上来说,MP18I式冲锋枪的尺寸都要略小于P08手枪,同时,二者的其他零件也不能互换。

(3) P08手枪枪管与机匣采用的是螺纹连接,MP18I式冲锋枪采用的是过盈配合。以二者连接部分最大直径来看,MP18I式冲锋枪的直径只比P08手枪的大1.1mm。可以这样来解释,P08手枪枪管的螺纹部分在未加工前的尺寸正与MP18I式冲锋枪的尺寸相符。

(4) 普通卢格手枪枪管的准星座与整个枪管是一体的,距枪口17.5mm,准星座径向尺寸14.7mm,稍大于枪管圆锥部分的最大直径。MP18I式冲锋枪的枪管上不设准星座,其准星装于散热罩上,枪管前端凸台的尺寸比普通卢格枪管的准星座大4.3mm。其作用有二:一是用作挡圈,防止枪管前窜;二是用作中心定位,确保枪管与散热罩同轴装配。

(5) MP18I式冲锋枪和P08手枪的抽壳钩和进弹斜坡在圆周上都呈180°对称分布,这也是证明二者出自同一生产线的证据之一。

(6) P08手枪枪管圆锥部分最大直径

MP18冲锋枪枪口前部造型独特,因此在中国又有"花机关枪"的美誉

容弹量为32发的蜗形弹鼓。注意上面的数字(17、22、27、32),当突出的钮扣指向某一数值时,则表明弹鼓里的余弹数

16.3mm，最小部分直径13.5mm，这与MP18 I式冲锋枪的枪管锥度完全相同。因此从经济角度来说，实在没有必要花时间和精力再重新设计一套已经用于生产P08手枪枪管的生产设备。

综上所述，可以得出这样的结论，MP18I式冲锋枪与P08手枪的枪管出自同一生产线，只是在后期工序中才分别针对二者的设计要求加工MP18I式冲锋枪与P08手枪的枪管。

不完美的弹鼓 MP18I式冲锋枪可靠性高，生产简单，勤务性好，经济实用……使用过的人将无数赞美之词送给了MP18I式冲锋枪，而他们所赞美的并不包括德国枪械检测委员会强制装备的P08"蜗牛"式弹鼓。

雨果·希买司设计了世界上第一个双排单进式直排弹匣并申请了专利，这种弹匣可容纳20发9mm巴拉贝鲁姆手枪弹。雨果·希买司曾试图将这种弹匣用于MP18I式冲锋枪上，然而德国枪械检测委员会要求雨果·希买司为MP18I式冲锋枪配装容弹量32发的P08"蜗牛"式弹鼓。该委员会做出这种决定的目的在于弥补MP18I式冲锋枪容弹量不足的缺陷，然而带来的另一个问题是，配装

后期生产的MP18 I 式冲锋枪的保险装置

P08"蜗牛"式弹鼓的MP18I式冲锋枪不利于部队的长途奔袭。

P08手枪的"蜗牛"式弹鼓脆弱易毁、价格昂贵、制造复杂，生产中过多依赖手工修整，装弹还要借助工具。更矛盾的是，同是卢格公司的产品，其生产的8发容弹量的弹匣也因该弹匣上的突起而无法在紧急情况下装入MP18I式冲锋枪……不足之处不胜枚举。尽管

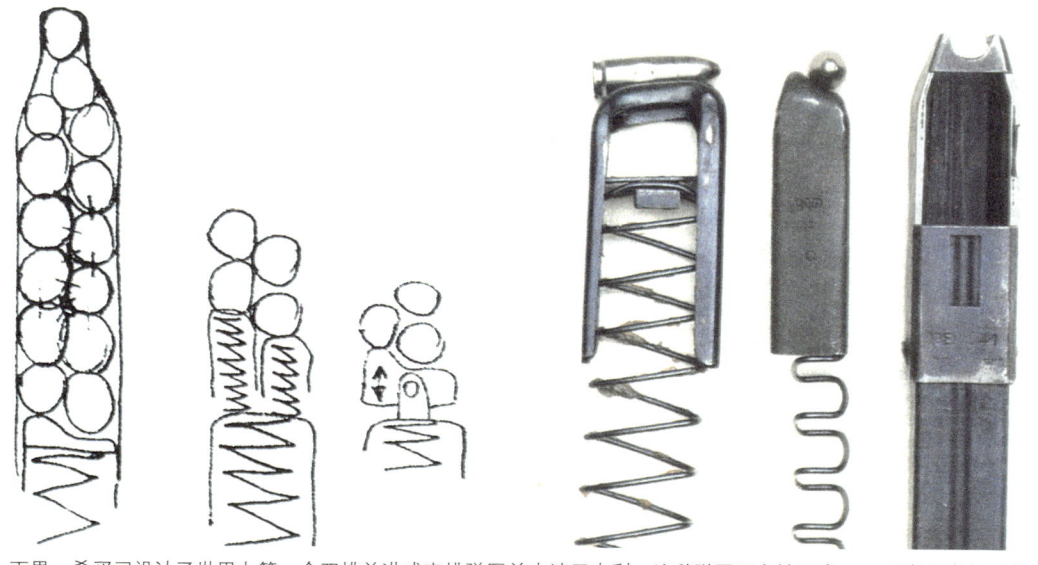

雨果·希买司设计了世界上第一个双排单进式直排弹匣并申请了专利，这种弹匣可容纳20发9mm巴拉贝鲁姆手枪弹

雨果·希买司的双排单进式弹匣不如他父亲的作品那么出色，但鉴于德国枪械检测委员会的官僚作风，要求MP18I式冲锋枪必须采用卢格的P08"蜗牛"式弹鼓，并且还必须将枪管轴线与弹匣槽轴线的夹角设计成与P08手枪相同的55°。更严重的问题是，由于MP18I式冲锋枪的供弹口位于枪身左侧，因此，在插上P08手枪的"蜗牛"式弹鼓后，枪身质心严重左移，由此带来的后果可想而知。

为减轻全枪质量以及平衡质心，雨果·希买司将枪身上的供弹口部位的长度适当缩短，这就要求弹鼓接口部分必须安装加强套。因为如果没有加强套，弹鼓将失去在正常供弹位置的定位点，进而插入枪中过深，枪将无法工作。

分解结合 MP18I式冲锋枪的简单设计使其在战场上的维护相当容易。其分解的第一步与所有枪械的分解动作一样：检查膛内是否有弹。确认膛内无弹后，将枪机推至前方位置，以拇指压下机匣尾端的卡扣，即可打开机匣，这个动作过程类似于操作单发装填的霰弹枪。将机匣盖旋转1/8圈，取下机匣盖即可取出复进簧，向后拉拉机柄取出枪机。然后，将击针从枪机中抽出。结合动作就是将分解的动作倒过来做一遍。需要注意的是，当枪机装入机匣后，需要扣动扳机，阻铁下落，为枪机让开位置，枪机才能顺利装入。卸下枪管的过程并不复杂，首先用木锤和冲子将准星卸下，散热罩即可旋出，枪管就可以卸下。装枪管的时候必须注意，进弹斜坡必须与进弹位置对正、抽壳钩槽与抛壳挺呈180°分布，确保枪管装配完毕后，当枪机处于前方位置时，抽壳钩才能顺利进入抽壳钩槽。

射击体验 MP18I式冲锋枪的射速不高，长点射容易控制，但它不具有单发发射功能。从总体上来说，MP18I式冲锋枪每次扣动扳机最少能发射3发枪弹。这说明，MP18I式冲锋枪的阻铁簧力太弱，不足以在两发时间间隔内将阻铁回位。

MP18I式冲锋枪的枪托对于中等身材的人

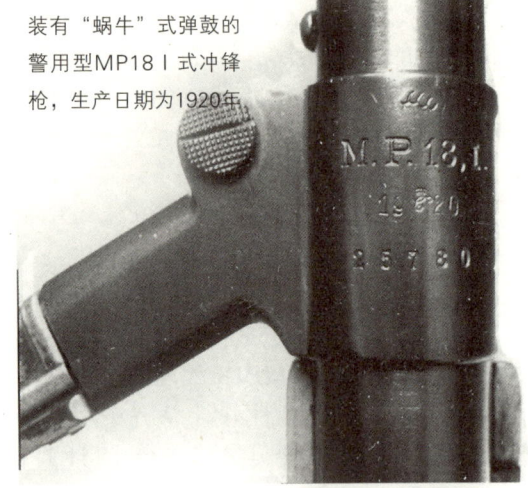

装有"蜗牛"式弹鼓的警用型MP18I式冲锋枪，生产日期为1920年

装有直形弹匣的改进型MP18I式冲锋枪，枪身上的铭文为"SYSTEM SCHMEISSER"

来说有些短小。射手在贴腮瞄准时，眼睛过于靠近照门。该枪采用窄"V"形缺口式照门，准星为宽梯形，虽然有利于捕捉近处出现的快速移动目标，但对于远处小型目标的瞄准就显得力不从心。

安全隐患 总的来说，MP18I式冲锋枪的安全性还是比较高的。将枪机拉到后方位置时，顺时针方向旋转拉机柄使之卡在机匣盖的保险槽中，此时即使有外力作用将拉机柄撞出保险槽，阻铁也会将枪机挂住，使枪机不能复进。然而，MP18I式冲锋枪同其他

史上第一支实用的
冲锋枪——
德国MP18 I式冲锋枪

MP18I式冲锋枪是划时代的新武器,令其对手胆寒。第一次世界大战德国战败后,《凡尔赛条约》特别提出禁止德国生产该枪

MP18冲锋枪很早就进入中国,成为各路军阀抢占地盘的开路先锋

采用类似设计的冲锋枪一样有无法克服的一个缺点,那就是无法保证当枪机处于闭膛位置,同时弹鼓安插到位时的安全性(武器处于闭膛状态是为避免有杂物通过抛壳窗进入枪内)。在这种状态下,一旦有外力撞击枪托甚至当士兵跨越战壕时,都有可能走火。这是因为在撞击的过程中,枪机会在惯性作用下后坐,越过进弹位置,但没有到达阻铁位置,继而复进、击发。在认识到这一危险性后,第一次世界大战(一战)后的MP18I式冲锋枪都加装了一个保险机构,用来锁定处于闭膛状态的枪机。

美中不足 尽管MP18I式冲锋枪从整体结构上来说非常简单,然而设计者却在击针的设计上画蛇添足。MP18I式冲锋枪的击针是个单独的零件,与枪机装配后,其尾端与复进簧相连,这就使击针时刻都在复进簧的压力下突出于枪机前端面。从实际效果上来说,这种设计与传统的固定式击针没有什么区别,而实现的手段却显得复杂得多。后来在MP18I式冲锋枪的改进型中,击针才改为固定式,枪机尾端直接与复进簧相连。

关于产量的种种猜测 关于在一战时期德国MP18I式冲锋枪的产量有着种种猜测,其数量的差距很大,从3000支到35000支不等。从科学的角度来看,一战时期的MP18I式冲锋枪上的序列号应是比较可靠的依据。从保存下来的MP18I式冲锋枪来看,枪身上的序号基本分布在50～3000之间,由此可见当时MP18I式冲锋枪的产量大体应在3000支左右。无论具体的数量有多少,那些分发到受过特别训练的小分队手中的MP18I式冲锋枪发挥了重要作用。同时,还有一些被分到了负责守卫战壕的士兵手中,而这些士兵更擅长于在掩体中用马克沁机枪向对方扫射,MP18I式冲锋枪在他们手中根本发挥不了应有的功效。因此,在投入战场的3000支MP18I式冲锋枪中还有相当一部分被浪费掉了。

深远影响 MP18I式冲锋枪不仅是划时代的新武器,而且在实战中也证实它是一支优良的武器。它与后来的MP28II式冲锋枪深深地影响着许多国家冲锋枪的设计理念与外形。在英国兰彻斯特冲锋枪和日本百式冲锋枪上,都可以看到MP18I和MP28II式冲锋枪的影子。在1936～1939年的西班牙内战期间,交战双方都使用MP18I式冲锋枪。世界各国从西班牙内战中看到了冲锋枪在未来战争中的重要地位,于是纷纷投入人力、财力研制新型冲锋枪。到第二次世界大战期间,冲锋枪的发展与使用达到了全盛时期。

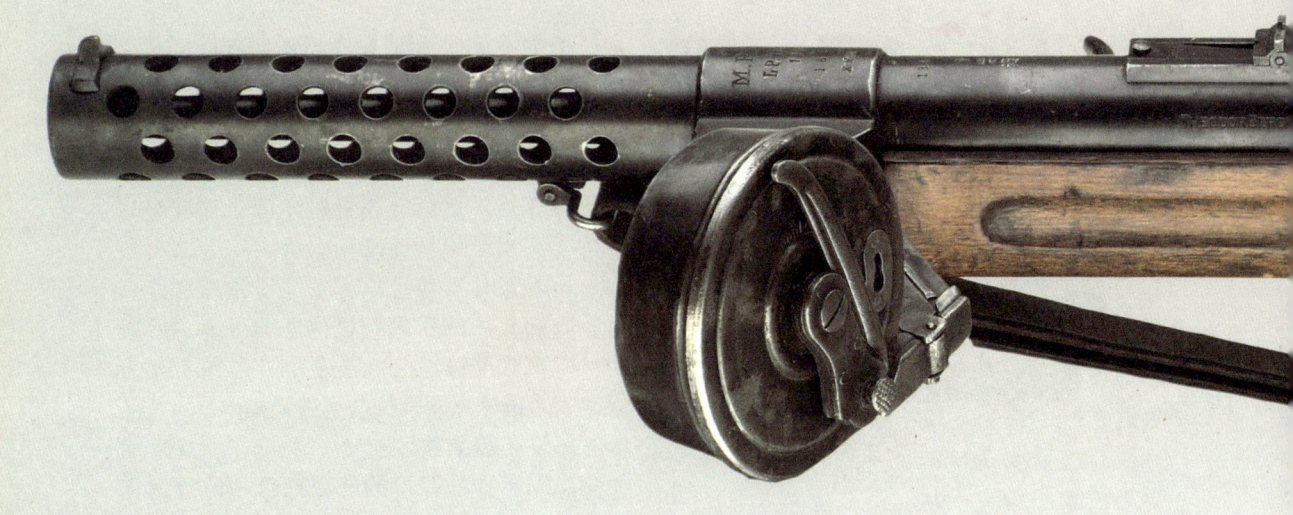
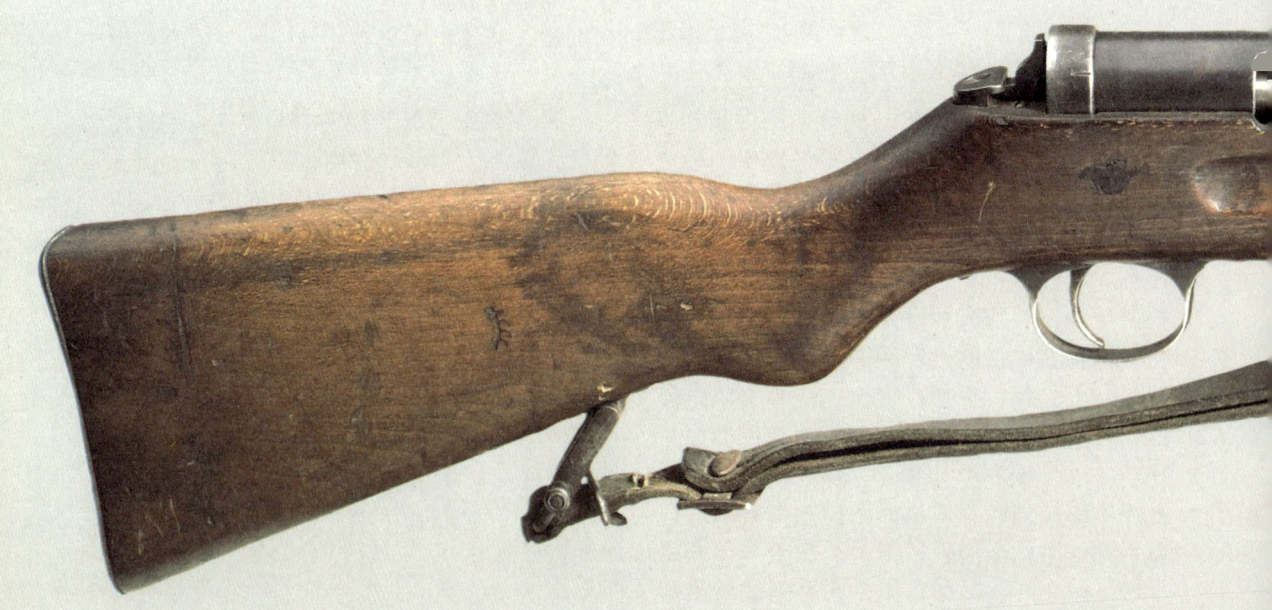

德国MP18I冲锋枪

禁令下的产物
——德国MP28II式冲锋枪

MP28II冲锋枪是德军冲锋枪装备史上的一款过渡型产品，其性能在同时代的冲锋枪中名列前茅。虽然没有在战争中大量装备使用，但是对于德国冲锋枪的发展起到了承前启后的重要作用。

禁令下的产物
——德国MP28II式冲锋枪

德国9mmMP28 II 冲锋枪

了解MP28 II 冲锋枪，就要提起MP18 I 冲锋枪及其设计者雨果·希买司。我们就从雨果·希买司开始来了解本文的主角——MP28 II 冲锋枪吧。

雨果·希买司其人

雨果·希买司生于1884年9月24日，于1953年9月12日去世，其父路易斯·希买司也是欧洲非常有名的武器设计师。雨果·希买司一生大部分的工作和生活都是在德国有名的武器生产城——图林根州的苏尔市度过的。他曾在伯格曼兵工厂从事轻武器设计工作，一干就是20多年。

一战开始后不久，堑壕战在战场上兴起，迫切需要一种射速较高、尺寸适中的自动武器。1917~1918年间，雨果·希买司设计了一种采用9mm巴拉贝鲁姆手枪弹的冲锋枪，后来经改进后被德军在战场上大量采用，这便是MP18 I 冲锋枪。一战结束后，作为战败国的德国被迫于1919年6月28日同英、法、美等国签订《凡尔赛条约》，该条约使德国失去了10%的领土及所有的国外殖民地，并承认其发动战争的罪行，向战胜国进行巨额赔偿，同时该条约还规定战后德国不能拥有空军，只允许有小规模的陆军和海军，并不得从事自动武器的生产。

《凡尔赛条约》签订后，德国的武器生产公司处境维艰，伯格曼兵工厂也不例外，在这种情况下，仍然想从事轻武器研究的雨果·希买司离开了伯格曼兵工厂。他与弟弟汉斯·希买司（Hans Schmeisser）一起在苏尔市创立了一家武器公司，但公司效益不好，不久，该公司与同在苏尔市的黑内尔公司合作（雨果·希买司与黑内尔公司合作了20年之久），秘密研制《凡尔赛条约》所禁止生产的武器。

1928年，雨果·希买司在MP18 I 冲锋枪的基础上研制出了MP28 II 冲锋枪，由黑内尔公司生产。1933年，希特勒上台，为实现统治世界的野心，于是德国开始大规模扩充军备，德国武器生产企业的境况有了转机。

在此期间，雨果·希买司继续对其冲锋枪进行改进，研制出了MP34及MP36冲锋

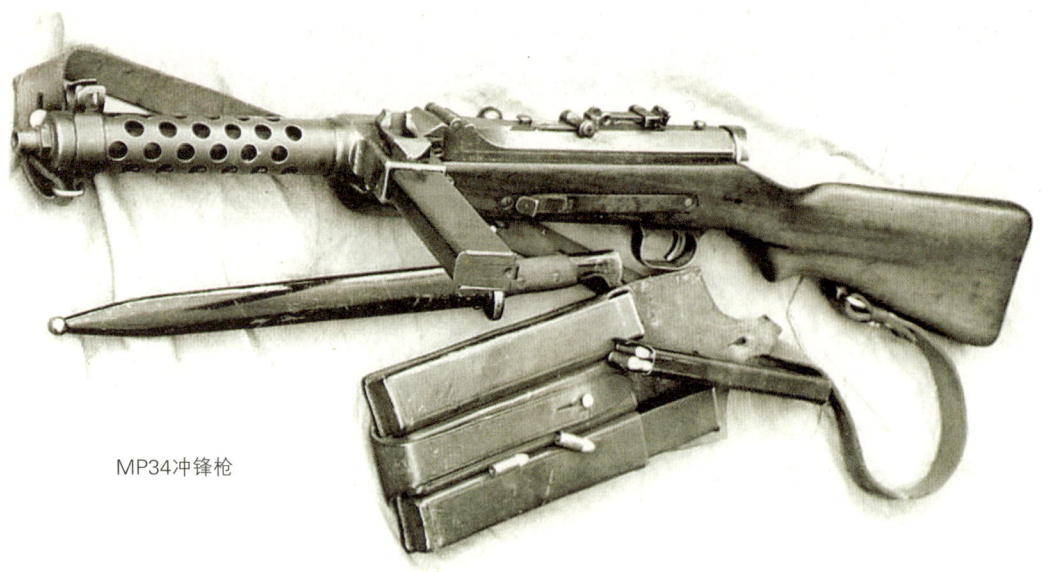

MP34冲锋枪

枪。后来，德国另一位著名轻武器设计师海因里希·福尔默（Heinrich Volmer）在MP36的基础上研制出了便于大批量生产的MP38冲锋枪，该枪是德军大规模采用的第二支制式冲锋枪。随着MP38的装备，又出现了它的改进型MP40冲锋枪。

1938年后，雨果·希买司研制了一种发射7.92mm短弹的自动步枪，被命名为MKb42（H）。同时期，德国的另一大武器生产厂商——瓦尔特公司也研制了一支同类型的步枪，被命名为MKb42（W）。这两支枪名称中括号内的字母分别是研制公司名称（Haenel与Walther）的首字母。在军方组织的试验中，MKb42（H）入选，被命名为MP43冲锋枪，1944年被命名为MP44冲锋枪。这就是被希特勒命名为"StG44突击步枪"的武器。

1945年7月，苏联红军占领了苏尔市及整个图林根州地区，迫于形势，雨果·希买司不得不为苏联研制武器。1946年10月，雨果·希买司同德国其他一些轻武器专家被押送到苏联南乌拉尔山区的伊热夫斯克市从事轻武器研制工作，1952年被释放回国。

雨果·希买司的一些设计被世界上多种冲锋枪所采用，他为德国乃至世界冲锋枪的发展起到了很大的推动作用。

雨果.希买司设计，黑内尔公司生产的MKb42（H）方案样枪

MP28 Ⅱ 的诞生

《凡尔赛条约》规定战后德国只能保留小规模的陆军，为士兵装备哪种合适的武器以使陆军拥有足够的威力，是摆在战后德军决策层面前的一个问题。鉴于一战中德军"万·洛斯伯格战术"的成功应用，决策层想给陆军装备一种与MP18Ⅰ冲锋枪类似的武器。

于是雨果·希买司对MP18Ⅰ冲锋枪进行改进，于1924年推出了MP28Ⅱ冲锋枪。1925年，德国武器装备检测委员会对MP28Ⅱ冲锋枪进行了秘密试验，并最终认可了该武器。为避免违反《凡尔赛条约》中有关武器生产的禁令，MP28Ⅱ冲锋枪便由比利时的一家工厂代为生产。

该厂最初生产的MP28Ⅱ冲锋枪有多种口径，如9mm巴拉贝鲁姆、7.65mm巴拉贝鲁姆、9mm伯格曼－贝亚德、7.63mm毛瑟，甚至还有0.45in ACP口径，这些口径的型号曾出口到葡萄牙、中国、日本、玻利维亚及南美洲、中美洲的一些国家。比利时于1934年采用了9mm巴拉贝鲁姆口径的MP28Ⅱ冲锋枪，命名为M34冲锋枪。

MP28Ⅱ冲锋枪VS MP18Ⅰ

MP28Ⅱ冲锋枪是在MP18Ⅰ冲锋枪基础上改进而成的，基本工作原理及内部结构没有区别，只是局部有所改动。从MP28Ⅱ冲锋枪与MP18Ⅰ冲锋枪的比较中，便能进一步认识MP28Ⅱ冲锋枪。

弹匣 一战中，德军士兵广泛配发卢格P08手枪，该枪除配用容弹量8发的弹匣外，还可配用容弹量32发的"蜗牛"式弹鼓。可能是出于后勤供应的考虑，德国军方要求MP18Ⅰ也能使用"蜗牛"式弹鼓。该弹鼓装于枪身左侧，弹匣槽轴线与枪管轴线的夹角为55°。装上弹鼓后，枪身质心左移，射击过程中会产生逆时针旋转的力矩，不便于士兵射击操作，行军中也不便于士兵将枪挎在肩上携行，且外形上也不够美观。

后来，雨果·希买司设计出了改进型MP18Ⅰ，采用了容弹量20发的直形弹匣，弹匣槽轴线与枪管轴线的夹角由55°改为90°，弹匣也是安装于枪身左侧。

MP28Ⅱ弹匣的类型、安装方式均与改进型MP18Ⅰ相同，不同的是MP28Ⅱ有20及32发容弹量两种弹匣。

有一些书籍提到，雨果·希买司曾试图设计35发的弹匣，但最终没有成功，这种说法的可信性值得怀疑。因为当时P08手枪是德国士兵常用的武器，士兵随枪带有两个弹匣，每个弹匣容弹量8发，因此每枪带16发弹。为了便于士兵使用，德军9mm巴拉贝鲁姆手枪弹都是以8的倍数来包装的，如每包16发、32发等。因此那时德军武器的弹匣容弹量通常为16发或32发。

MP28Ⅱ由黑内尔公司生产，而MP18Ⅰ

左为MP28Ⅱ冲锋枪的32发弹匣，右为MP18Ⅰ冲锋枪的20发弹匣。前者的加强箍比后者的稍宽一些，所以MP18Ⅰ冲锋枪不能使用这种32发弹匣

由伯格曼兵工厂生产，可能是出于自己利益方面的考虑，雨果·希买司设计的32发弹匣不能在MP18 I上使用，而MP28 II却能使用MP18 I的容弹量20发的弹匣。

雨果·希买司为避免MP18 I使用32发弹匣的方法很简单，他将弹匣口部的加强箍改得稍微宽了一些，这样，32发弹匣就不能插入MP18 I的弹匣槽中，而MP18 I的20发弹匣却能插入MP28 II的弹匣槽中。

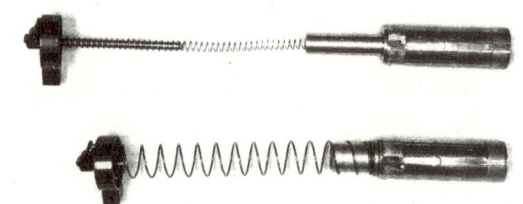

上为MP18 I的枪机及机匣尾盖，下为MP28 II的枪机及机匣尾盖。为了防止MP18 I的复进簧在伸张、压缩过程中扭曲，其机匣尾盖上设计了一个长杆，作为复进簧导杆

瞄具和发射机构 在瞄具方面，MP18 I采用的是L形翻转式表尺，可分别将射程设定为100m或200m，而MP28 II采用的是弧形表尺，其射程最大可设定为1000m。

发射机构方面，MP18 I只能连发发射，而MP28 II在发射机构中增加了快慢机，可选择单发或连发发射方式。其快慢机在扳机上方，为横闩式结构，将快慢机从右向左推，左端露出字母"D"时为连发；反之，右端露出字母"E"时为单发。

枪管和复进簧 MP28 II与MP18 I枪管的加工及安装方式也有所不同。MP18 I的枪管需要前后各安装一个定位箍来保证它的对中性，枪管前定位箍的顶部加工有一个平面，而枪管护筒前部加工了一个燕尾槽来安装准星，该燕尾槽位置在枪管前定位箍上方，准星与燕尾槽通过枪管护筒内壁装配在一起，这样可阻止枪管定位箍旋转，以使枪管定位。MP28 II的枪管加工起来比MP18 I要复杂，它的前后定位箍和枪管不是分开加工的，而是一个整体，这种变化使得MP28 II的零部件少了两个。与MP18 I的前定位箍一样，MP28 II的前定位箍也加工有螺纹，可拧入枪管护筒的内螺纹上；与MP18 I的由准星固定枪管定位箍的方式不同，MP28 II的枪管定位箍是由螺纹固定的。

另外，MP28 II复进簧的簧圈直径较大，复进簧和机匣内壁间的间隙很小，机匣内壁兼作复进簧的导引，这样，MP28 II的机匣尾盖结构就非常简单了。而MP18 I的复进簧簧圈的直径较小，为了防止其在伸张、压缩过

程中发生扭曲，就在机匣尾盖上设计了一个较长的杆，作为复进簧导杆。

保险 在保险方面，MP28 II则没有改进，也是在机匣后部、拉机柄槽尾端设计了一个保险卡槽，将拉机柄拉到后方位置并转动，使拉机柄卡入保险卡槽中即可。对于开膛待击的武器来说，这种设定保险的方式并

禁令下的产物
——德国MP28II式冲锋枪

仿造MP28冲锋枪的英国兰彻斯特冲锋枪

不可取。将拉机柄卡入保险槽中时，弹膛及武器的内部机构外露，沙尘及其他污物很容易进入枪内引起射击故障；而将枪机停在前方携行时，因枪机没有被锁定，很容易因意外撞击而走火。

MP18 I 在一战中大量使用，战后则在德国警察部门中广泛采用。相比之下，MP28 II则没有那么幸运了，它先是被德军采用，但随着二战的爆发，就被便于大批量生产的MP38冲锋枪取代了。倒是在1936～1939年的西班牙内战中，MP28 II 被大量采用。正是看到MP28 II 在西班牙内战中较好的作战效能，促使德军上层决定采用一支发射手枪弹、便于大批量生产、火力较猛的自动武器，MP38冲锋枪的出现正好满足军方的这个需求，所以MP38冲锋枪及其改进型MP40冲锋枪便迅速取代MP28 II 而成为德军新的制式冲锋枪。

MP28 II 之英国版：兰彻斯特冲锋枪

20世纪30年代，英国军队中的大部分英军指挥官都比较轻视冲锋枪，将其指责为"暴徒武器"，当时的主流观点认为，"一个绅士将永远不会使用这种武器"。1940年的敦克尔克大撤退，使英军指挥官突然意识到，战争中他们不该再"绅士"下去，并认为迫切需要一种轻型的、射速较高的、手枪口径的武器。

在试验了几支冲锋枪（包括美国汤姆逊冲锋枪、芬兰苏米冲锋枪）之后，英国作战部（British War Department，1964年改称国防部）与斯太令工程公司签订了仿制德国MP28 II 的合同，由乔治·赫伯特·兰彻斯特（George Herbert Lanchester）主持，所以该仿制型称为兰彻斯特冲锋枪。在仿制过程中，局部有稍许的改动，初期的快慢机位置由扳机上方改在扳机护圈前方，后来的型号中则取消了这个快慢机，只能连发发射；机匣后部也稍有变化；整个枪托尺寸比MP28 II 的长；其特别之处是弹匣槽由黄铜制成。

兰彻斯特冲锋枪的枪机与MP28 II 的几乎一模一样，所以MP28 II 的枪机可直接用在兰彻斯特冲锋枪上。兰彻斯特冲锋枪的弹匣除了可与司登冲锋枪通用的容弹量32发的之外，还有一种容弹量50发的，由于是直弹匣，所以其外形细长。

结论

MP28 II 最终被MP38及MP40所取代，不是因为MP28 II 性能不好，而是因为MP28 II 不便加工，对加工工艺要求非常严格，在战时的紧急状况下不太容易办到。MP28 II 虽没有在战场上得到大量采用，但对于MP18 I 及后来的MP38来说，它是个过渡产品，起着承前启后的作用，在冲锋枪的历史上也占有一定的地位。

闪电战的象征
——德国MP38/40冲锋枪

MP38/MP40冲锋枪是二战中使用最广泛、火力最猛烈的冲锋枪之一,也是纳粹德国冲锋队和党卫军的杀手锏。二战期间,其生产总量数以百万。在纳粹德国陆军、空军,甚至海军……所有战场上都有它的身影。它伴随德军伞兵部队占领了希腊克里特岛,在进攻苏联的初期一度挫伤了苏军。"我们用的是步枪,而法西斯用的是冲锋枪!"——正是这样的一句话,让卡拉什尼柯夫下决心也要为苏军设计一种冲锋枪。

那么,MP38/MP40冲锋枪究竟如何,它是怎么产生与发展的?它果真性能出色吗?历史在这里作出回答——

媒体上的神奇武器

翻开MP38/MP40冲锋枪的一些原始资料和使用报告,可以看出它的确是一支很不平凡的冲锋枪。该枪除了对盟军造成巨大的心理影响之外,在德国关于战争的宣传中也占有重要的地位,被各种媒体大肆宣扬为"神奇武器"。无论是在报纸杂志的插图上,还是在丹麦的醒目广告牌上,到处都可以看到它被看起来不可战胜的德国士兵紧紧握在手中。战争刚打响,MP38/MP40便成了闪电战的象征,昭示着德国武器设计师的天资。战后,在许多反映二战的电影、电视中,常常看到党卫军手持该枪的凶恶形象。好莱坞就曾通过电影展示了MP40这一纳粹德国国防军士兵的主战武器。电影中的战争场面,听到的总是该枪连发发射

闪电战的象征
——德国MP38/40冲锋枪

海因里希·福尔默（左）是当时欧洲较为有名的枪械设计师

时发出的"嗒嗒"响声。当然，编导们并没有展示这支冲锋枪的另一面——士兵对其的种种抱怨。

福尔默与他的枪

随着德军"闪电战"理论的逐步形成，德军装甲机械化部队和伞兵部队得到迅速扩充。与此同时，装甲机械化部队和伞兵部队对单兵武器的特殊需求也就随之提上了议事日程：为适应乘车战斗和空降作战的需要，迫切要求武器短小轻便；为适应"闪电战"快速突击作战，特别是近距离突击作战的需要，迫切要求武器具有较高的射速和火力持续能力。这些要求，唯有冲锋枪才能"一肩挑"。

1938年初，德国陆军武器局委托埃尔富特机器制造厂（即厄尔玛公司，ERMA，Erfurter Maschinenfabirik）研制一种新型武器。同年6月初该厂就拿出了样枪。速度之快，令人咋舌！

实际上，样枪能在这么短的时间内出炉，应归功于其发明人海因里希·福尔默（Heinrich Volmer，1885~1961年)是他多年前期工作的结果。早在1912年，年仅24岁的福尔默就创办了一家公司——福尔默公司。当时，他发明了一种奇特的卡宾枪，但由于该枪存在一些问题而被搁置一边。10年后，他对一

战中使用的MP18冲锋枪加以改进，主要改进之处是在木质前托上增加了垂直握把，并提高了便携性和动作可靠性。改进后的枪被称为VMP25。但该枪闭锁簧太长，弹鼓容弹量没有达到所要求的35发，而只能装25发，令军方不满意。尽管如此，德国还是拨款赞助其继续研制。与英国人不一样，德国人并不把冲锋枪看作是暴徒用的武器。纳粹德国国防军对《凡尔赛条约》置之不理，继续研制冲锋枪。

但是后来福尔默命运不济。他研制的VMP25的改进型VMP30因为没有枪管套而未通过武器装备检验部门（IWG）的验收。另外，陆军武器局也认为其700发/分的理论射速太高。于是，从1930年起军方终止了赞助。而福尔默公司在研制改进型冲锋枪的同时，还

二战期间，MP38/40冲锋枪生产量超过120余万支。手持MP38/40冲锋枪的士兵，一度成为第二次世界大战中德国军人的象征

俗称"打嗝枪"的MP40冲锋枪

与军方签订了数量庞大的枪口罩的生产合同。战争结束后，因为国家不需要，成千上万的枪口罩便没有了销路，造成了积压，资金不能回笼，公司面临破产。同时，德国边防警察也不止一次地表示拒用VMP25/30冲锋枪，所以福尔默公司只有靠出口来维持生计。他们将数百万个枪口罩焊在白铁皮上，装在航运集装箱里，秘密地销售给保加利亚。但是想重振福尔默公司是不可能的了。于是，厄尔玛公司于1931年10月决定低价收购福尔默公司的全部销售权。不久，就将稍加改进的ERMA-MP或称EMP的冲锋枪卖给了南美、保加利亚和南斯拉夫。

MP38的出笼

厄尔玛公司本身并没有想对EMP冲锋枪再作改动，但德国装甲部队要求一种紧凑型冲锋枪，以便能安全地在装甲车里射击。改动要求摆到了公司总裁贝特霍尔德·盖佩尔的案头。其改动部分有：将木质固定枪托改为折叠式枪托；安装小握把以加强射击稳定性；在枪管下方增加钩形导轨，以防止在车内射击时枪向后滑。改进后的EMP冲锋枪称为MP38冲锋枪。

严格地说，MP38冲锋枪最重要的创新在于：为了减轻枪的质量，在钢制机匣上冲压了一些纵向槽；在进弹口的外侧增加了大的圆形切口；下机匣由较轻的巴克利特塑料制成；取消了不必要的单、连发快慢机；原来位于进弹口后方的杆式弹匣扣改成了按钮式，并移到了机匣左侧，因此MP38的弹匣不能与EMP的互换。为了改善在装甲车内射击的条件，在该枪枪管下方增加了一条钩形支撑导轨，取代了EMP上的那种费时费事的折叠弯钩。

MP40的问世

MP38冲锋枪于1938年6月29日正式装备部队，7月批量生产。但1939年纳粹德军突然入侵波兰的时候，只有数千支用整块坯料铣制的冲锋枪。而军队对冲锋枪的需求量是巨大的，

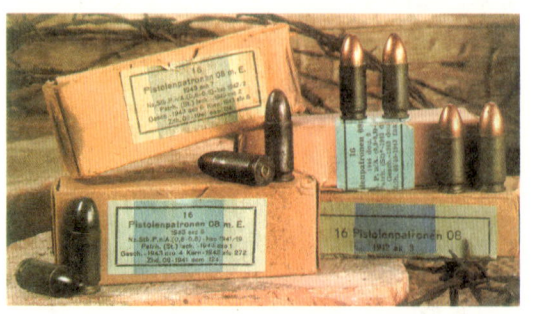

MP38/40冲锋枪使用9mm巴拉贝鲁姆手枪弹

闪电战的象征
——德国MP38/40冲锋枪

缺口式照门表尺可以将射程设定为100m或200m

第一批MP40冲锋枪的弹匣仓上加工有凹槽

第一批后生产的MP40冲锋枪的弹匣仓上取消了凹槽设计

因为冲锋枪不仅适合在狭小的车辆内射击，而且还适合伞兵和室内战斗使用。德国能源短缺，而在德军于各条战线上全面失败之前，能源的消耗就达到了极点。1941年12月3日，希特勒在一份公告中要求为战争服务的各经济领域都简化生产程序，增加产量。

厄尔玛公司从1939年起开始努力简化MP38冲锋枪的生产过程。他们将机匣和握把用钢板冲压而成，并广泛采用铆、焊工艺，内部则不改动。1939年末，改进后的新型号达到了批量生产水平后，命名为MP40冲锋枪。1940年3月～7月，厄尔玛公司、黑内尔公司和斯太尔公司开始大量生产。其中钢板部件由两家有经验的配件厂提供：一家是法兰克福－勒德黑姆的默尔茨办公用品生产厂，另一家是柏林—新克尔恩的克鲁普收款记录机股份有限公司。斯太尔公司的格拉茨分厂主要生产弹匣和装弹机之类的附件。

就冲锋枪而言，德军入侵波兰的战争损失（磨损和遗失）为261支，到1942年增加到3.3万支，1943年达到近5.9万支，1944年猛增到13.4万支。为保证冲锋枪的供应，1942年伊始，厄尔玛公司再次停止了1935年投产的毛瑟98k步枪的生产，只限于生产MP40冲锋枪。生产98k的全部工装设备和已有的零部件统统转给了古斯特洛夫工厂。

MP40——一支在造型和布局上最具有"突击"色彩的冲锋枪

一支枪的造型，是其战斗能力不可小视的组成部分。武器战斗能力的构成要素除了命中率和杀伤力等硬指标外，武器外形对人员的心理影响，也是不可忽视的重要因素。MP40冲锋枪有一个如同"黑贝"一样特别"骁勇彪悍"的造型。它准星座高挑前置，下方有枪管增强护杆和凸块；弹匣与枪身成直角配置；握把纤细，倾角为120°；机匣、弹匣座、护木以及握把上的加强筋和纹理，均与枪管轴线平行，使全枪线形流畅，棱角分明，富于勇猛冲

设计简化的MP40冲锋枪有5种变型枪。图示样枪里的枪管螺母只有两个锁紧面。下为海因里希·福尔默设计的容纳复进簧的伸缩式套管

击的动感。加之其黑色亚光的枪身和褐红色的护木与握把护板,使全枪浑然一体,富于沉着、坚实与果敢的个性特点,往往令人望而生畏。实战使用时,MP40冲锋枪枪声清脆,节奏明快,富于猛烈突击的快感。因它射击时周期性产生特殊的声音,因此通常也被称为"打嗝枪"。

MP40——一支在人机功效上最具有"哲学"色彩的冲锋枪

综合考核MP40冲锋枪的人机功效,可以认为,MP40冲锋枪是总体结构、造型布局和战斗使用三个方面辩证统一的典范,是为实现人机最佳结合考虑周到的冲锋枪之一。

第一,MP40冲锋枪的几何尺寸恰到好处,长短适宜。该枪枪托展开长833mm,折叠后长630mm;握把后弯至弹匣前缘340mm;前后背带环间距387mm;枪托长243mm;枪尾至照门距离187mm。这一系列长度的设计,使该枪人机工效性非常好。以一名身高为1.73m(1.68~1.78m的平均值)的健康男性青年为例,该枪枪托展开时的长度是身高的0.48倍,枪托着地,手正好能舒适地扶着枪口;该枪枪托折叠的长度,与手臂基本等长,是人体宽度的1.5倍,这个长度是最为人乐于接受的长度

MP38冲锋枪和MP40冲锋枪都用杆式弹匣,后来在弹匣上增加了纵槽(左、右)。纵槽不是要提高强度,而是减少弹匣壁与枪弹的接触,从而减少供弹故障

开膛待击的武器枪机待击时,大量灰尘、沙子和雨水会通过长51mm、宽约23mm的抛壳窗进入枪内

之一(现在有的冲锋枪过于短小,不仅给人以威力不足之感,还常常在发生意外时伤及自己或友邻)。当射手按正确的抵近射击姿势据枪(即一手握弹匣,一手握握把,两肘靠紧肋部)时,则在射手的手、臂、身体与枪之间,构成了一个稳固的等边三角形,MP40冲锋枪在枪托折叠的情况下实施抵近射击,非常方便。当该枪展开枪托实施抵肩射击时,射手的前只手通常托握于塑料护木前部(也可抓握弹匣座),此处正是该枪的质心。这时,射手的两手臂与枪又构成了两个相互垂直的等边三角形。1943年美国阿伯丁试验场对MP40冲锋枪所做出的"基本性能良好,特别是射击精度好"的结论,自在情理之中。

第二,MP40冲锋枪的机构功用恰到好处,操控便利。当你手持MP40冲锋枪细细品味的时候,可以足足实实地感觉到,该枪的设计者对战斗使用条件、环境以及使用的方便性考虑得有多么周到了。例如,准星横向可调,表尺射距可换;拉机柄在左侧,左右手射击都很合适。为了避免"走火",当枪机在前方位置时,可将拉机柄推入机匣拉机柄槽的保险缺口,使枪机不能拉动。当枪机在后方待击位置时,拉机柄可挂在机匣拉机柄槽后端的保险缺口内,不能偶发;该枪的前背带环可左右换向,为各种战斗勤务携行提供了极大的便利。从左侧按压枪托回转轴上的枪托卡笋,即可展开或折叠枪托。这种结构后来被AK47S自动步枪采用;为适应乘车作战的需要,MP40冲锋枪的枪管和战车射孔相匹配。枪管下方的加强支杆用于稳定地将枪口伸出射孔外射击,同时,加强支杆前下部的凸块,可以避免射击时因车辆颠簸将枪口抽回车内的危险。在枪口部旋有枪口套,旋下枪口套,可以换装消焰器或空包弹助退器。准星座前上方的弹簧定位销,可固定兼有防尘和通条导管功能的枪口帽。这些设计后来也都被用在AK47/AKM系列步枪上。

MP40冲锋枪经过几次改进,除了在生产工艺上进行了很大的改进外,在结构上也有较大改动,主要是将两个标准的MP40 32发弹匣连为一体,并在一个特殊伞形弹匣座内横向滑动。当左边一个弹匣打完时,推弹匣座向左,使右边的一个弹匣正好对正供弹口,如此转换达到增大火力持续时间的目的。这种改动使原来的造型遭到了破坏,全枪也增加到5.5kg。据说此画蛇添足之举,是为抗衡苏联红军的PPS-41冲锋枪。由于这种方式并不受前方士兵欢迎,故其生产数量非常有限,且到1943年底才投入使用。其实把两个普通弹匣绑到一起用,也远比这样改动强百倍。

MP40冲锋枪经过多次改进,却一直没有改那个双排单进的弹匣,这不能不说是一个很大的遗憾。由此可见,人总是不能完全摆脱他所处时代、环境以及传统观念的局限的。

MP40的瑕疵

或许在部队指挥部门眼中,MP40冲锋枪是一种坚实而可靠的武器,然而从前线传来的却不全是赞扬之声。与MP38冲锋枪相同的主要结构显现了其危险的缺陷:保险机构仅仅是

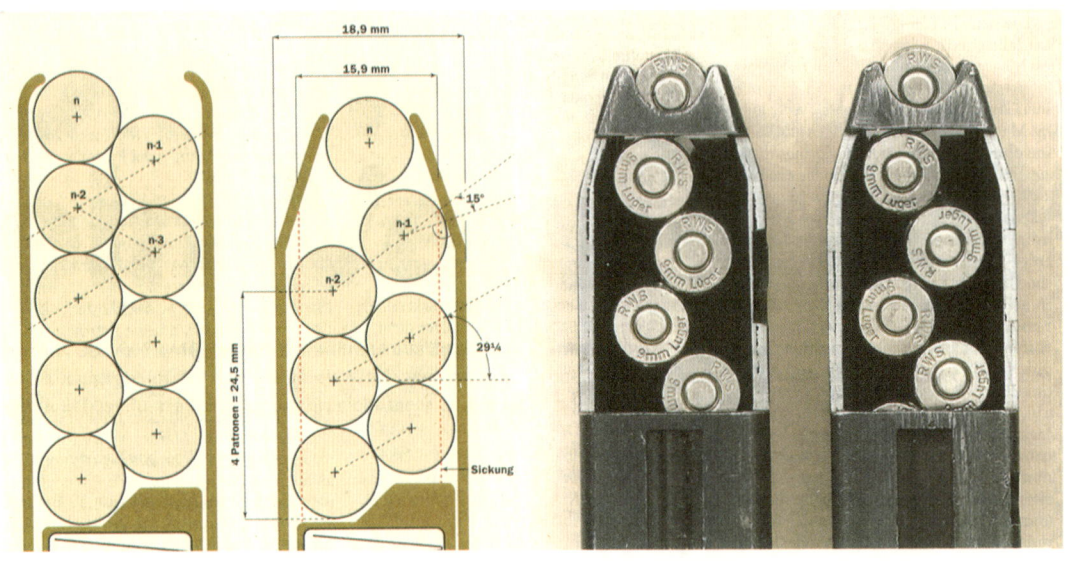

由于设计和生产的原因,到中心供弹点逐步变细的双排单进弹匣是供弹常出故障的来源

机匣里的一个简单的卡笋,卡住拉机柄使武器处于待击状态。当枪机处于前方位置时,已经待击的武器没有保险。枪机一旦受到撞击就会回到后方位置,可能钩住一发枪弹进膛而击发。为此,士兵们的应对之策是临时在枪管上拉一根皮带,用扯开的一端将拉机柄固定住。后来附加了一个枪机保险才使问题得以解决。

更糟糕的是供弹故障多。在第一发枪弹进膛之后枪就停射,剩余的枪弹还留在弹匣里,不能继续击发。这在战斗中往往会导致士兵丧命。起初,陆军总司令部以为这是士兵违规操作造成的。于是,在1941年8月21日的"陆军通报"中特别提示:"冲锋枪在射击中频出供弹故障,大多是因为射手左手握枪,没有握住合适的部位使弹匣被斜着向下拉,导致弹匣斜着输弹,而出现供弹故障。"也许有时是这种原因,但是大多数情况下肯定不是由此而出现故障的。后来陆军总司令部对该枪极为不满,要求所有武器厂商找出真正的原因。真正的原因并不难找:把枪放在车里个把星期,就这么"躺着",枪油就会流到一些零件上,油渣连同尘土凝结成类似金刚砂的表层,结果造成枪弹与弹匣壁之间的摩擦力增大,摩擦因数成倍增加。因此,总司令部于1942年7月做出批示:

武器内有少量污渍说明擦拭得少,为了多加擦拭,特额外增加一个擦拭刷作为附件配发。此外弹匣壁里的纵槽要改成平滑接触面,从而减少擦拭次数。

弹匣受到抱怨的另一个原因是,32发的容弹量不能满足前线士兵的需要。苏联PPD40冲锋枪的鼓形弹匣装弹虽不容易,但其容弹量却有71发之多,很受德军士兵喜欢。

MP40的困境

毛瑟兵工厂负责试验工作的设计师容格曼针对MP40的弹匣推荐了一种加强型托弹簧。这种托弹簧的簧力加大了,能够克服弹匣壁和枪弹之间较大的摩擦力,适用于容弹量为28发的弹匣。但当时并没有合适的弹匣。在大家一筹莫展的时候,毛瑟兵工厂负责武器领域数学理论研究的卡尔·迈尔博士受托对弹匣进行了一次理论分析。他研究了托弹簧、弹匣壁和枪弹之间的能量传递,发现MP40的双排弹匣往上到中心供弹点这一段逐渐变细,第一发枪弹就位于此处。而没有这一狭窄处的弹匣则不同,这类弹匣上有左右两处供弹点,最上面的

MP40冲锋枪射击时按照规定要求握住弹匣仓处而不是弹匣,而实际使用时士兵却未必会严格遵守,从而导致供弹故障增多

枪弹将通过与它下面的第二发枪弹的动力啮合而被输送到抱弹口,动力方向与输弹方向是一致的,所以输弹没有问题。迈尔博士是这么说的:"当右边的枪弹到达弹匣颈部的时候,就失去了与支撑它的那发枪弹的接触,此时双排弹并为一排,容易发生故障。"因此,他认为只有规范操作才能正常供弹。而在陆军武器局的试验中,士兵在擦拭弹匣时,"犹如擦洗缝纫机,一手拿抹布,一手拿油壶"。对这种无知行为,迈尔博士在战后好长一段时间还表示无奈。当污垢使得摩擦因数增大的时候,由于动力啮合不好,自然出现供弹故障,即使加大托弹簧力也无济于事。毛瑟兵工厂的设计师们用一个带有硬币和蜗轮螺杆传动装置的模型给陆军武器局作了演示,但很难打动他们,从而使得MP40走入了困境。

针对弹匣容弹量小的问题,党卫军武器局于1942年10月建议陆军武器局仿制苏联的冲锋枪。1943年,德国人仿制了一些9mm口径的苏联冲锋枪,数量不详。但最终还是选择改进自己的MP40冲锋枪,提高了火力。设计者给MP40设计了装两个弹匣的双弹匣扣,MP40这种专门的结构首次记录在1943年7月1日的D.97/I*秘密装备清单上,序号3004,名称为"40/1冲锋枪"(有些专业书上写的是"MP40/Ⅱ",但无据可考),但这种奇特的冲锋枪最终没有发放到前线部队。

结语

二战时期,尽管MP40冲锋枪没有被撤装,也没被StG44突击步枪所取代,但到了1944年,生产数量已经很少,直至停产。先是黑内尔公司为了给新型突击步枪让位,于1942年就将MP40停产了,接着厄尔玛公司于1943年停产,最后只剩斯太尔公司还在生产,不过从1944年秋季开始,奥地利的这家公司也集中力量生产StG44突击步枪和MG42通用机枪。德军第333步兵团在1943年的报告中写道:"MP40冲锋枪不是被部队认同的十全十

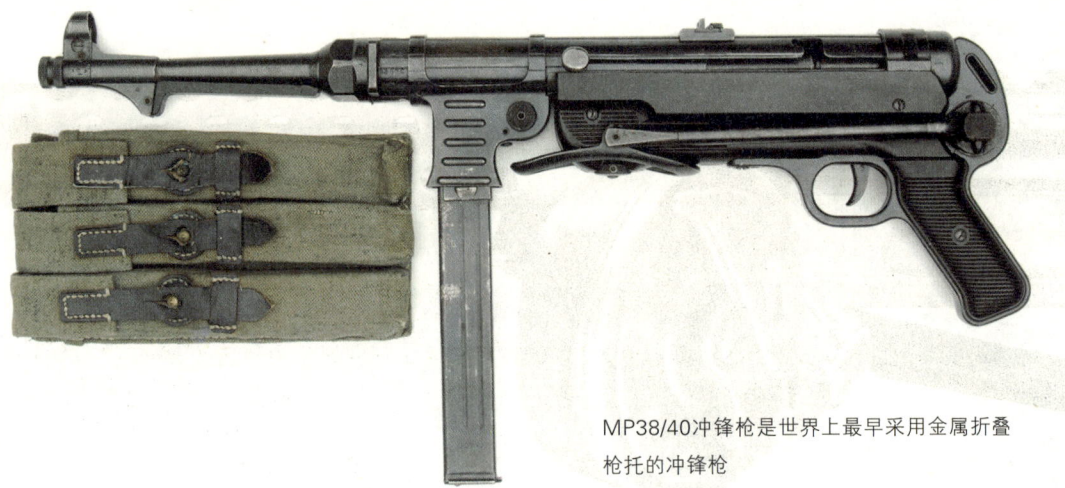

MP38/40冲锋枪是世界上最早采用金属折叠枪托的冲锋枪

美的武器。它命中精度太差,杀伤威力不足,故障率高,特别是供弹故障频繁,甚至不被部队喜欢。但它之所以在进攻部队和突击队中仍受欢迎,是因为除了它之外没有类似的突击武器。"尽管这样,MP40冲锋枪的冲压技术对全世界冲锋枪有着不可磨灭的影响,开拓了通往突击步枪的发展道路。

附:厄尔玛公司概况

厄尔玛公司的前身为埃尔富特皇家步枪厂,坐落在图林根,到20世纪20年代初,已有60多年的造枪历史。原来生产88式步枪和卡宾枪、91式步枪以及M/83转轮手枪和刺刀。德国在第一次世界大战失败之后,埃尔富特皇家步枪厂也就结束了自己的历史。只有苏尔的西姆松公司(Simson)根据《凡尔赛条约》为陆军生产武器。1922年,已被解散的步枪厂领导成员接管了厂房,接收了老职工,创建了埃尔富特机器制造厂,简称厄尔玛公司。随着机器制造业的繁荣发展,1932年,工厂员工已达1000人。但武器生产没有从厄尔玛公司里消失:成立了一个秘密开发部,主要进行冲锋枪的研发。对于冲锋枪在未来战争中的作用,公司总裁盖佩尔坚信不移。1931年10月,由于购买了海因里希·福尔默的设计,厄尔玛公司最终取得了很大的成功。

二战后,苏联彻底解散了厄尔玛公司,公司80多年的武器制造业随之结束。盖佩尔逃到了巴伐利亚,于1951年1月在达豪建立了新的企业——盖佩尔股份有限公司,称为B公司,从事电动液压设备、控制装置和各种电子瞄准与检验仪器的生产。此时的盖佩尔并没有放弃武器交易,他聘任了一些经验丰富的合作者,甚至还仿制美国0.22in长步枪弹口径的M1卡宾枪。由于运动武器的生意兴隆,B公司很快获得了质量上乘的美名。5年以后,公司制造一种由路易斯·加米利斯(Louis Gamillis)设计的厄尔玛-MP56冲锋枪的4种变型枪。此后两年,又生产"时髦"冲锋枪(厄尔玛-装甲车58型),可以发射枪榴弹,但遭到了当时的联邦德国联邦国防军的拒绝,军方感兴趣的是一种价格不高于80马克的简易冲锋枪。虽然公司仍在继续研制,但在军用武器方面始终没有赢得预期的市场。随着以约瑟夫·埃德尔为首设计的MP64冲锋枪的失败,公司也于1964年退出了冲锋枪领域。

此后,厄尔玛公司集中精力搞运动步枪。在20世纪90年代,公司还想涉足军用武器市场,研制了一种狙击步枪,称为SR100。SR100虽然得到了肯定,但订单寥寥无几。高昂的研制费用使公司承受不起,1998年春,厄尔玛公司就不再研制自己的产品了,转而接管了苏尔狩猎和运动武器股份有限公司。

闪电战的象征
——德国MP38/40冲锋枪

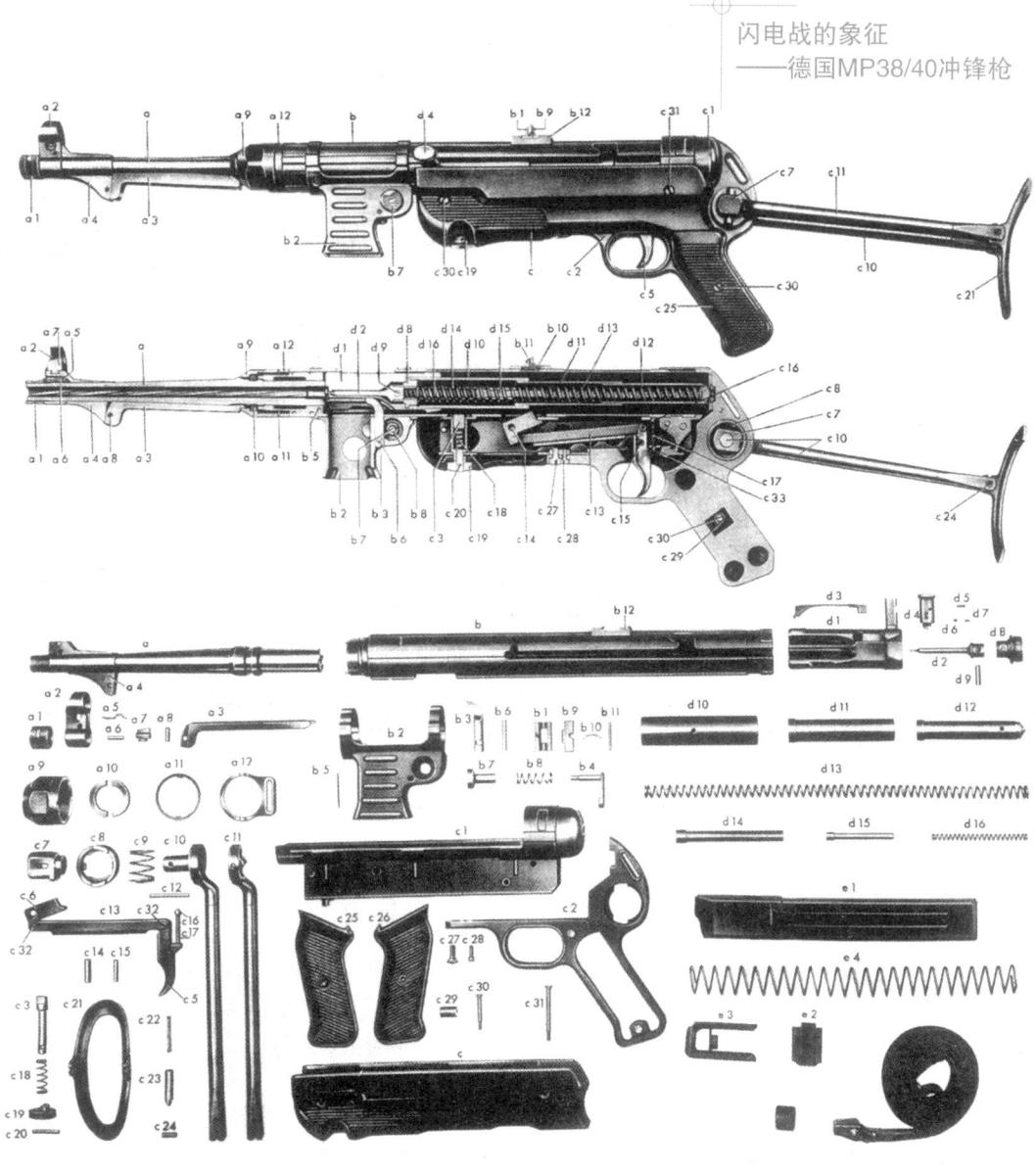

a—枪管	b2—弹匣仓	c5—扳机	c25—左边的握把侧板	d7—手柄簧
a1—枪口罩	b3—抛壳挺	c6—击发阻铁	c26—右边的握把侧板	d8—击针座
a2—准星护圈	b4—弹匣扣	c7—枪托支撑	c27—握把固定螺钉	d9—击针销
a3—钩形导轨	b5—弹匣仓铆钉	c8—枪托支撑衬套	c28—握把保险螺钉	d10—前套管
a4—准星座	b6—抛壳挺销	c9—枪托支撑簧	c29—握把侧板螺母	d11—中套管
a5—枪口罩弹簧	b7—弹匣扣按钮	c10—枪托左支杆	c30—螺钉	d12—带衬垫的套管
a6—铆钉	b8—弹匣扣簧	c11—枪托右支杆	c31—螺杆	d13—复进簧
a7—准星	b9—表尺板	c12—托肩支撑铆钉	c32—扳机拉杆连接销	d14—缓冲簧导管
a8—钩形导轨铆钉	b10—表尺板簧	c13—扳机拉杆	d1—枪机	d15—缓冲簧顶杆
a9—锁紧螺母	b11—表尺板铆钉	c14—击发阻铁销	d2—击针	d16—缓冲簧
a11—保险环	b12—表尺座	c15—扳机轴	d3—抽壳钩	e1—弹匣体
a12—背带环	c—护木	c16—扳机簧导杆	d4—手柄	e2—弹匣盖
b—上机匣	c1—下机匣	c17—扳机簧	d5—手柄铆钉	e3—托弹板
b1—表尺	c2—握把	c21—抵肩板	d6—手柄球体	e4—托弹板簧

MP40冲锋枪零件结构图

偷学而垂成——德国MP3008 冲锋枪

1944年6月6日，盟军成功登陆诺曼底后，德军所谓的"不可摧毁的防线"顷刻间被盟军突破了多个地方，损失惨重。对于不可避免的挫败，阿道夫·希特勒仍拒绝承认失败，并且将德军中劝其与盟军讲和的人以及试图刺杀自己的人都残忍处死。由于无法接受形势迅速恶化的无望现实，希特勒把最后的希望寄托在一种秘密武器上——这就是MP3008冲锋枪。

偷师英国

二战后期，德国不仅失去了很多陆上领域，也被盟军歼灭了大批高级飞行员。而那些刚刚从飞行学院毕业的新学员，由于训练经验不足，几乎很难与训练有素、经验丰富的盟军飞行员抗衡。没有了足够的空中防御，在德国境内进行集中性的武器生产就变得十分困难，盟军密集的轰炸很快就把德国的兵工厂变成了浓烟滚滚的瓦砾堆。而此时希特勒为了装备民兵队伍，从英国"偷学"了一招。

1940年6月，英国在与德国交战的法国战场上失利，使英军陷入无路可退的境地，德国对英国的进攻迫在眉睫。面对此景，英军士兵为了轻装撤退，便将手中的武器丢掉。没有了武器，如何开战？于是，为了尽快重新装备军队，英国研制了一种结构简单、价格低廉的冲锋枪——司登冲锋枪。这支诞生

毛瑟兵工厂生产的MP3008的准星。其简易的准星体固定在机匣前部的凹槽内，与机匣紧密配合在一起

偷学而垂成
——德国MP3008 冲锋枪

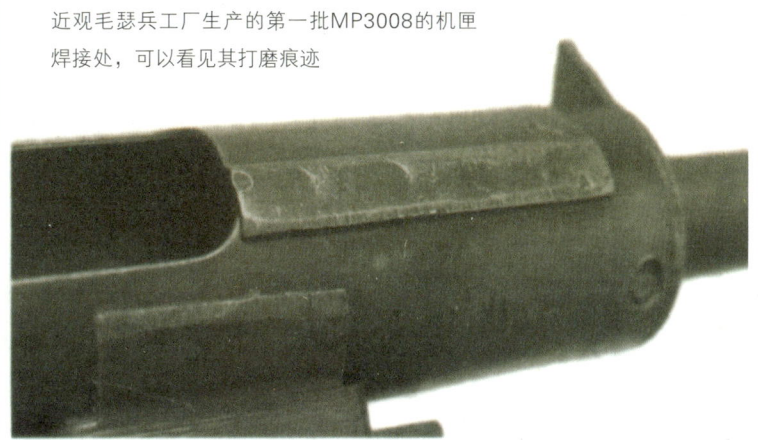

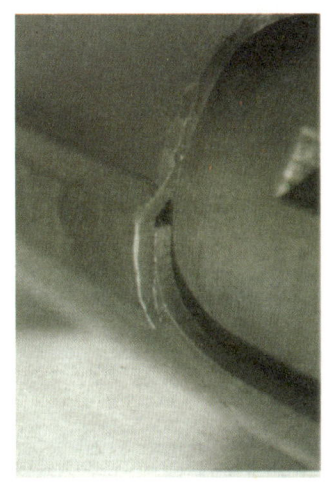

近观毛瑟兵工厂生产的第一批MP3008的机匣焊接处，可以看见其打磨痕迹

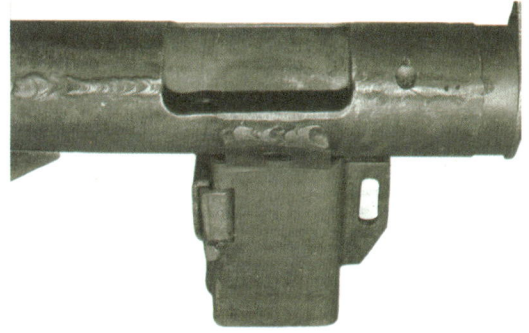

第二批MP3008，其制造商已无从考证。注意其较大的抛壳窗以及焊接缝。看得出它比第一批MP3008粗糙

于危难之中的冲锋枪虽然给人的印象是"加工粗糙、面目寒酸"，但是它广泛采用冲压、焊接、铆接等工艺，减少了车削加工，并采用流水作业，大大加快了生产速度。此外，其大多数零部件都出自规模小且容易隐蔽的小铺子，德国的轰炸很少能影响到它的生产。如果一家铺子被摧毁，随后可以有几百家这样的铺子代替它。

在角色转换的情况下，再加上德国被盟军步步包围，希特勒开始下令生产这种简易版的司登Mk II冲锋枪。一些书中称这批应急的冲锋枪为Neumunster Device，也有人称其为民兵冲锋枪。不过，它最终被正式命名为MP3008 9mm冲锋枪。像英国的司登冲锋枪一样，大多数MP3008的零部件也是在相对远离炸弹轰炸的小作坊制造的，制成后被集中处理，再组装成最后的成品。

关于MP3008的设计者有两种说法：有人认为设计师路德维格·沃格里姆勒（Ludwig Vorgrimler）为该枪设计做出了最大贡献；也有人认为雨果·希买司是最大的功臣。将各种资料对比仔细分析，就会发现路德维格·沃格里姆勒是MP3008的主要设计者，而雨果·希买司则简化了沃格里姆勒的设计细节，从而加快了它的生产速度。

MP3008在1945年2月底开始生产，时断时续地一直生产到5月欧洲战争结束。其最主要的生产商是毛瑟兵工厂，第一批MP3008是由毛瑟兵工厂制造的，这些MP3008随后成为其他厂家生产的范本。除了毛瑟兵工厂，其他厂家也曾生产过MP3008，但总产量不超过1万支。

司登的简约仿制型

沃格里姆勒以司登Mk II冲锋枪为基础，将MP3008制作得更加简约。其中最大的改进就是将MP3008的机匣冲压成扁平的铁片。冲压过程中，在机匣板上加工出所需要的孔，

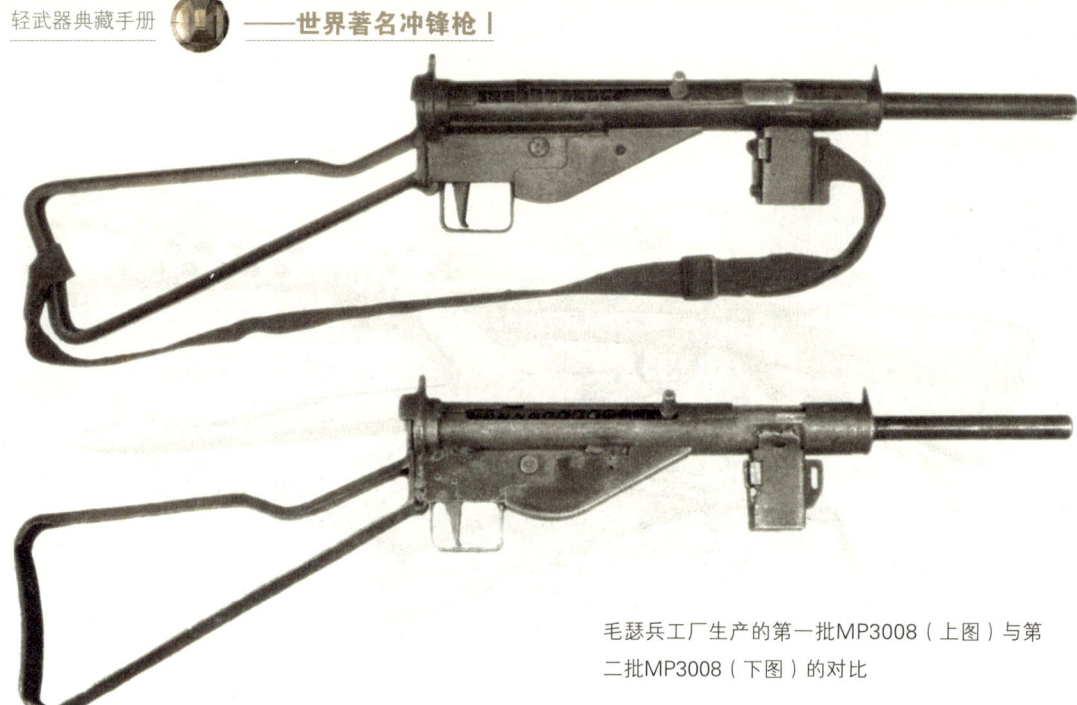

毛瑟兵工厂生产的第一批MP3008（上图）与第二批MP3008（下图）的对比

然后把机匣板绕轴线弯曲，再把缝隙处焊接起来。虽然司登Mk Ⅱ基本上也是以同样的方法制作，但其焊缝长达438mm，而MP3008的焊缝长只有108mm。这一省钱省事的焊接法非常可行，将机匣板左右两边各冲压成半个拉机柄槽和半个抛壳窗缺口，当机匣板绕轴线弯曲后，就形成了拉机柄槽和抛壳窗。接下来需要焊接的就只剩下拉机柄槽末端到机匣末端、拉机柄槽前端到抛壳窗末端以及抛壳窗前端到机匣前端这3个位置了。此外，MP3008还去掉了司登冲锋枪的枪管套，将枪管固定在机匣上的一个卡圈上。

MP3008的扳机与司登冲锋枪一样，也是由一个立销固定在机匣体上，前背带环设在弹匣仓前端，后背带环设在枪托上。

MP3008采用了类似司登冲锋枪的单连发转换装置，"D"代表连发，"E"代表单发。由于其射速较慢，在连发状态时，可以通过控制扣动和释放扳机的速度来实现单发发射。也许人们会质疑为什么不去掉这个不必要的单连发转换装置来进一步简化MP3008的设计呢？这可能是因为自从MP3008与那些未经训练的平民联系在一起后，单连发转换装置反而就成了必要的设置了。

瞄具 MP3008的瞄具和司登冲锋枪的瞄具十分相似，都由准星和照门组成，表尺射程100m。这个范围的射程标准对9mm 巴拉贝鲁姆弹是十分理想的，不过其弹头在110m射程内不会偏出瞄准线上下76mm。两种枪的瞄具都不可以调节。

枪托 MP3008至少有四种形状的枪托：两种是全金属的——环形枪托和T形枪托；第三种是带有金属的木制枪托；第四种枪托类似于司登冲锋枪的全金属T形枪托，但不同的是其有一个木制的握把。

在枪托的固定方式上，MP3008与司登冲锋枪也不同，前者将枪托固定在机匣上的舌状突出物上，后者将枪托固定在机匣尾端的尾裙上。相对于舌状突出物而言，后者的尾群结构较难加工，且需要焊接。

尽管MP3008设计得十分简约，但它在保留司登冲锋枪拉机柄槽保险的同时，还设计了另一种保险，即拉机柄保险。当枪机在前方的闭膛位置时，将拉机柄向里推，拉机柄就会卡入机匣另一侧的孔中，将枪机确实锁定在前方位置，可以防止意外跌落导致的枪

偷学而垂成
——德国MP3008冲锋枪

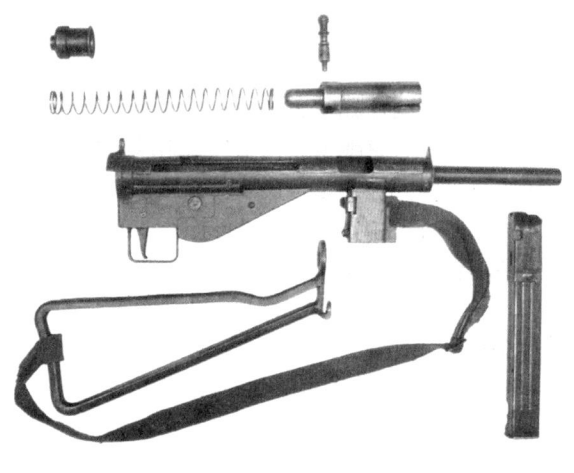

机滑动,从而避免走火事故。而司登冲锋枪缺少这一重要的保险装置,很可能在跌落时发生走火事故。

不同批次的产品各有千秋

MP3008至少有两种型号,但是区别不大。第一批MP3008由毛瑟兵工厂生产,这一点可以通过它的抛壳窗长度(38mm)与第二批加以区别,其抛壳窗的长度明显小于第二批,第二批MP3008的抛壳窗长度长达54mm。另外,第二批MP3008的抛壳窗弧度为120°,而第一批的是90°,并且第二批MP3008的焊接比较粗糙。尽管第一批在机匣上留下了大量的打磨痕迹,但总的来说,比起第二批还是要细致得多。

前文提到,MP3008的零部件是由许多小作坊制造生产的,而这些小作坊有很大的自由空间去修改MP3008的设计,因此实际上MP3008的式样有很多。有人曾发现另一种MP3008,它既不像第一批,也不像第二批。该批MP3008有一个类似于司登冲锋枪的水平弹匣仓,被焊接在机匣上,在波兰军事博物馆可以看到该实物。另外,还有一款不符合规格的MP3008做得更好,并且它从未依照MP3008的生产程序生产。这款MP3008的不同之处是它有一个扁平的木制枪托,拉机柄的位置设置也不同,位于机匣左侧。而第一批和第二批MP3008的拉机柄位于机匣右侧。还有一些MP3008在拉机柄槽和抛壳窗附近没有焊接缝,这些MP3008的机匣可能是由钢管制成的。

价廉物美

路德维格·沃格里姆勒和雨果·希买司是MP3008的"功臣"。尽管它的成本低廉,但却从未引起非议——价格低廉,产品的性能并不一定差。

MP3008的生产数量相对较少。有些在运往美国的路上被缴获,并且因为其表面粗糙而被丢弃的也不少,因此只有很少的MP3008安全抵达美国。据估计,在美国只有9支MP3008得到了注册,更多的则被藏匿起来了,现在很难再看见真品。

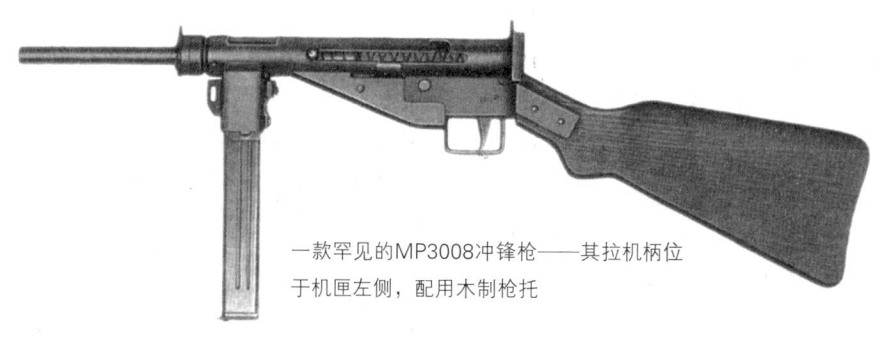

一款罕见的MP3008冲锋枪——其拉机柄位于机匣左侧,配用木制枪托

英国"第一支"冲锋枪
——兰彻斯特冲锋枪

如果有人问:"英国的第一支冲锋枪是哪支?"恐怕大多数轻武器爱好者都回答是司登冲锋枪。其实兰彻斯特冲锋枪略早于司登冲锋枪装备英军,是英军史上的第一支本土冲锋枪,当时主要的目的是抵御有可能入侵英国机场的德国空降兵。不过由于设计陈旧,该枪的实际使用效果并不十分理想,而且造价相当昂贵,产量颇低。正是鉴于以上缺陷,兰彻斯特冲锋枪才被威力大、成本低、能迅速大量生产的司登冲锋枪取而代之。

手握兰彻斯特冲锋枪的英国士兵

MP28 II的英国版

在被卷入二战之前,英国政府一直从美国进口汤姆逊冲锋枪。汤姆逊冲锋枪最初设计于20世纪20年代,其早已过时,并且又笨重、又昂贵。这时的英国急需属于自己的冲锋枪。

20世纪20年代期间,伯明翰轻武器股份有限公司在英国政府的指示下,制造加工了少量"欧洲版"的9mm汤姆逊冲锋枪。但是经过测试后,认为它与美国的标准型汤姆逊冲锋枪相比没有任何优势可言。1940年夏天,英国决定仿制德国MP28 II冲锋枪。这支诞生于"禁令"下的产物操作简便,口径同样是9mm。最重要的是英国人已经掌握了这支武器的制造图纸和样品。不过,MP28 II冲

英国"第一支"冲锋枪
——兰彻斯特冲锋枪

锋枪和美国汤姆逊冲锋枪一样都已经是20年前的老式设计了。

1941年6月13日,英国斯太令工程公司成为兰彻斯特冲锋枪的制造商,并签订了第一份合同。该枪由斯太令工程公司的一位工程师——乔治·赫伯特·兰彻斯特(George H. Lanchester)设计,由两个独立的车间制造:一个是达格南的斯太令工程车间,另一个是北汉普顿的斯太令军备车间。当年9月第一次交付使用,成品基于MP28 II冲锋枪作了一些改动:最明显的改动就是采用了黄铜制的弹匣仓和为安装P1907年式刺刀而设计的刺刀座。此外快慢机从扳机上方改装到了扳机护圈前方,机匣后部也稍有变化。兰彻斯特冲锋枪要比MP28 II冲锋枪长38mm、重0.68kg。

兰彻斯特冲锋枪的双排单进与双排双进弹匣均仿照了德国的设计,弹匣有两种容弹量,一种为32发,另一种为50发。容弹量为32发的双排单进弹匣后来用在了司登冲锋枪上。

的生产计划刚一提出,人们很快就意识到它并不像预想的那样制造简便及成本低廉。在生产过程中,也作了一些改动以达到降低成本和便于大批量生产的目的。最初的兰彻斯特MK I冲锋枪有连发和单发两种射击方式供选择,射击转换装置位于扳机护圈的前端。但大多数人认为这一机构是多余的,原因是它使该枪变得更为复杂,并导致可靠性变差。

兰彻斯特MkI冲锋枪设计有快慢机,位于扳机护圈前方,但其可靠性差,加工复杂。后来的Mk I *取消了这个快慢机

兰彻斯特系列冲锋枪

兰彻斯特MK I冲锋枪 兰彻斯特冲锋枪

最初生产的兰彻斯特冲锋枪配用50发双排双进弹匣,图下方是装弹器,可快速向弹匣内装弹

铜制弹匣仓上刻有"兰彻斯特"的英文标志，字母"SA"代表该枪由斯太令公司生产

兰彻斯特MkI*枪尾特写，其分解钮位于机匣尾端，向右旋转可分解枪支

兰彻斯特MKⅠ*冲锋枪 二战后，出现了MKⅠ的改进型——MKⅠ*。改进之处是：取消了快慢机，只能进行连发射击。快慢机的取消，使之加工工艺得以简化，从而降低了成本，便于生产。表尺和扳机护圈不再是用螺钉固定在机匣上，而是直接焊在机匣上，表尺也作了改进，由弧形可调表尺改为"L"形翻转式表尺，表尺射程可设定为91.4m（100yd[①]）及182.8m（200yd）。早期产品的枪托底板是用铜制造的，但是铜属于稀缺金属，因此钢成为了替代品。

MKⅠ*出现之后，英军颁布了一条指令，要求把现有的可选择射击方式的MKⅠ全部转换成连发射击的MKⅠ*，这使得MKⅠ几乎绝迹了。

用兰彻斯特冲锋枪进行射击时感觉相当不错，射击时几乎感受不到后坐力，实际使用中也不会导致枪口上跳，对目标进行连续射击比较容易控制精度。

兰彻斯特冲锋枪的主要不足之处是击针和抽壳钩常会出现故障。

多家生产商承制

为了满足战争时期的需求，几家新公司也开始生产兰彻斯特步枪，其中就有W.W.Greener公司和Boss公司，这两家公司只生产后期的MKⅠ*。

通过弹匣槽上的标记很容易分辨出兰彻斯特的特许制造商。斯太令公司的MKⅠ上有字母S标记，并有以A开头的一串字母，而MKⅠ*上有SA M619标志。W.W.Greener公司的枪上有M94标志及以G开头的一串字母。Boss公司的枪上是公司名称Boss或者是公司代码S 156及以H开头的一串字母。除了上述这些主要的承包商外，还有一小部分的枪支被转包给其他公司进行制造。

今天的兰彻斯特

截至1943年10月兰彻斯特冲锋枪停产时，差不多生产了75000支。二战结束后，虽然很多武器都被折价卖给了当时的联邦政

---

①1yd=0.9144m。

英国"第一支"冲锋枪
——兰彻斯特冲锋枪

府，但仍然有很多兰彻斯特冲锋枪在英军中服役。到20世纪80年代，绝大多数的兰彻斯特冲锋枪宣告报废并销毁，只有少数样品作为参考之用，陈列在博物馆里。

在美国收藏者眼中，过去的武器极具收藏价值，尤其是经过战争损毁几近绝迹的武器，兰彻斯特冲锋枪也不例外。在兰彻斯特系列冲锋枪中，收藏者们更青睐后来生产的MKⅠ*冲锋枪，如果是原品，其价格自然是相当不菲。

兰彻斯特冲锋枪细节鉴赏

1943年1月13日,英国首相丘吉尔在视察军队演练中顺手拿起一支司登MKII型冲锋枪的留影

具有"乞丐"风格的"大腕"
——英国司登系列冲锋枪

第一次世界大战促进了军事理论的发展和武器装备的改进。例如,认为过去那种刻板的集团作战已经过时;认为为了保证弹药的供应,应统一部队的枪弹制式,实现步枪、轻机枪、重机枪使用同一种弹药等。然而,由于传统观念的束缚和人们固有的局限性,战后20年这种发展和改进极为有限。就枪械发展史而言,最为典型的一个传统观念,就是"步枪至上"。这个传统观念,几乎延续了近一个世纪,而且没有国界。一个真正的军人对于步枪的评价,甚至带着浓厚的感情色彩。一方面,步枪是战士的象征。战争史上,将帅手持步枪身先士卒的事例不胜枚举,其中有极其深厚的军旅文化底蕴;另一方面,"步枪至上"的传统观念,又对单兵自动武器的发展,造成了技术战术乃至人文方面的负面效应。冲锋枪直到二战爆发才逐渐受到重视,自然在情理之中。英国人也直到"敦克尔克大撤退"才认识到冲

具有"乞丐"风格的"大腕"
——英国司登系列冲锋枪

司登MKII型冲锋枪

锋枪在作战中的地位和作用。在此之前,英军没有制式冲锋枪。

独树一帜,司登冲锋枪像苏格兰风笛一样,迅速成为英军突击队员的象征

司登冲锋枪的研制,始于英军从法国撤回英伦三岛后最困难的1940年。该枪的设计者雷金纳德·弗农·谢泼德(Reginald Vernon Sheppherd)和哈罗德·约翰·特平(Harold John Turpin)临危受命,担当起设计新式冲锋枪的历史重任。1941年6月,司登冲锋枪系列的基型枪MKⅠ由英国恩菲尔德皇家兵工厂制造出来;同时以两位设计师的姓的第1个字母与恩菲尔德(Enfield)的前两个字母组合命名,即"司登"(STEN)。随后,便开始生产司登冲锋枪的大批量生产型"MKⅡ"。

司登MKⅡ冲锋枪采用了英国兰彻斯特MKⅠ型冲锋枪弹匣在左侧横向供弹的方式,但在造型的其他方面却有了彻头彻尾的改变。首先,司登MKⅡ在体积和质量上实现了大幅度的削减。全枪长762mm,全枪质量3.27kg,这在当时乃至以前的各型冲锋枪中,可说是最轻巧的。它的枪管后半部分,包络有一个与机匣直径相同的散热筒。1942年前出厂的司登MKⅡ冲锋枪,枪托为单金属管式;1942年后出厂的司登MKⅡ冲锋枪,枪托则改为由截面为半弧形的实心金属弯成的框式枪托。整支枪显得纤细乖巧,简捷紧凑。拿着它,使人顿生一种征战沙场的豪情。按照标

司登MKII型冲锋枪

准，每支司登MKⅡ冲锋枪配10个备用弹匣，加上枪上的共计11个弹匣，可一次携弹352发，这在当时是相当多的。

司登MKⅡ冲锋枪短小轻便，便于携带，可以使用全弹长度在28.9～30mm之间的任何9mm巴拉贝鲁姆手枪弹。枪弹来源(特别是在欧洲)相当丰富，左侧供弹，不仅使司登MKⅡ冲锋枪具有比其他任何冲锋枪都优秀的抵近射击人机工效，而且火线高度(火器处于战斗状态，且枪身在水平位置时枪管轴线到地面的距离)比其他冲锋枪都要低，从而为射手提供了更多的生命保障。使用快慢机控制打单发不仅可以节省弹药，而且可以以标准的步枪据枪姿势瞄准射击(此时左手掌由下向上托握散热筒部位)，获得较远距离上的射击精度。有的司登MKⅡ冲锋枪，还配有可拆卸的刺刀，可见它的设计者在最大限度地发挥其在战斗中的作用。以上种种，适应了当时战略形势以及英军战术作战(例如英军从本土通过海、陆、空向欧洲大陆德占区输送突击队，以及中小规模突击作战特别是城市居民地突击作战)的需要。司登MKⅡ冲锋枪的出现，使英军如虎添翼，就像苏格兰风笛和贝雷帽一样，很快就成为英军突击队员的象征。

特别值得一提的是司登MKⅡS冲锋枪。MKⅡS是在司登MKⅡ冲锋枪的基础上，专门为渗透到敌后的侦察突袭分队和敌后抵抗组织研制的微声冲锋枪。实际上，很多担负常规作战任务的英军部队，也较广泛地配备了

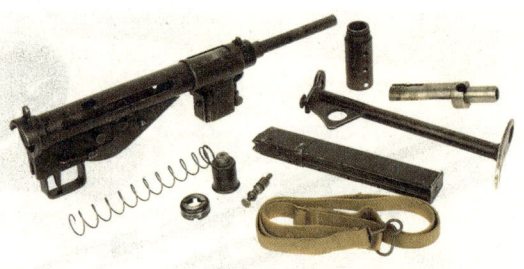

司登MKII型冲锋枪不完全分解图

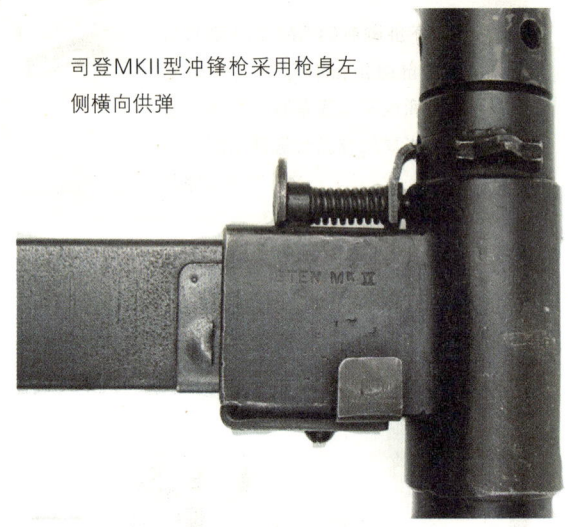

司登MKII型冲锋枪采用枪身左侧横向供弹

司登MKⅡS冲锋枪。甚至有的德军特种分队在遂行渗透侦察作战任务时，也使用缴获的MKⅡS。该枪与MKⅡ的区别在于换装了带有消声器的枪管组件。此外，由于后坐冲量减小，司登MKⅡS冲锋枪的复进簧缩短了两

司登MKIIS型微声冲锋枪是二战期间涌现出的优秀特种武器之一

具有"乞丐"风格的"大腕"
——英国司登系列冲锋枪

司登MKIII型冲锋枪

照片摄于1943年1月,后方士兵手中握持的为司登MKIII型冲锋枪

简而又简,司登冲锋枪是具有"乞丐"风格的"大腕"

司登MKⅡ冲锋枪的结构特点,是在保证基本战术技术功用的前提下,尽可能地简化结构。司登MKⅡ冲锋枪采用自由枪机式自动方式,开膛式击发,固定式击针。结构简单,动作确实,战斗使用故障率极低。整个枪是由成型钢管和冲压件组成,通过焊接、铆接和销子组合,全枪只有64个零部件,大部分都是冲压件,枪管采用冷拉钢管,膛线只有2条,堪称机加件最少的冲锋枪之一,因此加工非常迅速。该枪的击发机结构极其简单,快慢机位于机匣的中间,两端分别刻有"R"(单发)和"A"(连发),左右推动,实现单发和连发转换。准星和觇孔照门为固定式,分别焊接在机匣的前后两端。该枪不设专门的保险机构,向后拉枪机到保险缺口并将拉机柄挂住,即可使枪处于开膛保险状态。司登MKⅡ冲锋枪的弹匣座连接套,正常情况下由一个弹簧卡键固定在机匣左侧,当需要携行或包装时,可将弹簧卡键向外拉出,并将弹匣座连接套旋至机匣正下方定位,此时抛壳窗被弹匣座连接套封闭,起防尘作用。像司登MKⅡ冲锋枪这样结构异常简单,材料来源广泛,加工生产容易,价格相当低廉,经济效益很好的武器,在当时代表了大规模生产单兵轻武器的发展方向。尽管人们对司登MKⅡ冲锋枪尤其是它的外形褒贬

圈,枪机质量也减到0.45kg。为减小射击时枪机撞击产生的机械噪声,还在枪机上局部采用了青铜。上述一系列措施,有效地降低了射击时的噪声。为了避免射击时消声器灼热烫伤射手,在消声器外筒的后半部分,包裹着一个帆布隔热套。实践使用表明,射击时往往只能听得见枪机的撞击声,如果采用单发射击,隐蔽性更高。MKⅡS的消声器,在当时,乃至现在都算得上是一种优秀的消声器。

司登MKV型冲锋枪

司登MKV型冲锋枪后视图

遍地开花,司登冲锋枪为世界反法西斯战争建立功勋

司登MKⅡ冲锋枪的产量高,使用面也极其广泛。起初,司登MKⅡ冲锋枪只装备英军,随着产量的增多和反法西斯战争形势的发展,英国开始不断地向欧洲大陆以及其他许多地区的反法西斯武装力量输送司登MKⅡ冲锋枪。在当时世界反法西斯战场上,几乎到处都可以看到司登MKⅡ冲锋枪。可以说,司登MKⅡ冲锋枪为世界反法西斯战争的胜利建立了功勋。在中国人民抗日战争时期,英国曾向中国提供过一批由加拿大制造的司登MK Ⅱ冲锋枪。在这些司登MK Ⅱ冲锋枪的弹匣座的正面,刻有中文:"司登、手提机枪、加拿大造",在弹匣座的反面,则刻有"STEN MKⅡ LONGBRANCH 1944"等字样。

金无足赤,美中不足的司登MKⅡ冲锋枪不言遗憾

司登MKⅡ冲锋枪诞生在英国最困难的时期,受条件和时代的局限,它还有一些不足之处。从战斗使用的角度看,有以下几个方面:一是易走火。司登MKⅡ冲锋枪属于长

不一,但都不得不为它极低的成本折服。当时在英国生产一支司登MKⅡ冲锋枪只需10美元左右。同时,人们也不得不为它的战斗性能叹服。司登MKⅡ冲锋枪的战斗能力,一点不比造价昂贵的美国汤姆逊冲锋枪逊色。同时生产司登MKⅡ冲锋枪的还有英国的伯明翰轻武器有限公司,法扎克里皇家军械厂,以及加拿大、新西兰等国的兵工厂,因此它的产量也相当大。1942～1944年间,共生产了200多万支司登MKⅡ冲锋枪。其间,1943年达到生产高峰,平均一星期就生产了47000支司登MKⅡ冲锋枪。

具有"乞丐"风格的"大腕"
——英国司登系列冲锋枪

冲锋枪的消声器偏重,不过,由此导致的质心前移,倒是抵消了一些射击时的跳动。

然而,司登MKⅡ冲锋枪的这些美中不足,比起它的优点,以及它对后来冲锋枪设计和制造所产生的影响,是微不足道的。司登MKⅡ冲锋枪的许多设计理念,为后来许多冲锋枪效仿,例如其消声器的结构原理为后来的许多微声冲锋枪采用。从这一点讲,司登MKⅡ冲锋枪没有遗憾。

值得一提的是,"司登"系列冲锋枪是一枪多型的典范。从1941年的MKⅠ、MKⅡ,到后来的MKⅢ、MKⅣ、MKⅤ、MKⅥ(其中还有MKⅡS、MKⅣA、MKⅣB等分支)变型枪近十余种,各国在战时和战后仿制和仿改的也有许多种。战后至今,亚、非、拉、美洲还有不少国家仍在使用司登冲锋枪,真可谓是家族庞大,分支复杂,遍布极广。不过,在这个庞大的家族中,唯有司登MKⅡ冲锋枪和司登MKⅡS冲锋枪最好。战后,英军"斯特令"L2A3冲锋枪、L34A1微声冲锋枪,继承了司登冲锋枪的衣钵,作为英军的制式武器,正在广泛地使用。不过,"斯特令"的弹匣已经是双排双进弧形弹匣,其供弹可靠性和装弹方便性大为提高。

司登冲锋枪在二战期间应用非常广泛。图为1945年5月英苏两国军队汇合的场景。左边女兵背跨的为司登MKⅤ型冲锋枪

行程自由枪机式冲锋枪,当枪机在前方位置时,如果垂直用力向下一墩枪托,枪机会借惯性继续向下运动,若枪机在后方位置没有被击发阻铁扣住,则会在复进簧簧力作用下向前运动,继而推弹上膛,击发"走火"。二是枪托不能折叠。因此,尽管该枪看着挺秀气,但实际长度还是挺"可观"的。三是采用了双排单进弹匣,尽管每支枪配有一个压弹器,但压弹的困难和复杂性并未减少。四是枪背带环的设计很糟,事实上没有前后背带环(前背带环实际上是用弹簧钩挂在散热筒前排的一个散热孔上),背带后段则系在枪托杆上,战斗使用不够方便。五是射击时的跳动较大,精度不甚理想。其主要原因是枪管与全枪的长度比过小(仅0.25),好在前手握持的位置距枪口不是很远。六是司登MKⅡS

司登MKⅡ冲锋枪分解结合顺序

(1)左手拇指向下按压弹匣卡笋,向左抽出弹匣;

(2)向内顶压复进簧导管后端突出部,向下卸下枪托;

(3)向内顶压并旋转导管后帽,使其解脱,向后将复进簧导管后帽、导管及复进簧从机匣中取出;

(4)拉机柄向后到拉机柄槽保险缺口,然后旋下拉机柄,并将枪机从机匣后端取出;

(5)向外拉弹匣座前端的弹簧定位卡笋,同时向前旋下枪管组件(通常不做这一步)。

结合时按相反顺序进行。

英国司登MKIII冲锋枪

20世纪60年代英国伞兵的主要近战武器：勃朗宁BHP大威力自动手枪（左）和斯太令L2A3冲锋枪

"管子工"的继承者
——英国斯太令系列冲锋枪

提到英军装备的冲锋枪，读者们第一时间就会联想到大名鼎鼎的"司登"。作为二战中外观最不平常甚至可以用简陋来形容的一支武器，司登以它坚固可靠的设计、低廉的价格与简洁的生产工艺赢得了人们的尊敬，并为反法西斯战争做出了杰出贡献，它的各种改进型号在英联邦军队中一直使用到20世纪60年代。本文所要介绍的斯太令冲锋枪正是司登系列的继任者。两者交替之际，正是二战结束后军用冲锋枪发展的黄金时期，世界各国相继涌现出一批至今仍有影响的型号，如以色列的乌兹和捷克的VZ 24/25等。在这些著名设计面前，英国的斯太令冲锋枪名声显得不是那么响亮，使用范围也局限在英联邦国家及其势力影响范围之内。斯太令冲锋枪的结构安排与外观与司登颇有几分相似，让人不由得怀疑两者有着某种血缘关系，但事实并非如此。与司登相比，斯太令冲锋枪的设计更加独特和简捷，制造工艺也更加现代化，具有更高的可靠性和使用安全性。直到今天，无论是从结构设计还是细节安排，这支来自英伦岛的颇具个性的冲锋枪仍是值得读者们细细品味一番的。

研制和装备过程

司登系列冲锋枪虽然在二战中表现不俗，但缺点也很明显，主要表现为重量和尺寸偏大，枪托又不能折叠，最致命的问题在于它的

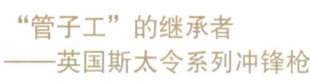

"管子工"的继承者
——英国斯太令系列冲锋枪

斯太令L2A3冲锋枪

保险极不可靠,以致经常发生意外走火。早在1942年,英国人乔治·威廉·帕切特设计出一种以他名字命名的帕切特冲锋枪,在此基础上,他与位于北汉普顿的斯太令工程公司合作,对其进行不断改良和发展,该公司曾因生产二战初期英军列装过的兰彻斯特冲锋枪而闻名。在二战结束前,由皇家兵工厂试制出少量帕切特冲锋枪的样品,在空军部队进行了试装备并受到好评。1945年至1953年之间,为更替原有的老旧武器,英国举行了装备选型试验,这种被称为"斯太令·帕切特"的冲锋枪参加了一系列内容非常广泛的测试,并且最终以明显优势战胜了其他竞争对手。英国随后宣布将其作为大不列颠帝国的基本防御武器之一,定名为L2A1 9mm冲锋枪,因为是在斯太令公司进行生产,故又称斯太令冲锋枪,而工厂内部的商业名则称其为帕切特MK.1冲锋枪。从1953年起,英军部队中开始用斯太令冲锋枪来替代原有的司登冲锋枪。最初的产品根据部队使用的意见又进行了一些改进,1955年诞生了L2A2冲锋枪,商业名称为斯太令MK.2,1956年又进一步改进为L2A3,后者称为斯太令MK.4。在1956年,L2A3批量装备英军,原有的司登冲锋枪被全部淘汰。斯太令冲锋枪参加了著名的马岛之战和第一次海湾战争,在英国军队中一直服役到20世纪90年代初,才被麻烦不断的LA85 A1突击步枪所取代,其生产一直持续到20世纪80年代后期,总产量达到40万支以上。

结构详解

斯太令系列冲锋枪主要包括基本型号L2A3、微声型号L34A1,还有一种派生出的MK 6型半自动卡宾枪。下面就以L2A3为重点,详细介绍一下这种冲锋枪的结构原理及各方面特点。

斯太令L2A3冲锋枪大量采用冲压件,同时广泛采用铆接、焊接,只有少量零件需要机加工,工艺性较好。该枪采用开膛待击的前冲

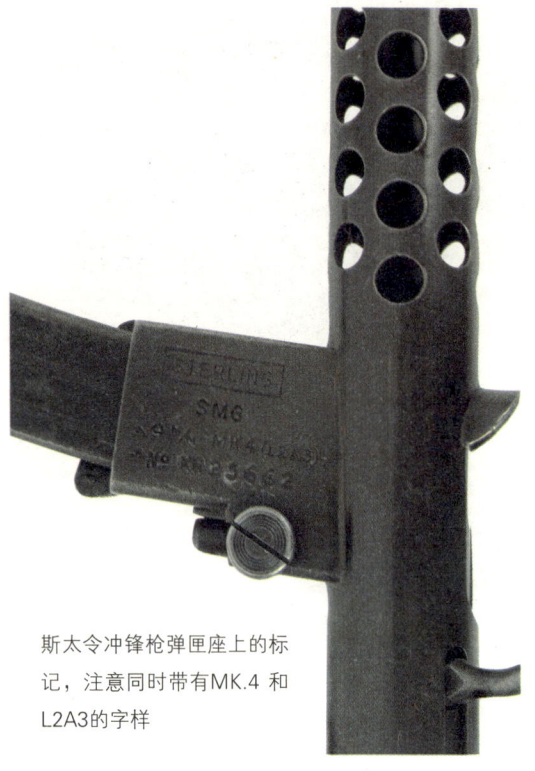

斯太令冲锋枪弹匣座上的标记，注意同时带有MK.4 和L2A3的字样

小握把右侧特写，注意发射机固定销钉周围的"LOCK"和"FREE"字样

击发式自由枪机原理，使用侧向安装的34发双排双进弧形弹匣供弹，可选择单、连发发射方式，枪托为金属冲压的下折式枪托，有独立的小握把。瞄准装置采用觇孔照门和"L"形翻转表尺，瞄准基线比较长。全枪可分为机匣组件、枪管组件、枪托组件、枪机组件、复进机组件、弹匣组件和发射机组件等若干大部分。

机匣是该枪最重要的部件之一，所有的零件和部件均以机匣为本体安装在它上面的，以构成一支完整的枪械。与司登冲锋枪一样，斯太令冲锋枪的机匣本体同样为空心的圆管状结构，前口部焊接有枪管固定座，上面焊接有准星护圈和准星座，准星安装在准星座上，使用专门的调整工具可以进行左右移动。机匣口部右侧焊接有一个舌状突起，它是用来防止使用者在握持枪身前部时，手指意外滑出挡住枪口而发生意外。枪管固定座前部有一个向左侧偏心的凸台，用来卡住刺刀枪口环。因为该枪的

枪托折叠后刚好在枪管下方，为了在枪托折叠状态下不影响刺刀的安装，"T"形刺刀座焊接在枪管轴线左侧约45°方向的机匣护筒上，以此和凸台配合来固定刺刀。斯太令冲锋枪配用的是No.5刺刀，呈单刃匕首状，可以拆下单独使用，这与司登是不同的。不过，与司登一样，斯太令冲锋枪在枪管外围的机匣上开有很多圆孔，一方面可以减轻机匣重量，一方面握持时有一定防滑效果，同时也方便枪管周围的空气流通，有利于枪管及时冷却。

机匣中部右侧开有抛壳口，抛壳口前部也有一个舌状的安全突起，足见斯太令的设计者对使用安全的重视。抛壳口对应的另一侧机匣上焊接有方形弹匣座，座后部安装有弹匣卡笋按钮、弹匣卡笋簧、弹匣卡笋和抛壳挺。抛壳挺从抛壳口一直插入弹匣卡笋座内，然后被自上而下的弹匣卡笋按钮穿过，由一个螺钉固定在弹匣卡笋座上，同时挡住弹匣卡笋簧，而弹匣卡笋本身自下方由螺纹与弹匣卡笋按钮旋在一起，整个弹匣卡笋的结构与后来的美国M16步枪基本相同。在抛壳口下方焊接有安装发射机和小握把组件的空心支架。小握把为整体黑色塑料件，通过底部的一个长螺钉拧在安装支架上。发射机组件包括扳机护圈和发射机部件等，为一个整体，前部通过一个突起挂在安装

"管子工"的继承者
——英国斯太令系列冲锋枪

司登MK.2冲锋枪（上）与斯太令L2A3冲锋枪（下）对比。两者的机匣都是圆管状，并都带有圆形散热孔，又都采用左侧的水平弹匣供弹，故常有人误以为斯太令是在司登的基础上进一步发展出来的

L2A3冲锋枪前后背带环的固定方式

支架上，后部还有一个销钉，穿过小握把和安装支架，将发射机组件牢牢固定在机匣上。快慢机扳手则通过安装支架左边的缺口显露出来，如果使用者右手握住小握把，那右手大拇指即可以很方便地对其进行操作。

在小握把后方的机匣体上，左右焊接有枪托座，通过一个转轴穿过机匣将枪托组件固定在机匣上，并且能自由旋转。在机匣右侧偏上的位置开有一条拉机柄槽，由于省略了拉机柄保险，所以拉机柄槽是笔直的，仅在最后端开有比拉机柄直径略大的一个分解孔，以便在分解枪机时取出拉机柄。机匣最尾端上部焊接有表尺座，两侧有半圆弧型表尺护翼，表尺使用"L"形觇孔翻转表尺，分别对应100m和200m射程。在表尺座下方的机匣尾部，还焊接有一个卡笋座，通过一个销钉和一个弹簧，将枪尾盖帽卡笋固定住。机匣尾部焊接有枪尾盖帽结合座，枪尾盖帽结合座上通过切削加工，有均布的4个"匚"形槽，但位置上边的槽要短于下面的槽。枪尾盖帽为一整块圆钢切削的零件，外形类似于碗状，内部也均布加工有4个向内突起的突笋，刚好与结合座上的4个凹槽配合，装入结合座上的4个长槽后，再旋转一个小的角度，随后整个枪尾盖帽被复进簧推向后，盖帽内的4个突笋进入结合座上的4个短凹槽内，由于短凹槽一端是封闭的，所以枪尾盖帽被固定住。为了防止松动脱落，当枪尾盖帽安装到位后，盖帽上有一个缺口刚好卡在枪尾盖帽卡笋内，如要分解枪尾盖帽，则必须先压下盖帽卡笋，再向前推动枪尾盖帽，并旋转一个角度，使枪尾盖帽突笋从结合座上的4个长凹槽中解脱出来才行。枪尾盖帽后端面上还加工有一个突起，中间钻有通孔，用于安装后被带环。

斯太令冲锋枪的枪管为圆柱状，弹膛部位有一个直径较粗的台阶，外圆直径与机匣内部内径相同，枪管前部有一个一字形的台阶，外圆也与机匣内部直径相同，台阶左右各有一个螺纹孔。该枪的枪管固定方式非常特别，后部靠弹膛外圆的台阶定位，前部靠一字形台阶

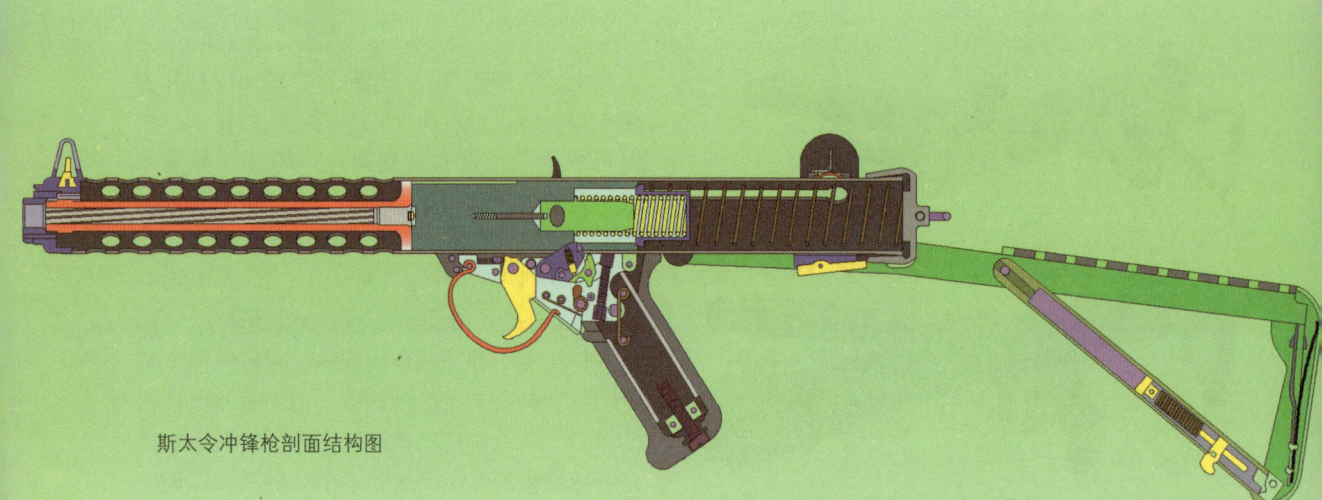

斯太令冲锋枪剖面结构图

定位，枪管口部插入枪管固定座，利用两个内六角螺钉，从枪管固定座左右插入，并拧入枪管口部两边一字形台阶上的螺纹孔内，将枪管固定住。这种固定方式零件虽多，但加工精度要求不高，也没有一般冲锋枪上常见的要求较高的节套的加工和装配问题，装配和拆换枪管都比较方便。需要更换枪管时，先要分解冲锋枪，取出枪机和复进机，并取下抛壳挺，松开枪口的两个螺钉后，枪管即可从机匣尾部倒出来。

枪托组件是斯太令冲锋枪最有特色的组件之一，因为在设计时考虑到枪托展开后保持牢固和稳定性的需要，其结构远比一般冲锋枪的折叠枪托复杂。它由枪托杆、枪托底板和枪托支撑杆以及一些销钉、转轴和弹簧等组成，枪托展开后成稳定的空心三角形状。枪托杆为枪托组件的主体零件，连接着机匣和枪托上的所有其他零件。它由钢板冲压折弯而成，后半部分为较窄的槽状截面，前半部分分成较宽的左右两个支撑臂，连接到机匣握把后方位置。为了减轻重量，在枪托杆顶面上开有9个圆孔。枪托左右支撑臂通过机匣尾部的枪尾盖帽来限位，枪尾盖帽下方左右两侧有限位面和"U"形卡槽，在左右支撑臂内侧加工有突起的突笋。枪托向上的限制是通过左右支撑臂上平面抵住枪尾盖帽实现的，而向下的限制是通过左右支撑臂内侧定位突笋进入"U"形卡槽内并

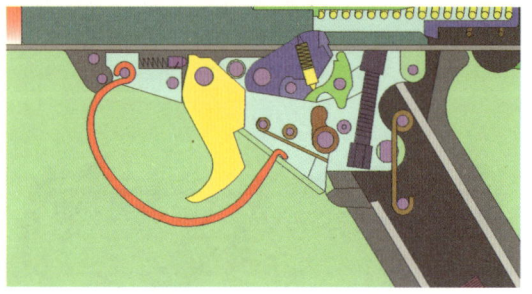

斯太令冲锋枪发射机组件剖面图

被限制住而实现的。由于枪尾盖帽被复进簧推向后，且有向前活动的一段距离，所以打开枪托时，枪托左右支撑臂内的突笋会略将枪尾盖帽推向枪口方向。随后枪托旋转到位后，枪尾盖帽没有了枪托左右支撑臂内的突笋限制，又被复进簧推向后，上面两侧的"U"形卡槽卡住枪托左右支撑臂内的突笋，从而将枪托牢牢地固定住。这样当需要折叠回枪托时，必须先将枪尾盖帽推向枪口方向，然后向下旋转枪托，才能将枪托收起。由于枪托底板也能折叠并且水平叠放到枪托杆上，所以该枪在打开和折叠枪托时，还要多出一个相应的步骤。枪托底板上部在枪托杆上可以滑动，并设计有一个卡笋，在枪托呈打开状态时可以卡住定位，下部与圆柱形的枪托支撑杆用一个销子连接起来，可以转动，而支撑杆与枪托杆也是用销子

"管子工"的继承者
——英国斯太令系列冲锋枪

连接,也可以转动。当枪托完全折叠好后,呈直线状放置在枪管下方的机匣下面。由于枪托支撑杆内装有一个弹簧卡销,上面有个突起,刚好可以卡在枪管下方机匣的开孔处。这样枪托在折叠装态也有锁定装置,防止意外打开。需要打开枪托时,先推动枪托支撑杆上的卡笋,解脱和机匣的扣合,然后旋转到后方到位,接着滑动枪托底板到竖直位置并锁定住,即可完成打开过程。折叠时则需要先将枪托底板向上方滑动随后转动到水平位置,接着再重复前面介绍的折叠枪托杆的过程,将枪托旋转到机匣下方并固定住。

L2A3冲锋枪使用的34发弹匣,注意弹匣口部前面带有导弹斜面

枪机组件是斯太令冲锋枪借以完成自动循环过程的核心部件,由枪机本体、拉壳钩、拉壳钩顶销、拉壳钩簧、拉壳钩轴和拉机柄组成。枪机体为圆柱形,后部空心,前部加工有弹底窝和击针。由于是左侧供弹,所以推弹突起加工在枪机的左侧,右侧位置加工有拉壳钩槽以及容纳拉壳钩簧与拉壳钩顶销的孔。枪机体表面还加工有4条螺旋条状凸筋,一方面可以减少枪机与机匣内部的接触面,另一方面还能刮除机匣内壁的污物,它们可以在2条凸筋间的空隙暂时存放起来,不至于妨碍枪机动作的可靠性。枪机中部右上方约45°位置开有拉机柄安装孔,拉机柄插入枪机内部的部分为圆柱形,头部为带倒角的斜面,以方便插入,外露部分为带弧度的圆柱形,从根部向尖部渐细。拉机柄中部带有一圈环槽,刚好卡在机匣的拉机柄槽内,只有当枪机拉至最后方对正分解孔时,才能取出拉机柄。

斯太令L2A3冲锋枪握把左侧快慢机部分的特写

复进机组件由复进簧、缓冲簧、缓冲簧帽和缓冲簧柱组成。缓冲簧柱安装在枪机尾部的孔内,并被拉机柄穿过固定住,缓冲簧的钢丝直径较粗,套在缓冲簧柱尾部。缓冲簧帽则为一空心筒状零件,口部带有一个台阶,内部套在缓冲簧外面,而缓冲簧帽外面套有复进簧。复进簧为单股钢丝螺旋簧,外径与机匣内经相同,其目的是不再需要专门的导杆进行引导。

弹匣组件是斯太令冲锋枪上比较有特色的一个部件。该弹匣属于双排双进的弧形弹匣,由弹匣体、托弹板、托弹簧、托弹簧底板、弹匣底板和固定簧片及簧片销钉组成。标准型弹匣可容纳34发枪弹,比一般冲锋枪容量稍大。此外还有15发和10发两种小容量弹匣可供选用,后者主要供给警察部队,以便于在狭窄环境下使用。至于结构,则与标准型弹匣没有区别。该弹匣的弹匣体与其他弧形弹匣有明显区别,是由左右两片和前后支撑板共4个零件点焊接而成,弹匣的前部形成凹槽状。由于弹匣插槽是直线槽,所以在弹匣抱弹口下部的弹匣体前部有向内的切口,而弹匣体后部多出一个定位突起,这样就能让弧形弹匣可靠地插入直线弹匣座。之所以弹匣体的前部要特意加工出一个凹槽，是为方便加工出让位的直线配合段。弹匣后部点焊的定位突起上还用销钉固定了固定簧片，用来增加弹匣与弹匣座之间的摩擦力，防止弹匣卡笋意外解脱时弹匣意外脱落。弹匣右侧抱弹口的下部有一凹槽，弹匣卡笋就卡在这个凹槽内，按下弹匣卡笋按钮即可从左侧拔出弹匣。该弹匣另外一个特别之处是在抱弹口前部由弹匣体前支撑板冲压成簸箕形的导弹斜面，弹匣中的左右两排枪弹都能向弹膛中心规正。这主要是因为斯太令冲锋枪枪管后端没有节套，无法加工出导弹斜面，同时这也是为什么弹匣前部有向内凹槽的另一个原因。但由于弹匣前部两侧有弹匣左右板和前支撑板的折弯焊接部位，刚好形成两条突起，使用起来手感不够舒适。

发射机组件是全枪零件比较多的一个组件，采用了模块化设计，形成了一个独立组件，维护或更换都比较简单。它主要由发射机盒、扳机护圈、扳机、阻铁连杆、阻铁、单发杆和快慢机扳手以及销子和各种弹簧组成。阻铁装在带弹簧的阻铁连杆之上。单发杆为"冂"形，其两个臂的结合位置有孔，用一个销轴与阻铁连杆连接。在装在阻铁内的单发杆簧和单发杆簧顶销的作用下，单发杆的长臂端前端抵在阻铁后端的凸肩上，而短臂端下端则面向快慢机轴。快慢机轴上有一个突起的内臂，起到限制单发杆下端运动的作用。扳机轴位于扳机顶部，扳机上有一凸齿向上顶着阻铁连杆，扣压扳机后，阻铁连杆前端上抬。扳机轴的前方发射机盒内装有扳机簧和扳机簧顶销，始终顶着扳机轴的上前部，让扳机始终有顺时针旋转的趋势。

总体来说，斯太令冲锋枪的设计是很成功的，较司登冲锋枪有了很大进步。除保持了前者结构简单、加工容易的优点，同时减小了全枪的体积和重量。斯太令的瞄准基线更长，射速更低，对提高射击精度有利，侧向安装的弹匣降低了火线高度，有利于减小卧姿射击时射手的暴露面积。该枪的另一优点是弹匣容弹

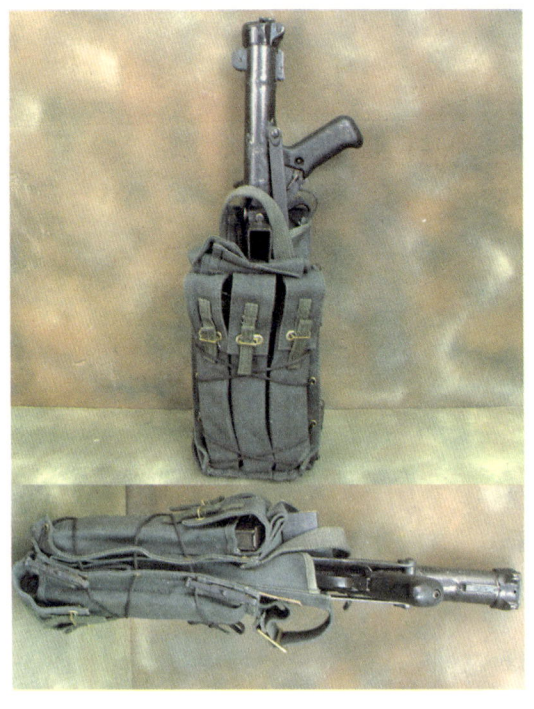

供伞兵伞降时使用的L2A3冲锋枪帆布携行具。冲锋枪插在携行具中间，两侧各有一个三联装的弹匣袋，对枪身起到保护作用

装备L34A1微声冲锋枪的英国SAS特别舟艇部队

"管子工"的继承者
——英国斯太令系列冲锋枪

量较大,火力持续性比较好。而且其发射机采用模块化设计,安装和更换都很方便,枪机表面的凸筋对提高动作可靠性有较好的作用,只是加工相对麻烦一些。在总体结构安排上,斯太令的小握把设计在全枪比较靠前的位置上,部分机匣与枪托长度重合,所以即使枪托展开时全枪长度也不是很长。斯太令冲锋枪的折叠枪托结构虽然复杂,但设计得非常成功,折叠后冲锋枪前部增加的体积很小,展开后又比较稳固。该枪主要缺点是采用安装在左侧的水平弹匣供弹,使得该枪的径向尺寸很大,携行不便,同时影响到全枪的左右平衡性,并且会随着弹匣内枪弹的数量不同而随时发生变化,这点需要射手较长时间的练习才能掌握。由此带来的另一个弊端,就是这种设计不适合左撇子射手使用,更换弹匣时非常不便。

动作原理与分解结合

微声冲锋枪枪口、准星与照门等处的特写

该枪的动作原理以及使用方法与大多数常见的冲锋枪相差无几,特别是与司登冲锋枪基本相同。它们的弹匣是水平放置在枪身左侧的,所以新手需要用一定的时间来掌握射击时的枪身平衡技巧。下面所介绍的该枪的动作过程,是假设弹匣内装满子弹,枪机处于前方位置,保险处于保险位置上。

单发射击的过程:先将快慢机扳手逆时针扳至红色的"1"或"R"位置,此时快慢机轴内侧臂位于单发杆的下方。拉动拉机柄向后,直至被阻铁挂住,全枪进入待发状态。瞄准完毕,扣动扳机即可射击。当扣动扳机时,从枪左侧看去,扳机逆时针旋转,扳机上的凸齿推动阻铁连杆顺时针旋转,同时阻铁下降,直至释放枪机,枪机在复进簧的推动下向前运动,通过弹匣时,推弹突起推出一发枪弹进入弹膛,当拉壳钩卡住弹壳的拉壳钩槽时,枪机前端弹底窝中心的固定击针就接触到枪弹的底火了。由于弹壳与弹膛之间有摩擦力,故枪弹入膛的速度减慢,而枪机继续复进,在枪弹未完全进膛的时候,击针就击发枪弹。击发后枪

微声冲锋枪弹匣座上、下面的标记

机仍旧挤压弹壳约0.5mm的行程,此时弹膛的膛压才达到峰值,随后枪机迅速停止前进,被作用在弹壳底部的压力推动向后,当膛压达到安全值时,枪机压缩复进簧开始后坐过程,拉壳钩拉出弹壳,在途经抛壳挺时,受抛壳挺撞击,抛出弹壳。枪机继续后坐,直至枪机尾部的缓冲簧帽撞击到枪尾盖帽,随后枪机压缩缓冲簧逐渐减速并停止运动,随后向前运动。而在扣动扳机、阻铁头下降解脱枪机的同时,单发杆下端受到快慢机轴内臂的反作用力而顺时针旋转,单发杆前端离开阻铁的凸肩,所以阻铁重新上抬将复进中的枪机阻挡在待发位置。此时松开扳机后,阻铁连杆后端上抬,带动单发杆前端重新抵在阻铁的凸肩上,单发射击过程结束。如果此时再次扣动扳机,便会重复上面的动作,继续发射下一发枪弹。

连发射击的过程:先将快慢机扳手逆时针扳至红色的"34"或"A"位置,此时快慢机轴向前转动,内臂与单发杆下端解脱。如果此时扣动扳机,扳机上的突起会带动阻铁连杆前端向上转动,于是阻铁头下降,与枪机的待发卡槽脱离,枪机被复进簧推动,重复前面上述自动循环过程。如果一直扣压扳机,则上述过程反复循环直至弹匣内枪弹打光,以此实现连发射击。若中途松开扳机,发射完枪弹后,复进的枪机会被阻铁重新挂住,形成待发状态。

保险过程:将快慢机扳手逆时针扳至"SAFE"或"S"位置,此时快慢机轴臂向后旋转到单发杆下端,并且牢牢抵住单发杆。这样阻铁便无法下降,枪机被一直挂在后方。若枪机在前方时装定保险,阻铁就一直卡在枪机的后卡槽中,使枪机不能后退,防止跌落时枪机自动推弹上膛造成意外走火。

斯太令冲锋枪分解结合比较简单,可以按以下步骤进行:①按压弹匣卡笋取下弹匣,拉枪机向后检查弹膛有无枪弹,再将枪机放回前方;②若枪托在打开位置需要将枪托折回,然后按压机匣后下方的枪尾盖帽卡笋到位,同时用另一只手向枪口方向推动枪尾盖帽到位,随后逆时针旋转到位,接着缓缓放松,即可取

MK7 A4冲锋手枪,该枪除装有前握把外,还可以安装可拆卸的固定式枪托。该枪还有称为A8的加长型号,同样装有前握把

斯太令冲锋枪的拓展型MK7 C4(上)和C8(下)半自动手枪

下枪尾盖帽;③拉拉机柄向后直至分解孔处,抽出拉机柄,取下复进簧,然后扣动扳机,取下枪机,并从枪机上依次取下缓冲簧帽、缓冲簧和缓冲簧柱。野外条件下,一般分解到此即可。但若要进一步分解发射机和小握把,可以按以下步骤进行:①用弹壳底缘或平头起子卡入小握把右侧的发射机固定销,并转动固定销,使上边的槽对正小握把右侧上方的"Free"字样;②用弹尖或拉机柄尖自右向左顶出发射机固定销;③扣压扳机,并拉动扳机

"管子工"的继承者
——英国斯太令系列冲锋枪

印度女警察进行L2A3冲锋枪的射击训练。印度是目前世界上该冲锋枪保有和使用量最大的国家

护圈向后,使发射机组件与机匣底部的定位突起脱离,并向下转动取下发射机组件;④用螺丝刀拧下握把底部的固定螺钉,向下即可抽出小握把。

拓展与仿制型号

1967年,在标准型L2A3冲锋枪基础上改进而来的L34A1微声冲锋枪替代了二战期间研制的司登MK.2S,这种武器主要装备英国特别空勤团等特种部队。L34A1在枪管前部加装了整体式消声器,在平时使用时一般是不分解的。该枪在枪管外围均布有72个泄压孔,外面还套有2个开有不同孔径小孔的隔离套。火药燃气经过两次泄压后,压力大大降低,再进入消声器前部安装的多个螺旋片状消声碗内,燃气发生回旋和相互碰撞,进一步降低从枪口喷出的压力,以此达到消声和消焰的目的。就消声器本身而言,由于MK.2S微声冲锋枪的结构和原理已趋于完善,所以L34A1基本上延续了相关设计,但尺寸有所放大,加上该枪又以半自动射击为主,全自动射击模式仅仅只是在紧急情况下才会使用,所以在具体使用中消声效果非常出色。在连续射击后,消声器会发烫无法直接握持,MK.2S解决这个问题的办法是装上帆布制的隔热套,而L34A1是在消声器的下方安装了专门的护木,相对而言要更可靠一些。一些L34A1冲锋枪在机匣上部还焊接有两个用于安装瞄准具导轨的螺钉座,能够安装不同的光学瞄准具或夜视设备,大大提高了冲锋枪在特种环境下的使用范围。不过由于枪管上开设泄压孔会导致弹头初速下降,所以L34A1的有效射程降低到150m以内。

此外,斯太令冲锋枪还有一些拓展型号,包括MK.6警用卡宾枪,MK.7 C4/C8、A4/A8短管半自动/冲锋手枪,以及一种闭膛待击

国外民间爱好者在体验射击斯太令冲锋枪

斯太令MK7冲锋枪

的半自动版MK.8冲锋枪。MK.6卡宾枪的主要改变是使用了长达410mm的长枪管,枪管像司登MK.2一样,从机匣内向外伸出一段,自动方式也改为仅能半自动发射,有效射程为200m。由于枪管较长,相对于标准型号来说,其射击精度有明显提高。这些拓展型号主要供给执法机构和民间射击爱好者。

斯太令系列冲锋枪在英国之外使用也比较普遍,其中又以L2A3的使用范围最为广泛,大约有60多个国家购置过这种冲锋枪,如加拿大、新西兰、马来西亚、加纳、印度、利比亚、尼日利亚、突尼斯和海湾部分阿拉伯国家。加拿大、澳大利亚和印度还获得了此枪的生产权。其中加拿大的仿制品称为C1式9mm冲锋枪,它是1958年对L2A3冲锋枪进行局部改进,由加拿大军械有限公司生产的。C1与L2A3的主要差异是C1的标准弹匣改为30发,另有一种10发短弹匣,另外改为配用加拿大生产的FAL步枪刺刀,C1在快慢机处用A、R、S三个字母分别标示连发、单发和保险位置。此外,C1的枪管、机匣后盖和发射机构部分零件的制造工艺有所改进,使其成本略低于L2A3,但零件强度不及后者。澳大利亚的F1式冲锋枪是将本国生产的欧文冲锋枪和L2A3的一些特点相结合,于1962年研制成功的,由新南威尔士州利思戈轻武器工厂生产。该枪保持了欧文冲锋枪上置弹匣的特征,不过在20世纪60年代末期即遭淘汰。时至今日,印度、巴基斯坦以及东南亚和非洲的部分国家地区,仍在装备和使用斯太令冲锋枪。

1967年7月,在回击港英当局军事挑衅的战斗中,我国广东省宝安县民兵缴获的英国军警装备的斯太令冲锋枪

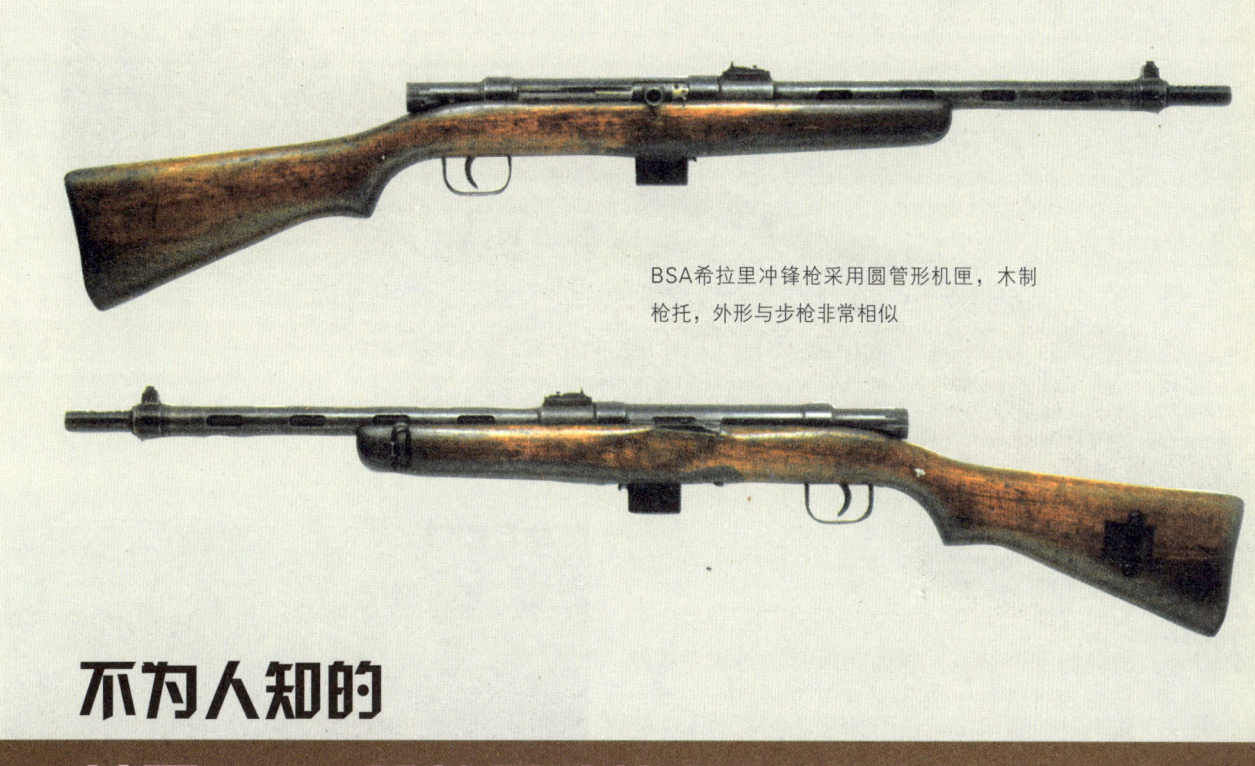

BSA希拉里冲锋枪采用圆管形机匣，木制枪托，外形与步枪非常相似

不为人知的
英国BSA希拉里冲锋枪与德纳利冲锋枪

一战至二战之间，虽然英军高层对于装备冲锋枪不屑一顾，但很多民间武器制造商却已经关注冲锋枪的开发和使用，并试制了很多类型的冲锋枪。不过，这些冲锋枪大多没有得到量产，仅停留在试制型阶段。BSA希拉里冲锋枪与德纳利冲锋枪就是其中的两款。

BSA希拉里冲锋枪

首次试制汤姆逊冲锋枪，因改造失败而夭折

20世纪10年代至20年代，冲锋枪作为当时最新型的个人用武器，其开发和生产已经在欧洲大陆的很多国家以及北美盛行开来。尽管在此期间，BSA公司已得知英军高层并不打算采用冲锋枪，但公司产品并不只面向英军，而且出口到世界很多国家。因此BSA公司毅然追随这股潮流，顺势而行，在英国本土开展冲锋枪的相关工作。

BSA公司最初将目光投向了美国的汤姆逊冲锋枪，于1921年6月~7月对该枪进行了两次测试，对测试结果表示满意，故与美国自动武器公司达成协议，特许生产汤姆逊冲锋枪，并对其加以部分改造。试制型汤姆逊冲锋枪于1926年完成，口径改为在欧洲比较流行的9×19mm，但外形与原型汤姆逊冲锋枪区别不大。

由于美国黑手党在交火时经常使用汤姆逊冲锋枪，因此英军上层对该枪十分不屑，导致其对BSA公司的试制型汤姆逊冲锋枪也无甚好感。于是BSA公司决定对其进行再次改造，去除了原本的小握把，并对枪托部分加以改良，整体外形看起来更像步枪。这种再次改良的汤姆逊冲锋枪于1929年完成，命名为BSA汤姆逊冲锋枪M1929试制型。该枪试制了多支，并有

机匣及拉机柄特写，拉机柄呈直圆管状

拉机柄

BSA希拉里冲锋枪机匣上刻有BSA公司的铭文以及"英格兰"字样

多种口径，其中编号为2号的采用0.45in ACP口径，4号为9×23mm口径，7号和8号为7.62×25mm口径。

但BSA公司的改造仍未赢得英国军方的好感，尤其是该枪取消了小握把，导致其在射击中难以操控，射击效果远不及原型汤姆逊冲锋枪。

引入希拉里冲锋枪因误估生产成本而夭折

BSA公司对于汤姆逊冲锋枪的改造虽然最终以失败告终，但想要设计一款性能优良冲锋枪的计划并未就此搁浅。机缘巧合之下，匈牙利人帕尔·德·希拉里设计的冲锋枪得以在公司试制。

帕尔·德·希拉里是匈牙利武器设计师，曾于20世纪30年代初期为瑞士西格公司设计MKSO、MKMS等MK系列冲锋枪时提供过技术支持。随后他在匈牙利的德钮布武器制造厂（后来的FEG公司）设计了一种冲锋枪，称为希拉里冲锋枪。该枪的很多部件都可与西格公司MK系列冲锋枪的部件互换。

希拉里冲锋枪采用圆管形机匣，木制枪托，全枪外形与步枪非常相似。抛壳窗及拉机柄位于机匣右侧，拉机柄呈直圆管状。扳机及扳机护圈设计得非常简单。准星为简单的片状，设置在枪管口部，位于大型准星座上，没有设置准星护圈。表尺为折叠式，由多个照门片组成，照门片上带有小缺口，根据射击距离将相应的照门竖起即可使用。枪管口部还加装带有沟槽的膛口制退器。

1939年4月，英国的一家武器进口公司梅萨斯公司得知英国军方开始正式考虑采用冲锋枪，便进口了希拉里冲锋枪，并提交给英国国防部。由于该枪与步枪相似，英国国防部对其产生了极大兴趣。但是梅萨斯公司毕竟只是一家武器进口公司，不具备武器生产能力，因此英国国防部安排BSA公司对该枪进行特许生产。

对该枪进行特许生产之前，BSA公司首

不为人知的
英国BSA希拉里冲锋枪
与德纳利冲锋枪

扳机和扳机护圈的设计虽然简单，但发射机构内的减速器设计却极为复杂，导致该枪分解结合十分困难，大大增加了生产成本

表尺为折叠式，由多个照门片组成，照门片上带有小缺口。根据射击距离将相应的表尺竖起即可使用

准星设置在枪管口部，为简单的片状准星，没有准星护圈。枪管口部加装有切削有沟槽的膛口制退器

先估算了该枪的生产成本——每支枪大概5英镑。价格估算出以后，英国国防部责令皇家恩菲尔德兵工厂的经理部进行审查，审查结果认为该价格大致妥当，于是英国国防部拨款支持BSA公司对该枪进行特许生产试制。

BSA公司随即投入到该枪的试制中，并将其定名为BSA希拉里冲锋枪。但实际试制工作一开始，BSA公司就发现该枪有一个致命缺点——其采用的减速器结构非常复杂。减速器是连发发射时有效控制枪机前后运动速度的机构，目的是防止其射速过高，从而有效抑制枪口上跳。但该枪减速器结构复杂，造成分解结合十分困难，并且生产成本大幅增加。于是BSA公司与希拉里交涉并达成协议：如BSA希拉里冲锋枪被英军大量采用，便将该减速器去除。

但BSA公司并未迎来英军大量装备的日子，试制之后，公司发现该枪的生产成本比估算的要高，如果仍以5英镑一支的价格提交给英国国防部，公司将无法赢利，因此对于批量生产该枪失去兴趣，仅试制了很少的数量。

值得一提的是，希拉里的祖国匈牙利也看中了这支枪，并在其基础上进行了结构简化，选定为匈牙利军队的制式冲锋枪，命名为M39M冲锋枪。该枪在德钮布武器制造厂进行量产。

而BSA公司试制的BSA希拉里冲锋枪的机匣上刻有公司的铭文以及"英格兰"字样，可以通过这一特征与匈牙利产冲锋枪进行分辨。

德纳利冲锋枪

德纳利冲锋枪是英国在这一时期的另一支没有量产的试制型冲锋枪。该枪由梅萨斯公司的武器设计师马克·德纳利开发，但关于该枪的开发背景和开发过程已经无从考查了。通过仅有的德纳利冲锋枪试制型可以看出，该枪是将汤姆逊冲锋枪进行小型、轻量化改造而成的。

该枪拉机柄的设计比较独特，由一个Ω

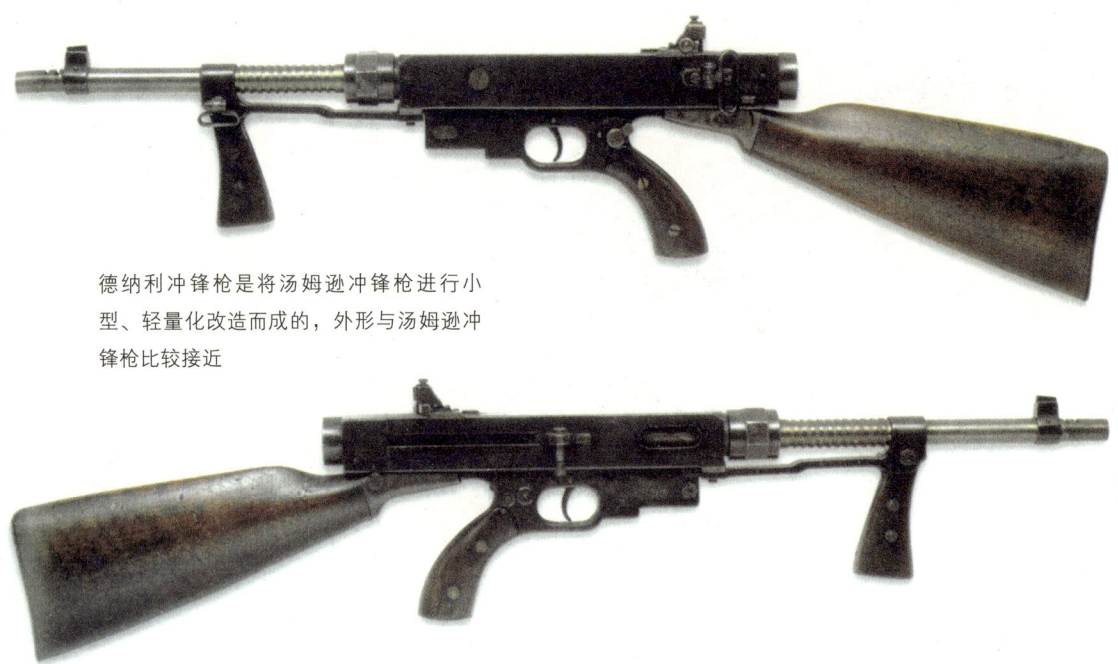

德纳利冲锋枪是将汤姆逊冲锋枪进行小型、轻量化改造而成的，外形与汤姆逊冲锋枪比较接近

形片状零件固定于枪机，Ω形零件上钻有圆孔，其上垂直插入一个手柄，用手拉动手柄即可操作枪机。其机匣下部左侧设有快慢机，有三个位置可以选择，其中"S"为保险状态，"F"为单发发射状态，"FA"为连发发射状态。

表尺为滑动式可调表尺，设有方向、高低调节手轮；准星为片状，没有设置准星护圈。该枪最特别的设计之处是，其瞄准系统与普通枪械的正好相反。其准星顶部中央有一个"U"形缺口，而表尺顶部则是一个水平向前的棱，从枪后方看过去，该棱线是一个点，只要将这个点置于准星顶部的缺口中央就构成正确瞄准了。该枪实际上是将一般枪械上准星、照门的设置前后互换了，这种结构在枪械设计中很罕见，效果不得而知。

该枪枪管口部加装有膛口制退器，制退器上切削有沟槽。机匣前端刻有三行铭文，最上方为圆圈里带有MD字样，是设计者德马克·德纳利的姓名首字母缩写；第二行为生产年份；第三行为生产编号。从仅存的德纳利冲锋枪的铭文中可以看出，该枪于1932年生产，产量很小。

该枪配用7.65×17mm手枪弹。一般来说，军用手枪，除了将校用自卫手枪以外，采用7.65×17mm口径尚嫌威力太小，那么德纳利冲锋枪采用这种口径，其威力不足可想而知。

机匣前端刻有三行铭文，最上方为圆圈里带有MD字样，代表设计者德马克·德纳利的姓名首字母缩写；第二行为生产年份；第三行为生产编号

不为人知的
英国BSA希拉里冲锋枪
与德纳利冲锋枪

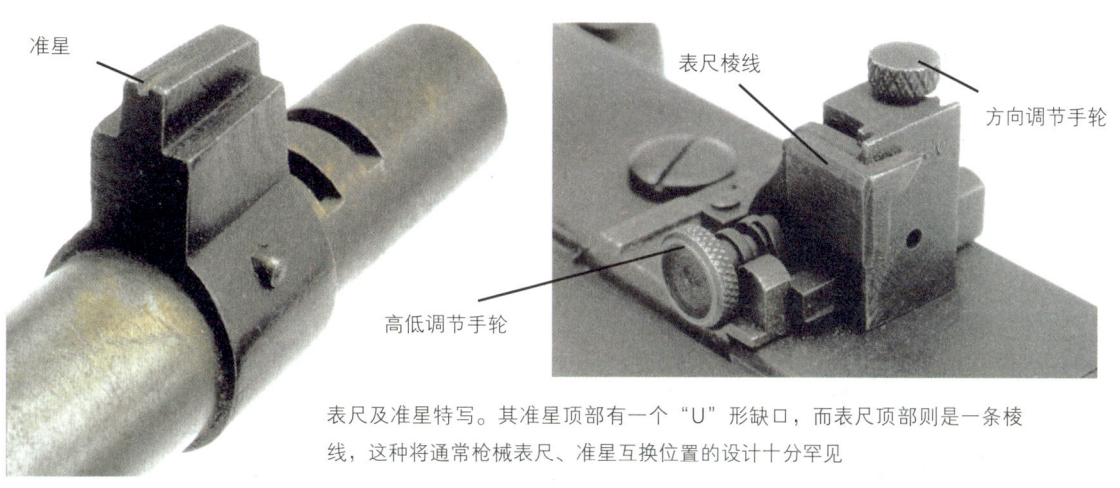

表尺及准星特写。其准星顶部有一个"U"形缺口，而表尺顶部则是一条棱线，这种将通常枪械表尺、准星互换位置的设计十分罕见

机匣及拉机柄特写。拉机柄的设计比较独特，由水平固定于枪机右侧的Ω形零件及垂直插入其中的手柄组成

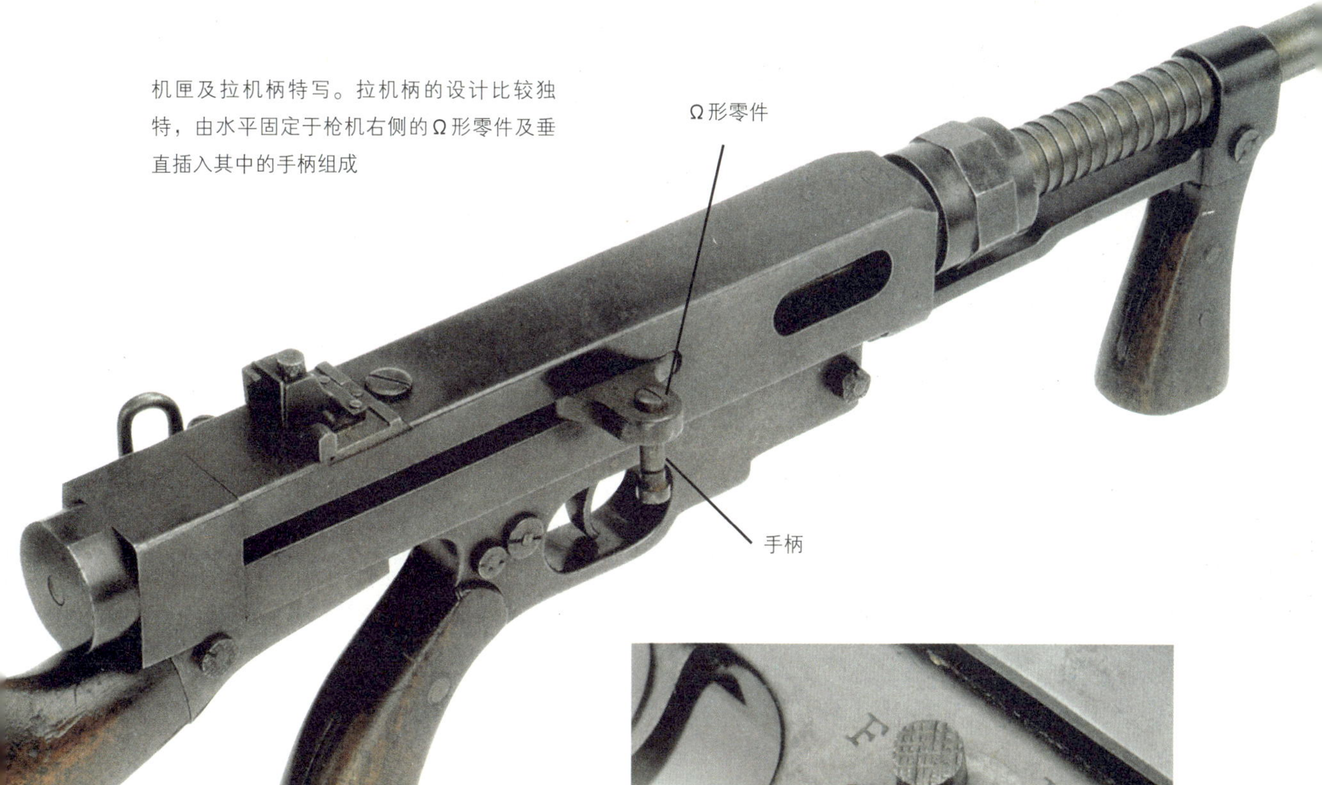

机匣下部左侧设有快慢机，有3个位置可以选择，其中"S"为保险状态，"F"为单发发射状态，"FA"为连发发射状态

硫磺岛战役中,一名美海军陆战队士兵(左)正在用汤姆逊M1冲锋枪向日军射击

从臭名昭著的黑手党武器到军用名枪
——美国汤姆逊冲锋枪

汤姆逊冲锋枪的来历及其试制型

汤姆逊冲锋枪(thompson submachine gun),俗称汤姆枪(tommy gun)。由于译音的不同,我国曾称汤普森冲锋枪。约翰·托利弗·汤姆逊(John Taliaferro Thompson)是美国的一位退役中将,任自动武器有限公司经理,在该枪的研制中起到了促进作用,但不是该枪的直接发明人。

汤姆逊冲锋枪是以自动武器有限公司的技师O.V.佩恩(Payne)和T.H.埃克霍夫(Eickhoff)为主发明设计的。这两名技师曾是汤姆逊在兵工厂工作时期(1909~1914年)开展M1911半自动手枪试验的协作者。他们在该冲锋枪的研制中,曾得到了汤姆逊经理的方向性指导和疏通生产销售方面的帮助。因此,自动武器公司以汤姆逊将军姓氏命名了这支冲锋枪。

从臭名昭著的黑手党武器
到军用名枪
——美国汤姆逊冲锋枪

接着出现的是汤姆逊M1919试制型冲锋枪。该枪没有采用弹带供弹机构，而是使用了50发、100发弹鼓。M1919仅试制了10多支样枪，各支样枪的外形结构有较大不同。这些样枪多数在1920年5月4日至1923年获得了专利。1921年，以M1919第2号试制型样枪为基础，进行了改进的批量生产型设计，制成了最早的生产型武器——汤姆逊M1921式冲锋枪。

不予列装的汤姆逊M1921式冲锋枪

1920年，美军对M1919试制型冲锋枪进行试验，最后在美军坎普·佩里基地试验。由于军方有关人员对M1919试制型反映良好，才确定批量生产。自动武器公司基本上以新型枪的设计为主，没有生产能力。于是，俄亥俄州克利夫兰市的瓦纳·斯爱迪公司承担了M1921式冲锋枪的生产任务。但因该公司的生产设备尚不能适应批量生产的需要，自动武器公司的汤姆逊经理考虑到军方反映良好，又有相当数量的订货，提议由大型枪械厂柯尔特公司生产。而柯尔特公司要求以100万美元买下汤姆逊冲锋枪的全部生产权。此事受到汤姆逊的合作者、在自动武器公司拥有多数股份的托马斯·F.莱安先生的拒绝。最后，两个公司签订了生产合同，由柯尔特公司制造15000支汤姆枪的发射机构部件，每个部件45美元。自动武器公司还以69063美元向莱曼枪瞄具公司订购机匣上的表尺，以65465美元向雷明顿武器公司订购枪托、握把和护木等木制部件，然后，将这些部件交给柯尔特公司组装成汤姆枪。组装后的汤姆枪交自动武器公司销售。

M1921式在M1919试制型的基础上作了以下改进：①将枪机前面的固定式击针改为可动式，并在机匣前端装入活动的三角形击锤；②将射速由1000发／分(发／分)降低到800发／分；③将机匣上面右侧的装填拉柄移到机匣中央；④供弹具采用18发、20发、30发弹匣，以及50发、100发弹鼓。

M1921式批量生产后，销售量上升缓慢。

手持以自己名字命名的汤姆逊冲锋枪，自动武器有限公司经理汤姆逊摆出了一个引以为傲的姿势

早期的汤姆逊M1919试制型冲锋枪

自动武器公司的冲锋枪，最早获得专利的时间是在1920年。因此可以确信，该公司最早的冲锋枪是在1918年生产的，尽管美国西点陆军军官学校博物馆展出的第1号试制型汤姆逊冲锋枪上无制造编号和制造年度标志。第1号试制型的结构与后来制造的汤姆枪差别较大。其主要特点是采用弹带供弹方式。弹药装在布带上，然后将弹带装在弹匣内。位于机匣右侧面上的棘轮转动，带动弹药顺着装填拉柄的倾斜沟供弹。M1918试制型冲锋枪，虽然保留了普通机枪连发射击的性能，但在便携性、操作性能上依然不能体现冲锋枪的优点。

汤姆逊M1921式冲锋枪

为了扩大销售，自动武器公司又对M1921式的结构进行了一些小改进，相继研制成功M1923式、M1927式、M1928式系列冲锋枪。原先订购的15000支M1921式机匣、发射机构、瞄准具等部件，除了用于M1921式之外，剩下的均用于上述改进型，并随改进枪全部销售一空。现在保存的原型枪M1921式数量极少。许多M1927式和M1928式的型号印记，似乎是将机匣切短后再刻印的，或者是将原来的M1921式型号削掉重新刻上的。

军队不列装M1921式的主要原因是，该枪使用了射程近的手枪弹。冲锋枪本来是作为堑壕战那样的狭窄场所使用的近战武器而开发、设计的。这种新武器刚在战场上试用时，许多军人将冲锋枪的作用与具有远射程的自动步枪的作用混淆了，没有认识到冲锋枪在战场上的有效性。当然，与步兵基本武器——步枪相比，只注意到射程近，必然认为冲锋枪不是理想的武器。

于是，自动武器公司将M1921式配上军用型长枪管，并少量制造，从而制成了汤姆逊M1923式冲锋枪。该枪由于采用长枪管，提高了弹头初速，射程也稍远了。

结构笨拙的汤姆逊M1923式军用冲锋枪

至今保留的装有长枪管的汤姆逊军用型冲锋枪，为数不多。从而可看出，该枪的生产数量是很有限的。

自动武器公司的原始商品目录表明，已经制造的汤姆逊M1923式冲锋枪(军用型)，除了使用0.45in ACP弹之外，还有使用0.45in 雷明顿·汤姆逊手枪弹、9mm毛瑟手枪弹、9mm卢格手枪弹等枪弹。但目前能找到的M1923式冲锋枪(军用型)，只有0.45in ACP弹的产品。

美军遗留下来的试验报告中提到了加长0.45in ACP枪弹的弹壳来增加装药量、提高初速的0.45in雷明顿·汤姆逊军用弹。该弹弹头重16.20g，初速441.96m／s，枪口动能1422.61J。通常的0.45in ACP弹，弹头重11.66g，初速259.08m／s。因此，使用前述军用弹是为了提高威力，并使射程增加到594.36m。据报道，M1923式军用型冲锋枪使用大威力弹药，虽然其膛压达到了137.9MPa，但由于与原型枪M1921式机构相同，连发速度下降为400发／分。

自动武器公司的商品目录明文规定，M1923式军用型冲锋枪配备长枪管、刺刀、两脚架、枪口装置等部件。在实际产品中，M1923式的长枪管还有滑膛式的。两脚架的一端固定在准星前方的支架上，并可折叠，使两支脚的中端固定在护木前端的夹子内。

从臭名昭著的黑手党武器到军用名枪
——美国汤姆逊冲锋枪

汤姆逊M1927AC式卡宾枪

自动武器公司在M1923式军用型冲锋枪的开发中,虽然以远射程为重要技术指标,但在营业上并不顺利,后来改变了远射程、大威力的目标,返回到追求冲锋枪原来的小型、操作性良好的目标上。

以帮派枪闻名的汤姆逊M1927式卡宾枪

汤姆逊M1927式卡宾枪,基本上是与M1921式同一型的产品,只是将M1921式的全自动射击方式改为半自动射击方式。这是由于M1927式卡宾枪,没有希望签订作为军用枪的大批量合同,所以自动武器公司将其制成可向民间市场销售的半自动方式。1927年开始出售的M1927式,是原封不动地用剩下的M1921式部件制造的。因此,机匣侧面的印记,是削掉原来的M1921式的印记重刻的。

最喜欢收购M1927式卡宾枪的人,是在美国暗地活动的黑手党党徒。原来以军用为目的开发的M1921式冲锋枪,一般不市售,仅供警用。与此相反,M1927式改为半自动的目的就是在一般市场上出售,黑手党党徒也能容易收购到。他们收购后,立即进行改装,恢复全自动并投入黑手党帮派对抗中。

在闻名的美国圣瓦伦丁节(2月14日情人节)大屠杀案中,黑手党党徒使用了汤姆逊冲锋枪。由于许多黑手党在帮派抗争中使用了该枪,这支被黑手党党徒称为"芝加哥小提琴"的武器,比"汤姆枪"的俗称具有更大的知名度。黑手党的暗杀者,将该枪的枪托卸下来,然后将枪装在小提琴盒里悄悄地携带。尽管取缔黑手党的联邦调查局人员也多数采用汤姆逊冲锋枪,但这支枪实质上已经成为黑手党及其他非法者最好的帮派武器了。于是,生产厂家为了扩大销路,将汤姆逊冲锋枪吹捧为头号帮派武器,进行M1927式卡宾枪的推销。

尽管汤姆逊冲锋枪的知名度随着黑手党帮派的大量使用而一下提高,成为名枪,但在人们心目中深深留下了"帮派枪"的印象,这对于军用是不可忽视的因素。例如,由于二战初期丧失大量武器,英军上层部门在接受美军支援的汤姆逊冲锋枪时,对不得不采用"帮派枪"而十分悲叹。

一般市售的M1927式卡宾枪,有以下几种变型枪。一种是配有立式握把的M1927A式,另一种是在M1927A式上加装枪口装置的M1927AC式,此外还有带护木、加工良好的警用型M1927SC式、M1927SCD式和M1927SCDS式等变型枪。

大量装备英军的汤姆逊M1928式冲锋枪

1927年1月,美国海军陆战队出兵尼加拉瓜,士兵装备了汤姆逊M1921式冲锋枪,这支枪在尼加拉瓜的丛林游击战中取得了比预想还好的效果。但实战表明,M1921式的连发速度太高了,需要降低到600发/分以下。

于是,自动武器公司于1928年对M1921式进行改造,将连发速度降到600~725发/分,并安装枪口防跳器,制成汤姆逊M1928式美国

汤姆逊M1928式冲锋枪

海军型冲锋枪。该枪口防跳器具有排气沟槽，是由美国退役上校理查·M.卡茨设计、自动武器公司制造的。

自动武器公司于1928年公布了汤姆逊M1928式冲锋枪，但这一年，公司的转折时期来临了。J.T.汤姆逊退出了自动武器公司，其主要原因是最大的股东、合作者托马斯·P.莱安先生逝世了。结果，自动武器公司连名称全部被马吉尔工业公司收买。

在1928年公布的枪型号中，有好几种变型枪。作为自动武器公司内部的枪型号名称，有不带枪口防跳器而有立式握把的M1928 A式，以及带枪口防跳器和立式握把的M1928 AC式。除此之外，还制造了带水平护木枪背带的美国海军用M1928 AC式变型枪，以及美国陆军用M1928 A1式。

美国海军采用了M1921式等多种汤姆逊冲锋枪装备军舰和海军陆战队。这些枪的机匣上均刻有美国海军的印记。与此相反，美国陆军对汤姆逊枪的态度冷淡，仅采用极少量。为了供车辆部队使用，美国陆军骑兵队迫切需要操作简便的小型自动武器，所采用的汤姆逊枪为M1928式。然而，美国陆军最初仅订购了400支M1928 AC式。1938年被美国陆军采用的汤姆逊M1928式冲锋枪，命名为M1928 A1式，并在机匣上刻有"M1928A1"。

1939年，欧洲战争紧迫，未充分装备冲锋枪的国家，为了防备配备大量冲锋枪的德军，开始向美国订购冲锋枪。法国政府订购的汤姆逊冲锋枪数量，1939年秋季为3750支，同年11月为3000支。另外，英国由于在欧洲大陆的对德战争首战中丧失了大量武器，也需要配备汤姆逊冲锋枪，1940年2月订购了450支，至1940年底，英国订购总量高达107500支。1941年8月，德军进攻英国的作战开始了，各国政府的汤姆逊冲锋枪订购总量达到318900支。

尽管美国海军(M1928式)、陆军(M1928A1式)均以汤姆逊M1928式冲锋枪为制式武器，但将该枪最大量用作军用制式武器的国家并非美国，而是英国。M1928式在1939年的价格为209美元。

M1928式的生产数量，1940年为3630支，1941年为213790支，1942年为344521支，1943年为570支。该枪于1943年中期停止生产，被生产效率更高的汤姆逊M1冲锋枪和M1A1冲锋枪所取代。

在美国生产的M1928式冲锋枪，并非能顺利送往英国供英军使用，在由美国自由轮(一种万吨商船)运输中，有10万支以上的汤姆逊冲锋枪因船只受到北大西洋德军潜水艇释放鱼雷的攻击，而沉于海底。据最近出版的书籍记载，在潜水艇攻击下沉于北大西洋的汤姆逊冲锋枪总数达20万支以上。

技术上不成熟的汤姆逊M1928A1轻型冲锋枪

1932年3月，美国陆军决定将限定应用

从臭名昭著的黑手党武器到军用名枪
——美国汤姆逊冲锋枪

装在类似小提琴状枪盒中的汤姆逊M1928A1式冲锋枪

的武器汤姆逊M1928式冲锋枪用于骑兵部队（机械化部队）。但此时汤姆逊冲锋枪尚未被命名为陆军制式武器。直到1938年，美陆军对M1928式作了一些小改进，并命名为M1928A1式制式冲锋枪。

直到欧洲的战争临近之前，美国陆军对正式采用汤姆逊冲锋枪仍犹豫不定，其原因是汤姆逊冲锋枪有几项缺点。例如，该枪由于使用手枪弹，存在着射程近、弹头威力小的缺点。而且，汤姆逊冲锋枪M1921式～M1928式，全枪重均为5kg。美国阿伯丁试验场在报告中指出："汤姆逊冲锋枪全枪重达11lb(约5kg)，配固定式枪托时体积偏大，作为骑兵用武器并非最佳。而且，根据同样理由，作为装甲兵用武器也是不够资格的，尤其是作为伞兵部队用武器更是偏大。"当时，美国陆军的步兵部队所要求的冲锋枪理想重量为7～10lb(约3.2～4.5kg)。决定试制汤姆逊M1928A1式轻型冲锋枪的厂家，是设在美国康涅狄格州伍蒂卡市的萨贝迪军械公司。该公司是为了适应从1942年开始增大的冲锋枪需求，才着手生产汤姆逊轻型冲锋枪的。在该枪的试制中，为了减轻重量，机匣和握把底座均采用铝制造。铝比

钢容易切削，从而提高了生产效率，缩短了每支枪的制作时间。并且，为了减轻重量，枪托、小握把、下护木等零件均采用塑料件。由于采用了铝和塑料制造零部件，使M1928A1式易于实现轻型化且便于生产。

然而，萨贝迪军械公司生产的M1928A1，仅仅制造了约40支试制枪。这是由于铝制机匣强度不够的缘故。该枪虽说采用半自由枪机式原理，可是后坐式枪机在弹药击发后高速后退。高速后退的枪机，在复进簧导杆后端的缓冲器作用下缓和冲击。这种冲击对于钢制机匣是不会出现问题的，但铝制机匣的强度就不够了。采用铝制机匣的M1928A1式，其耐用性较差，在全自动连发射击下机匣后端将出现破损。而且，当时的技术还不能制造耐用的轻型铝合金。其结果，汤姆逊轻型冲锋枪的开发被放弃了。

美军第一支制式冲锋枪——M1式冲锋枪

汤姆逊M1928式冲锋枪的缺点，不仅是全枪体积和重量均较大，而且制造麻烦，成本较

汤姆逊M1式冲锋枪是美军正式大量装备的第一支汤姆逊冲锋枪

高。1939年，美国陆军采用的M1928 A1式冲锋枪的价格，每支高达209美元。阿伯丁试验场的报告指出："第二次世界大战开战后一年半(1941年年初)，有关武器生产能力与生产技术的研究开始了。美国具有参战的可能性，考虑到参战后军队对武器的需要，因此要求冲锋枪的生产进一步简化加工工艺，不采用特殊的金属材料。"

总之，要求开发简易型汤姆逊冲锋枪。

最初着手的是，将汤姆逊M1928式冲锋枪简化制造，省略了较费工夫的莱曼公司制的表尺，取而代之的是在压制成"L"形的钢板上开一个小孔，这个觇孔瞄具可瞄准100m的射程，上部的缺口表尺可瞄准200m的射程，并且省略了制造上相当麻烦的枪管基础部分的散热槽。然而，这些小改进并没有使汤姆逊冲锋枪得到较大的简化。

1941年，萨贝迪军械公司的技师们遵循美国陆军兵工厂的方针，开展汤姆逊冲锋枪简易化研究。该公司的技师们对汤姆逊M1928式冲锋枪进行检验，清理出了全枪各部分可简化之处。汤姆逊M1921式～M1928A1式冲锋枪，均在机匣内组装了黄铜制的"H"形块，其作用是使枪机延迟开锁。这种延迟机构，要求在机匣内部、枪机侧面开有装入"H"块并可使其活动的槽。这些部分的加工要求一定的精度，而且加工工艺复杂。萨贝迪军械公司的技术人员发现，增大枪机的质量，即使不安装"H"块也可安全地连发射击。这种改进减少了部件和加工工艺，据估算可减少25美元的成

一名肩挎汤姆逊M1928式冲锋枪的英国士兵在押送德国战俘。英国二战期间曾大量使用该枪

本。然而，这种改进曾受到开发汤姆逊冲锋枪的自动武器公司的反对，其原因大概是由于用作军用制式武器批量生产时专利权使用费会减少的缘故。

这支由萨贝迪公司试制的自由枪机式简易型汤姆逊冲锋枪，尽管受到原始厂家的反对，但于1942年由陆军在兵工厂进行了试验。美国陆军和政府的最大兴趣在于那种较容易大量生产的冲锋枪。

从臭名昭著的黑手党武器到军用名枪
——美国汤姆逊冲锋枪

汤姆逊M1928式冲锋枪（上）
汤姆逊M1式冲锋枪（下）

萨贝迪公司的改进，不只是在枪机的形式上。增大枪机质量的另一个方面，会使机匣强度不足，因此必须限制枪机质量的增大。使枪机后退的拉机柄，从机匣顶部移到机匣右侧面，同时也简化了机构。原先的表尺，虽然是可微调的莱曼公司产品，但由于成本高、制造比较麻烦、实用性较差，因此更换为由钢板压制加工的表尺。枪管的散热槽，由于缺乏实用性而被取消，更换为统一外径的枪管。同样，枪口减震器也由于效果不大而被省略了。汤姆逊M1928式冲锋枪的枪托制成滑动件，可从机匣滑轨向后抽出。与此相反，简易型枪的枪托简化了，利用两个螺栓直接固定在机匣上。另外，简易型汤姆逊冲锋枪只使用20发和30发弹匣供弹。

1942年4月，简易型汤姆逊冲锋枪被美军正式定为制式冲锋枪，命名为"美国M1式0.45in(11.43mm)冲锋枪，通称为汤姆逊M1式冲锋枪。该枪从1942年开始生产，当年制造了249420支，1943年制造了36060支。

成本仅45美元的汤姆逊M1A1式冲锋枪

汤姆逊M1A1式冲锋枪，是在M1式基础上进一步改进的冲锋枪，两者的外观基本相似。主要不同是，M1A1取消了小型三角形击铁，枪机前端的击针由活动式改为固定式。除此之外，握把底坐左侧面的保险装置、选择器等机构也简化了，以嵌入单销作为回转杠杆。斯普林菲尔德兵工厂和阿伯丁试验场的试验结果证明，M1A1式的性能并不比M1式差。该枪的表尺采用固定式觇孔照门表尺，其形式与M1式一样为钢板弯曲成"L"形，但为了防止枪落地使表尺变形，表尺两侧安装了三角形的表尺防护件。该枪的枪托也有小改进。M1式及过去的汤姆逊冲锋枪枪托，采用两个螺栓直接固定在机匣上，一旦枪支受到跌落等冲击时，冲击力将直接传到枪托，造成破损事故。因此，M1A1式的枪托增设了穿通的交叉螺栓，以防止因冲击力造成破损。

1942年10月，改进型M1式冲锋枪被命名为美国M1A1式0.45in(11.43mm)冲锋枪。1942年产量为8552支，1943年为526500支。1944年M1式停产后，M1A1式的生产继续进行，生产了4091支。到1944年底为止，供美军使用的汤姆逊冲锋枪全部停止生产，改为生产加工性能更好的美国M3式0.45in(11.43mm)冲锋枪(绰号为"注油"枪)。目前，该枪已从各国军队中撤装，但美国警察仍在使用。

M1A1式是汤姆逊冲锋枪中最容易加工、成本最低的产品。1944年，一支带备件的M1A1式成本为45美元。

一名美军士兵（左）向苏联士兵演示M3冲锋枪。该枪在美军中又称"注油"枪。因为其枪管前部的形状很像当时加油站使用的喷枪，故而得名。

M3冲锋枪由美国通用电气公司于1942年投产并装备美军,从研制、定型到装备部队只用了两年时间,是武器装备史上的快速经典之作

传奇的"注油"枪

——美国M3盖德冲锋枪

纵观世界枪械史,可以很清楚地发现一个现象,那就是尽管美国历来是一个枪械大国,但在冲锋枪的研制方面,亮点实在是寥寥无几。然而,在这"寥寥无几的亮点"之中,却有一个亮点奇迹般地闪耀着。这就是美国M3/M3A1式11.43mm盖德冲锋枪。

从汤姆逊M1928冲锋枪到M3盖德冲锋枪

直到第二次世界大战爆发,美军中尚没有一支冲锋枪服役。在此之前,一支问世良久、制造精良、结构复杂、价格昂贵的汤姆逊冲锋枪,作为美国唯一正宗的冲锋枪,一直都只在美国民间流行,甚至成为美国黑道上的"制式"武器。探究美国军队一直没有制式冲锋枪的原因,大概是缘于陆军偏爱步枪,而并不太喜欢冲锋枪的缘故,以至于在战争开始后,为数不多的汤姆逊冲锋枪才被匆匆忙忙地装备到部队,作为步兵分队初级军官以及军士的武器。

然而,战争和作战需求不以人的意志为转移,它牵引并转变着人们的观念。当然,也毫不例外地迫使美国军方去重新认识冲锋枪的价值,并开始注重冲锋枪的研制。一方面,在继续向部队配备汤姆逊M1928冲锋枪的同时,生产了M1928A1汤姆逊冲锋枪的改进型——结构简化、质量减轻的M1式和M1A1式汤姆逊冲锋枪。另一方面,则开始考虑研制一型全新概念的制式冲锋枪,最终取代并不理想的汤姆逊系列冲锋枪。

1941年，美国兵工总署轻武器发展处对英国制造的司登冲锋枪进行了全面的试验和战术技术考核。美国人认为，应充分借鉴司登冲锋枪各方面的优点，研制结构更简单、质量更小；造价更低，便于大量生产，适于美军枪弹体制的新型制式冲锋枪。

同年，美国兵工总署一个对冲锋枪的研究有很深造诣的枪械设计师——海德受命担任新式冲锋枪的主设计师；另一个名叫萨姆逊的人，则受命担任了新式冲锋枪的工艺设计师，他是美国通用电器有限公司的一个对金属冲压工艺非常精通的总工程师。两人的合作可谓"相濡以沫，珠联璧合"。难怪M3冲锋枪的研制，从1941年6月提出战技指标，到1942年年末定型并大批量生产仅花费了1年多时间，这在枪械史上不能不说是一个奇迹。

全新的战技指标与独特的生产工艺

M3冲锋枪的战技指标，主要是为满足装甲机械化部队的需求提出的，它主要体现在以下三个方面。其一，完全从汤姆逊M1928和M1/M1A1式冲锋枪的"影子"里摆脱出来，特别是强调结构的简单和质量的减小，从而达到名副其实的"全新"。其二，总体上采用英国司登冲锋枪全金属、圆机匣的概念，但要进行优化设计。其三，最大限度地采用冲压和焊接工艺，从而获得尽可能高的生产效率和经济效益。

从主要诸元对比表可以看出，盖德冲锋枪与汤姆逊冲锋枪的差别是比较大的。由于汤姆逊冲锋枪据枪姿势与步枪相同，质量也与步枪相似，且有快慢机，能控制单连发，所以步兵（包括空降步兵）部队虽装备不多，却也并不嫌弃。然而装甲坦克机械化部队就不那么喜欢汤姆逊冲锋枪了。因为拿着汤姆逊冲锋枪进出战车，实在是又重又笨，很不方便。M3冲锋枪的设计初衷是力求结构简单，体形短小，

在抛壳窗处有一个手动折叠式防尘/保险盖，防尘/保险盖内侧有一个保险卡销可以锁住枪机，起到保证安全的作用

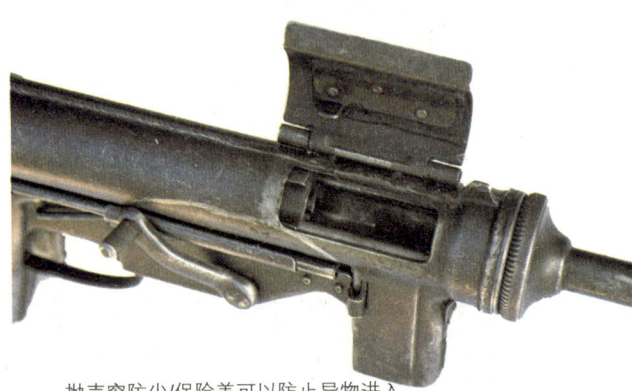

抛壳窗防尘/保险盖可以防止异物进入

准星

准星与机匣焊接成一体，使用时只能通过改变片状准星的形状进行精度调整

传奇的"注油"枪
——美国M3盖德冲锋枪

M3冲锋枪采用的是伸缩式枪托，枪托卡笋位于握把上方。在机匣的左侧也像M1卡宾枪一样保留了一个小油壶

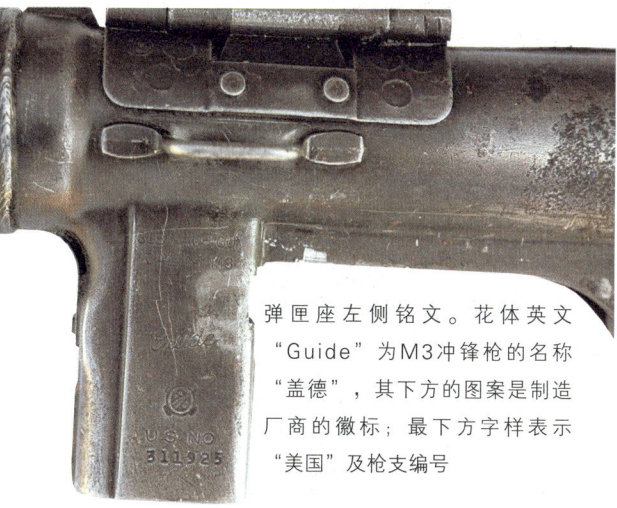

弹匣座左侧铭文。花体英文"Guide"为M3冲锋枪的名称"盖德"，其下方的图案是制造厂商的徽标；最下方字样表示"美国"及枪支编号

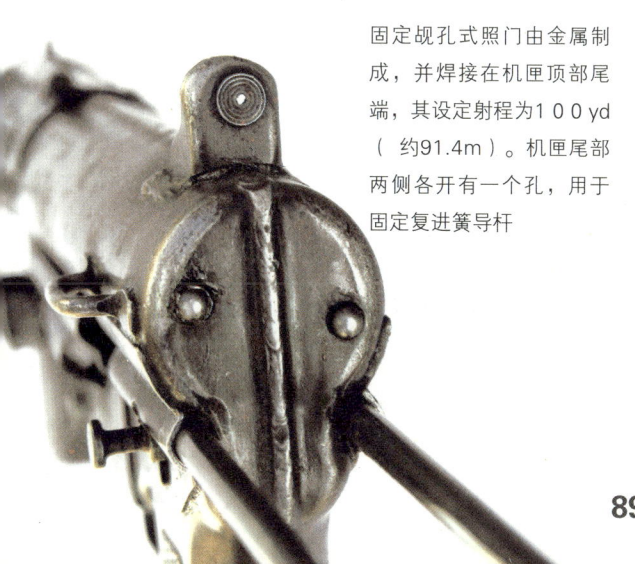

固定觇孔式照门由金属制成，并焊接在机匣顶部尾端，其设定射程为100yd（约91.4m）。机匣尾部两侧各开有一个孔，用于固定复进簧导杆

造形粗犷，全部采用金属件，这样极有利于采用冲压工艺。美国通用公司汽车大灯厂的生产线和工装设备，很快就转变成M3冲锋枪的生产线。M3冲锋枪除了枪机、枪管、簧、轴、销、杆外几乎都是冲压件，工人们用厚钢板冲出带握把和弹匣仓的左右两片机匣，然后再把它们焊接在一起，就构成了机匣/枪身组件。当你拿起这支冲锋枪，看到几乎环绕全枪的焊缝时，你不但不会认为它粗糙，反而会为它的精湛而感叹。当然，M3冲锋枪的其他固定件，包括准星、照门乃至背带环等，也无一例外是焊接上去的。这支枪，在最大限度地运用冲压和焊接工艺的同时，机加件如枪管、枪管座、枪机等主要零部件，也尽可能地采用同心圆设计，并以螺纹装配，从而最大限度地简化了为数不多的机加作业。

令人称赞的优点与令人遗憾的缺点

美国人从英国人的司登冲锋枪那里得到启示，照猫画虎，确确实实实画得生动威猛，着实打造出了一支令人赞叹的好枪来。1942年，美军在阿伯丁试验场，在有其他国家冲锋枪对比的条件下，对M3冲锋枪进行了全面试验。结果表明，M3冲锋枪简单牢固，携行方便，故障少，质量小，威力大，包括可靠性和寿命等一系列指标均名列前茅，堪称一支近距离作战，特别是城市居民地作战的"利器"。

M3冲锋枪的突出优点主要有以下两个方面。

其一，在多用性和通用性的开发上独具匠心。例如，针对司登冲锋枪易"走火"的问题，增加了一个抛壳窗防尘/保险盖。关上抛壳窗防尘/保险盖，内侧的保险卡销即可把枪机确实地锁在前方或后方位置，实现保险；打开抛壳窗防尘/保险盖，保险解除。针对司登冲锋枪枪托不能收折的问题，M3冲锋枪采用了可伸缩的通条/枪托。枪托用钢丝制成，拉出枪托后，可舒适确实地据枪瞄准射击；枪托取下后，可用来作为擦拭枪管的通条使用。通

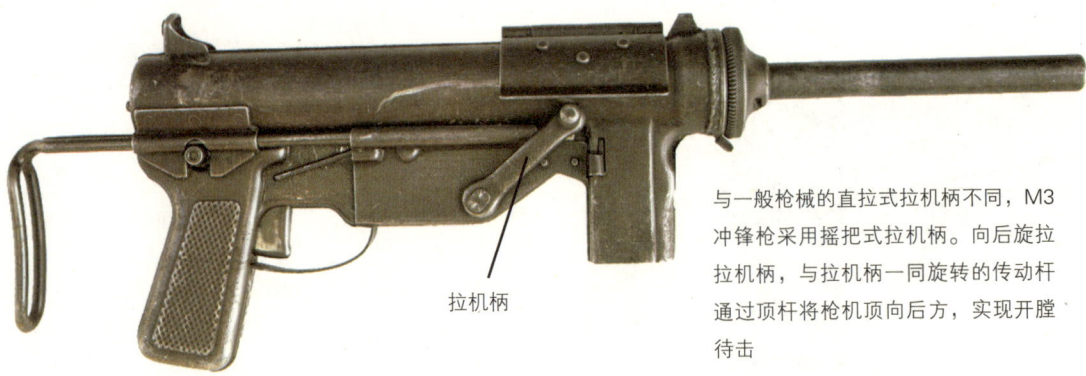

与一般枪械的直拉式拉机柄不同，M3冲锋枪采用摇把式拉机柄。向后旋拉拉机柄，与拉机柄一同旋转的传动杆通过顶杆将枪机顶向后方，实现开膛待击

过更换枪管、枪机和弹匣适配器，可以使用司登冲锋枪的32发弹匣和9mm巴拉贝鲁姆手枪弹。此外，为了满足特种作战的需求，还开发了带有消声器的枪管组件，旋下标准枪管，换上带有消声器的枪管，就可变形为一支名副其实的微声冲锋枪。甚至连枪上的小油壶和枪背带，都与大量装备的卡宾枪通用。设计者用心良苦，可见一斑。

其二，在造型布局和人机功效的开发上独具匠心。

首先，M3冲锋枪具有威慑性极强的造型和外观。由于M3冲锋枪出产于汽车制造厂，有人把它戏称为汽车润滑用的"注油枪"，然而正是这种独具特色的造型，使得它体形显得格外粗犷和威猛。武器的外观造型是武器战斗力不可忽视的重要因素。它使己方人员建立对该种武器的信心，以及令敌方人员产生对该种武器的恐惧心理，都具有直接和重要的作用。盖德冲锋枪的威力，从它的外观造型上得到了充分体现。M3冲锋枪的造型布局与其人机功效的结合恰到好处，拿着它的人，都会感到得心应手，十分协调。此外，它的片状准星装在机匣前部，枪管能十分方便地伸出战车射孔射击。

其次，它的射击稳定性好，射击精度较高。这主要是因为M3冲锋枪枪管与枪机同轴，加上枪机与枪弹质量比大，枪机前冲量与枪弹后坐冲量几近相等的缘故，以至射击时极好控制，一点也不像有的电影中表现的

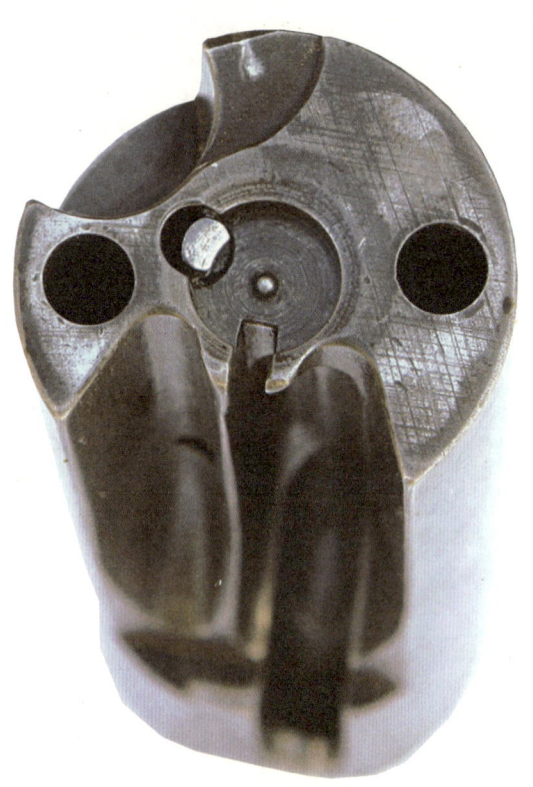

枪机前端特写。可见击针、抽壳钩及其两侧的复进簧导杆孔。M3冲锋枪的枪机体积、质量均大，采用这种枪机可以实现低射速

M3冲锋枪射击时那样剧烈地抖动。事实上，M3冲锋枪在100m以内，只要用觇孔照门同时套住准星和目标，快速射击，命中概率是很高的。此外，由于理论射速不高，虽没有快慢机，却可以比较容易地用扣压扳机的食指

传奇的"注油"枪
——美国M3盖德冲锋枪

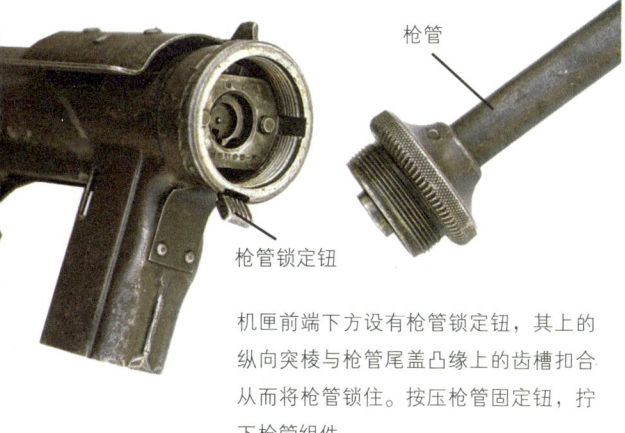

机匣前端下方设有枪管锁定钮,其上的纵向突棱与枪管尾盖凸缘上的齿槽扣合,从而将枪管锁住。按压枪管固定钮,拧下枪管组件

来控制打单发。

最后,M3冲锋枪在使用方便性方面的考虑十分周到。仅举三例。一是弹匣卡笋大而可靠,弹匣定位确实,左右手拇指都可以方便地按压,即使冬季戴大手套也不影响。二是伸缩式枪托拉出时不用按压枪托卡笋,收回时可用左手拇指顺势按压枪托卡笋,向前顶回,紧凑稳固,非常方便迅速。三是宽大的扳机护圈,也为冬季操枪射击提供了方便。

1944年,M3冲锋枪的改进型——M3A1冲锋枪问世,其加工成本更低,当时生产一支M3A1冲锋枪只需22美元。

M3冲锋枪与M3A1冲锋枪的主要区别仅仅在于前者有一个类似摇柄状的拉机柄,抛壳窗较小;后者取消了拉机柄,装填时直接用手指扣住枪机前端的凹槽向后拉到位即可,抛壳窗较大。实际使用表明,M3冲锋枪的拉机柄虽然略显复杂了一些,增加了发生故障的顾虑,但冬季戴大手套时使用却比较方便。当然,比及M3冲锋枪的总体人机功效,这些顾虑和不便都是微乎其微的。此外,M3A1冲锋枪枪口部还增加了一个可以取下的喇叭形消焰器,射击时对枪口焰虽有所遏制,但同时增加了后坐力;枪托的后端焊有一个"L"形角铁,起到便于向弹匣内压弹的作用。此两项确有"画蛇添足"之嫌。

凡事都应一分为二来看。就英国司登冲锋枪而言,M3/M3A1冲锋枪取其精华,去其糟粕,可谓是青出于蓝胜于蓝。然而,也有一点令人遗憾,那就是照抄照搬了司登冲锋枪双排单进的弹匣,这不能不说是一个大的,也是唯一的败笔!这使我们油然想起小老虎跟猫学艺,就差上树这一招没学的典故。大容弹量弹匣采用双排单进结构,压弹极为困难,供弹可靠性差,这对于一支近战武器意味着什么,不言而喻。事实上,美国人早就在汤姆逊冲锋枪上采用了压弹便利且供弹可靠的双排双进弹匣。个中原由,可能与急于用一支全新的制式冲锋枪来取代老"汤姆逊"不无关系。可见,或照抄照搬,或全盘否定的绝对化思想,真是有害无益。不过,即使是这样,M3/M3A1冲锋枪仍不失为一支好枪。实际上,M3/M3A1冲锋枪在战斗使用中的故障,特别是供弹故障并不多见。

在中国人民解放战争期间,美国政府曾向国民党军队提供了大量M3/M3A1冲锋枪。国民党沈阳兵工厂(后来在台湾)也曾大量仿制M3A1冲锋枪(定名为"三六式",只是"克隆"得较为粗糙,故障较多,不及原装的好)。当然,我军在解放战争和抗美援朝战争中也缴获了大量的M3/M3A1冲锋枪和"三六式"冲锋枪。但在一些表现抗日战争,甚至红军时期军事历史题材的影视片中,常常出现M3/M3A1冲锋枪,这显然是有悖史实的。

在二战结束后的近半个世纪里,M3/M3A1冲锋枪始终没有退出美军制式武器的序列。从20世纪60年代的越南战争到80年代美军的历次军事行动,在美军特别是特种部队中处处可见"盖德"的身影。直到现在,世界上还有许多国家的军队或准军事组织仍在使用M3/M3A1冲锋枪。

M3/M3A1冲锋枪,体现了美国在轻武器研制方面的全新概念,在世界轻武器发展史中可算得上是标新立异的一页。

美国M3盖德冲锋枪

太平洋战场上使用雷兴冲锋枪的美国海军陆战队

太平洋战场的见证
——美国雷兴11.43mm系列冲锋枪

它和海军陆战队的结合本身就是个错误，因为它们彼此不适合对方；它在二战的特殊时期生产了10万支，是一个不算小的数目；假如在反映太平洋战争的好莱坞影片中，海军陆战队员手中拿的不是这种冲锋枪，那将是严重违背史实的……

匆忙上阵遭恶评

在第一次世界大战后的短暂和平时期，全世界都呼吁削减军备，此时也正是全世界经济大萧条的时期，美国也不能免俗，削减军事预算顺理成章，武器的更新自然不能按军方的要求进行。这一举措导致了在第二次世界大战前夕美军兵器在各个领域都严重不足，冲锋枪也是如此。

提起美军的冲锋枪，人们首先想到的恐怕是汤姆逊冲锋枪或M3冲锋枪。但在二战开战前，就连汤姆逊冲锋枪也不能满足美军的需求。本文所介绍的雷兴（Reising）冲锋枪在二战前至少制造了10万支，但却比美军制式武器中的汤姆逊冲锋枪和M3冲锋枪名气要小得多。当汤姆逊冲锋枪和M3冲锋枪运抵二战战场时，雷兴冲锋枪从前线撤下来，被塞给在太平洋战场作战的海军陆战队和海军使用，但却被他们骂成"废物"！

那么被海军陆战队称为"废物"的雷兴冲锋枪到底是不是真的那么差劲？

太平洋战场的见证
——美国雷兴11.43mm
系列冲锋枪

低调的设计者尤金·雷兴

在美国枪械史上，尤金·雷兴（Eugene Reising）的名气并不算大，但在20世纪前期出现的大多数手枪、步枪，他都参与过开发工作，个人拥有60多项关于轻武器设计及相关改良的专利，可以说，是一位颇有建树却朴实无华的设计家。例如，他曾作为助手协助约翰·摩西·勃朗宁开发M1911手枪至最后阶段，但提起M1911，几乎所有的历史文献都只有约翰·摩西·勃朗宁的名字，却没有尤金·雷兴的名字，由此可见其为人之低调。雷兴冲锋枪是尤金·雷兴的最后一件作品，也是唯一以他的名字命名的枪支，这是他所设计的枪械中最复杂的一支武器。

尤金·雷兴与其他设计师不同，并不只是单纯设计枪械，他也是一位出色的转轮手枪和步枪射手，一生共获得了近200个射击方面的奖项。

从1920年之后，他开始对冲锋枪感兴趣。这时美国量产了汤姆逊M1921冲锋枪。M1921/1928系列被少数海军陆战队列装并在尼加拉瓜、海地等中美洲战争中进行了实战应用。但汤姆逊冲锋枪对于丛林执勤来说过于沉重，结构过于复杂，另外其生产成本偏高，不适合在较短时间内进行大量生产。因此，军方有对结构简单且能快速进行批量生产的冲锋枪的需求，可以说，雷兴冲锋枪的研制恰逢其时。

从外观上看，雷兴冲锋枪与其说是冲锋枪，不如说是轻型步枪

不走寻常路的设计理念

就在德国对波兰发动闪击战的1940年，尤金·雷兴在美国东北部的哈灵顿·理查德森武器公司（H&R，Harrington& Richardson）设计生产出雷兴冲锋枪的第一支原型样枪。

雷兴冲锋枪有几个独特之处。除了枪身较轻外，在设计上采用了枪机延迟后坐机构及闭膛待击方式。虽然冲锋枪是要在极近距离扫射进行火力压制，且当时大部分冲锋枪采用开膛待击方式，但射手出身的尤金·雷兴忍受不了射击精度较低的开膛待击方式，希望通过闭膛待击实现射击的精确性。

与汤姆逊冲锋枪一样，雷兴冲锋枪也采

二战中使用的几款枪(从左至右)：雷兴冲锋枪、M1伽兰德步枪、M1卡宾枪

用了枪机延迟开锁机构，但与前者采用H形延迟块不同的是，雷兴冲锋枪进行了简化，其枪机机构由枪机拉杆（与拉机柄相连，相当于枪机框）及枪机组成。枪机尾端下侧有一斜槽，与枪机拉杆后端的斜形突起配合，枪机复进到位后，枪机拉杆后端的斜形突起与枪机上的斜槽起作用，使枪机尾端上抬，卡入机匣内壁的闭锁槽中，形成闭锁。与AK47、M16等采用的枪机旋转闭锁等刚性闭锁不同，雷兴冲锋枪属于非刚性闭锁，即在膛底火药燃气压力作用下，枪机本应能自行开锁，但在机匣闭锁斜槽的作用下，枪机不能立即开锁，而是需要有一个过程，从而实现枪机的延迟开锁。由于采用延迟开锁机构，而不是靠枪机的惯性关闭弹膛，所以枪机质量可以减轻，从而全枪质量也可以降下来。

另外，与一般枪械不同的是，雷兴冲锋枪的复进簧不是设在枪机之后，而是置于枪机拉杆之间（枪机拉杆呈叉形），后端抵在弹匣座定位轴上。该枪采用击锤击发，击锤为滑动式，位于枪机之后，击锤簧后端抵在机匣后盖上，旋下机匣后盖，便可取出击锤簧及击锤。

尤金·雷兴在H&R公司准备量产雷兴冲锋枪之时，英国正被德国空袭，而美国已无法避免战争，气氛极为紧张。史密斯-韦森、柯尔特等公司已经开始量产援助英国的武器。另一方面，H&R公司在1941年末就将雷兴冲锋枪的生产列入日程，刚好与美国参与二战的时间巧合。雷兴冲锋枪最初只是作为援助兵器、政府执法及基地警卫用枪，算不上是军用枪支。

1941年夏天，陆军在马里兰州的阿伯丁武器试验场对雷兴冲锋枪进行了测试。一切测试均在理想条件下进行，并以不错的成绩通过测试。但也有人指出，在恶劣条件下，雷兴冲锋枪有可能出现操作不良的问题。与当时陆军制式列装的汤姆逊M1928A1冲锋枪、M1冲锋枪相比，雷兴冲锋枪没有体现出优势。同时由于M3A1冲锋枪已在开发中，所以陆军放弃了雷兴冲锋枪的采购计划。

在陆军完成测试的一个月后，海军陆战队也对雷兴冲锋枪进行了一次测试，其详细结果由于资料欠缺不得而知，据说并没有按照假想战场条件进行严格测试。海军虽然很希望配备汤姆逊冲锋枪，但由于已经参战且汤姆逊冲锋枪数量不能满足需求，所以只能选择雷兴冲锋枪，这对于雷兴冲锋枪和海军陆战队来说都是不幸的开始，因为它们彼此并不适合对方。

此外，根据战争需求，海军陆战队刚刚组建了海军陆战队空降部队，他们需要有压制性火力的武器，考虑到空降特点，他们所携行的武器必须要轻便、不能妨碍空降，因此冲锋枪就成为作战中不可或缺的武器。

雷兴冲锋枪有带固定式枪托的M50、空降兵专用的折叠托M55（枪管长266mm），还有完全作为警备用纯半自动M60卡宾枪（枪管长463mm）。

H&R公司除了按照海军陆战队要求生产

雷兴冲锋枪（左）与M1卡宾枪长度相近，比一般的冲锋枪长得多

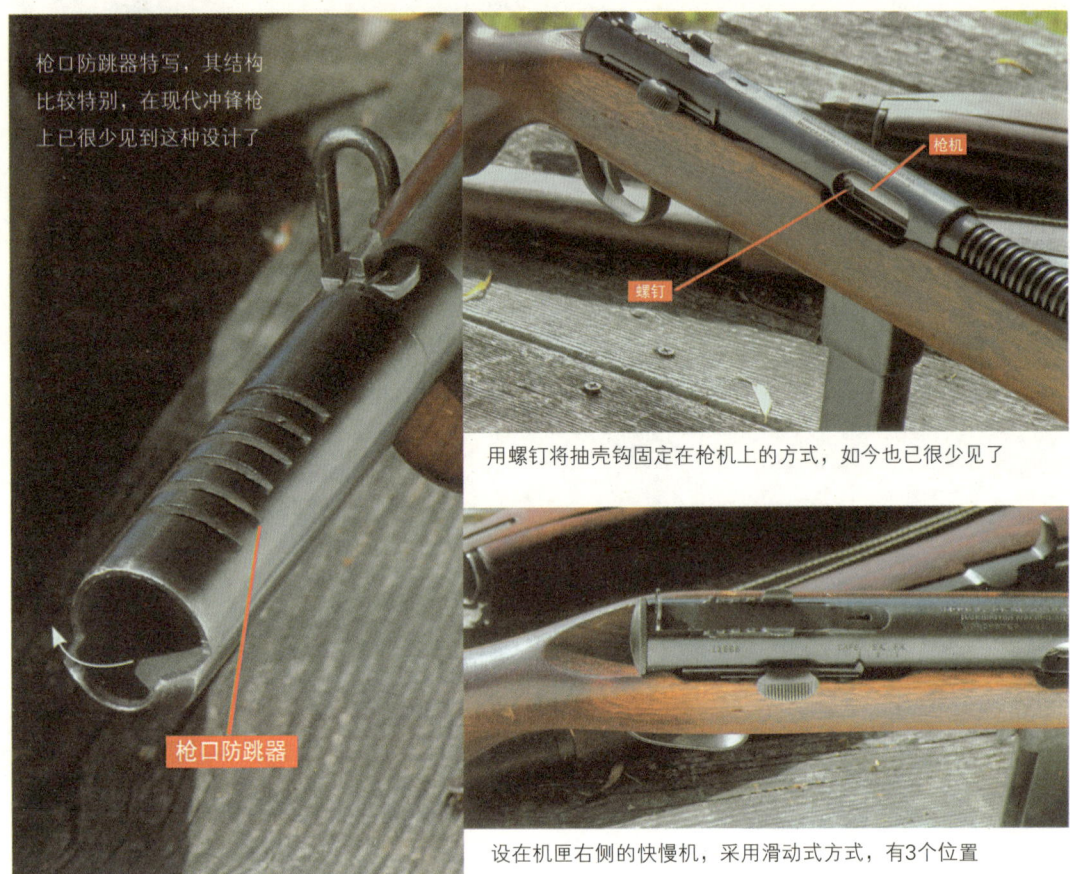

枪口防跳器特写,其结构比较特别,在现代冲锋枪上已很少见到这种设计了

用螺钉将抽壳钩固定在枪机上的方式,如今也已很少见了

枪机

螺钉

枪口防跳器

设在机匣右侧的快慢机,采用滑动式方式,有3个位置

标准式M50(固定式枪托)之外,还将空降兵专用的折叠托M55列入生产日程,因此M55就成为美国首款空降兵专用枪型。

优缺点共存

在雷兴冲锋枪的各型号中,生产数量最多的是M50。下面就以M50为主,介绍一下雷兴冲锋枪的结构性能。

M50的全枪质量仅为3kg,全枪长为910mm。汤姆逊冲锋枪虽然比雷兴冲锋枪短,全枪长为850mm,但全枪质量却有5kg。M50质量较轻,方便携行操作。

M50设有枪口防跳器,防跳器口部下端是封闭的,开口向上。在现在的冲锋枪上根本看不到这种设计。

准星为片状,无护圈,照门为觇孔式,

表尺射程46~274m(50~300yd),有效射程137m(150yd)。

快慢机位于机匣尾端右侧面,与其他冲锋枪上的旋钮式不同,该枪采用的是滑动式,有三个位置。最前面的位置是保险(SAFE),中间的位置是单发(SA),最后面的位置是连发(FA)。

该枪的理论射速为450~600发/分,扳机力相当大,约40N。

雷兴冲锋枪的一大缺点是拉机柄的位置,拉机柄位于枪托前部下侧的凹槽。由于实战中经常在沙包或土地上架枪,所以泥土容易进入这个地方,极易影响操作性。雷兴冲锋枪之所以将拉机柄设在枪托下部,本意是为了避免钩挂物体,但从实际应用看来,却并没有达到原先的意图。陆军之所以对雷兴冲锋枪不感兴趣,也正是因为这个原因。事实上,在日后的

太平洋战场的见证
——美国雷兴11.43mm
系列冲锋枪

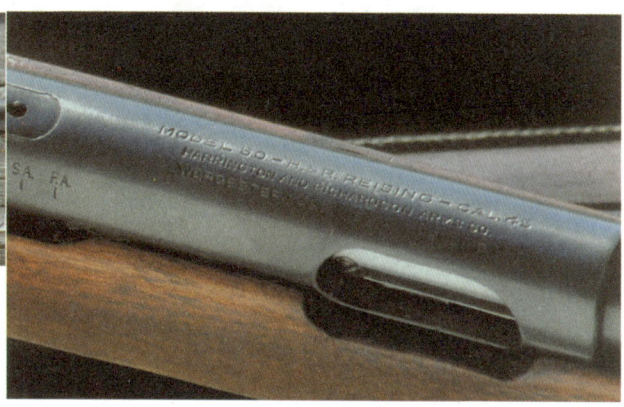

机匣呈圆筒形，可以减少加工工时，从而降低成本。拉机柄位于枪托前部下方的槽中，实战中操作性不佳

瓜达卡纳尔战役中，相当一部分士兵就遇到了这个问题。

雷兴冲锋枪内部很容易进污物，导致动作不良的原因之一就是机匣内的凹穴会被污垢堵塞，导致枪机不能完全闭锁。弹匣也有问题，内部本来为双排排列，而到送弹口处变成单排排列，枪弹由双排变成单排时，极容易卡滞，这是这种弹匣易出故障的主要原因。

保险也有一定的安全隐患，保险起作用时，只锁住了发射机构的中间零件，却没有锁住扳机及阻铁，此时如果枪机被磕碰，很有可能会走火。

雷兴冲锋枪的优点在于生产简便。由于不需要特别的生产设备，乡镇小厂就可以进行生产，据说生产成本为每支50美元。而M1928A1汤姆逊冲锋枪的成本则超过200美元。

海军陆战队的制式武器

1942年，海军陆战队将雷兴M50冲锋枪选作制式，并首批订购了20000支。美国海军陆战队采用的是装有固定木枪托的M50冲锋枪，后来又追加了采用金属折叠托的M55冲锋枪。在美国海军陆战队内，折叠托的M55冲锋枪供应给了海军陆战队空降部队和通信部队等需要轻量小型冲锋枪的部队。美国海军陆战队向H&R公司预订的M50和M55冲锋枪的总数量为65000支。而根据1943年年初的资料，到这一时期为止，预订的雷兴冲锋枪中约有52000支已经装备给了美国海军陆战队。这些雷兴冲锋枪除了美军使用以外，还供应给盟军的其他国家军队使用。此外，雷兴冲锋枪还供应给在美国国内负责维持治安的警察、监狱看管人员和军事据点的警备人员使用。

在第二次世界大战中生产的雷兴M50/M55冲锋枪中，除了刻印有H&R公司名称的产品以外，还有刻印有"DEFENSE SUPPLY COMPANY"（国防部供应公司）的枪。事实上，刻印有"DEFENSE SUPPLY COMPANY"字样的雷兴M55冲锋枪也是由H&R公司生产的，只是为了保密而特意刻印上去的。

一个时代的产物

作为军用品，雷兴冲锋枪是短命的，其生产数量为10万支，在完成战争使命后其中一部分被销毁，余下则是作为援助物资流失在加拿大、英国、埃及及欧洲的各个抵抗组织。在好莱坞大片中很少会有这种枪型露脸，就算展出这种枪，多半也不会引起观众注目。但是在反映太平洋战场的瓜达卡纳尔、布干维尔岛战役的影片中，如果海军陆战队员出现时没有拿着雷兴冲锋枪的话，那多半是有违史实的。

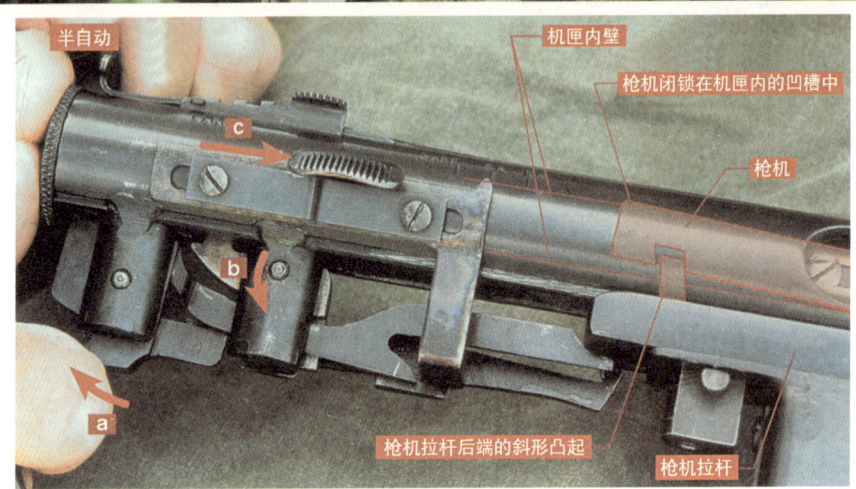

枪机在机匣内的闭锁状态

半自动　　机匣内壁　　枪机闭锁在机匣内的凹槽中　　枪机　　枪机拉杆后端的斜形凸起　　枪机拉杆

知识链接

刚性闭锁与非刚性闭锁

按在膛底火药燃气压力作用下，机头（或枪机）能否自动打开弹膛来区分，枪械的闭锁机构可分为刚性闭锁与非刚性闭锁两种。刚性闭锁是指机头（或枪机）与枪管尾端或机匣通过某种机构紧紧扣合在一起而关闭弹膛，武器发射时，机头（或枪机）在膛底火药燃气压力作用下不能自动打开弹膛（即不能自行开锁，需要其他零件带动枪机或机头运动而开锁）的闭锁机构；非刚性闭锁是指，机头（或枪机）未与枪管尾端或机匣扣合在一起，而是靠枪机的质量关闭弹膛（闭锁机构呈"闭而不锁"或"锁而不牢"的状态），在膛底火药燃气压力作用下，机头（或枪机）能自动打开弹膛（自行开锁）的闭锁机构。通常所说的机头（或枪机）回转式、卡铁摆动式、枪管偏移式、枪机横动式、曲肘式等闭锁机构属刚性闭锁机构，惯性闭锁式、机械延迟开锁式、气体延迟开锁式等闭锁机构属非刚性闭锁机构。一般威力较小的手枪、冲锋枪等多采用非刚性闭锁机构，而步枪、机枪等多采用刚性闭锁机构。

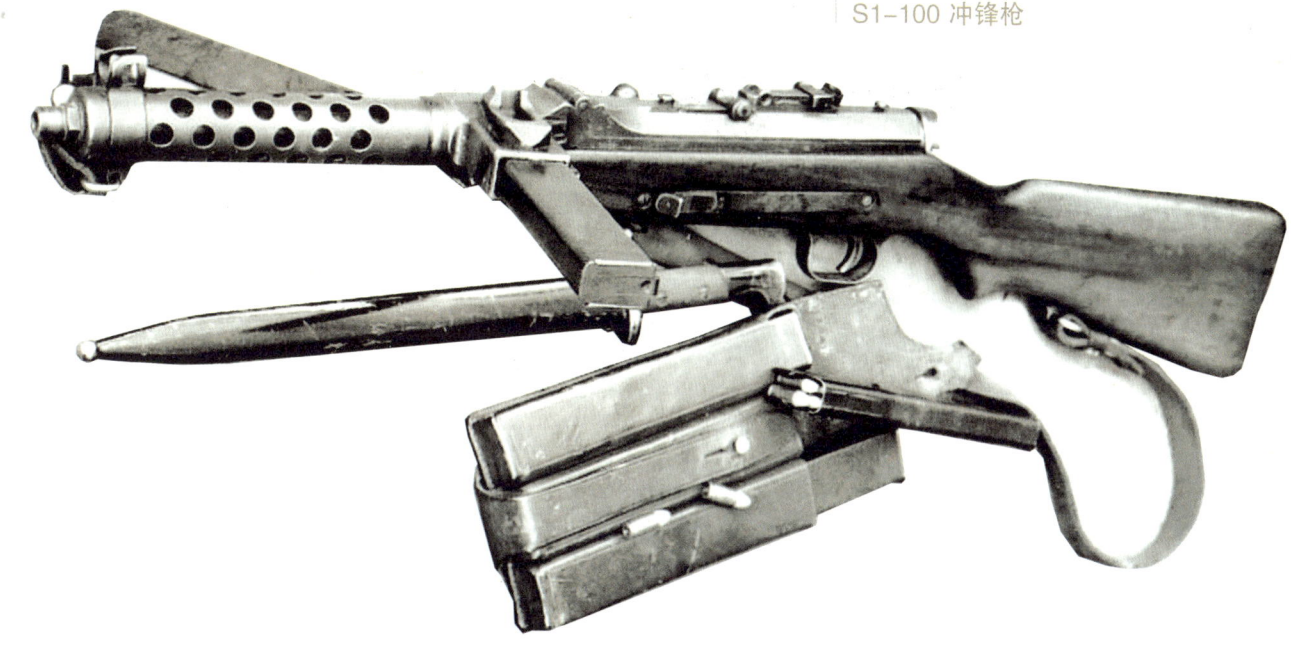

最昂贵≠最实用

——瑞士斯太尔-苏罗通S1-100 冲锋枪

提起位于欧洲心脏奥地利的名枪，很多轻武器迷首先想到的就是斯太尔公司大名鼎鼎的AUG步枪，该枪被誉为"世界六大名枪"之一，其生产商斯太尔公司也随之享誉世界。在此介绍的是该公司生产的第一支冲锋枪——S1-100冲锋枪，据称，它是历史上造价最昂贵的冲锋枪之一……

三地联合

斯太尔-苏罗通（Steyr-Solothurn）S1-100 9mm冲锋枪因"身份"特殊，具体生产背景已经不得而知了，但大致可以追溯到20世纪20年代初期。当时为了回避《凡尔赛条约》中禁止制造冲锋枪的规定，德国莱茵金属有限公司另辟蹊径，悄悄买下了位于瑞士苏罗通的Waffenfabrik Solothurn A.G.公司，同时对位于奥地利斯太尔的Oesterreichische Waffenfabrik Geselschaft公司也表现出了强烈的兴趣。因此，斯太尔-苏罗通S1-100冲锋枪的样枪其实是在德国秘密设计、在瑞士进行改进、最后在奥地利大批量生产制造出来的。

S1-100冲锋枪有MP30和MP34(O)两种型号，其设计者是路伊斯·斯丁格（Lousi Stange）。该枪的外观看起来与MP18 I冲锋枪和MP28 II冲锋枪非常相似，都有一个木质枪托和一个带散热孔的枪管套，拉机柄位于机匣右侧，弹匣则从枪身左侧插入弹匣仓内。

基本型号 MP30冲锋枪

首批大批量生产的S1-100冲锋枪的型号是MP30，它当时既未被德国边防军采用，也未被党卫军采用。1931年，采用9×23mm

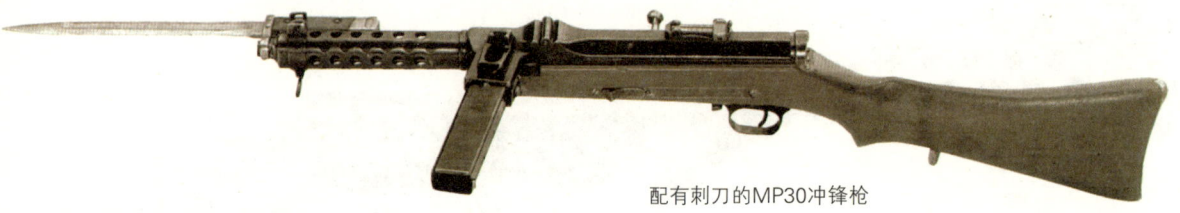

配有刺刀的MP30冲锋枪

斯太尔手枪弹的MP30开始装备奥地利警察部队。该弹比9mm巴拉贝鲁姆弹长,且更具威力。此外,MP30还有其他口径,如7.65mm、9mm巴拉贝鲁姆、7.63mm、9mm毛瑟,以及0.45in ACP口径。大多数S1-100的生产记录在二战时期就被销毁了,但据估计,其生产数量应该在6000~10000支之间。

MP30采用自由枪机式工作原理,32发直形弹匣左方供弹,片状准星,"V"形缺口照门,弧形表尺,表尺射程50~500m,分划为50m。

与斯太尔公司后来生产的其他冲锋枪相比,MP30在许多方面都是独树一帜的。如枪托形状特殊,枪托底部有一个明显向下的斜坡,并且没有固定复进簧的卡箍;保险杆设计在扳机护圈前面,只要按下保险杆,不论枪机处于前方位置还是后方位置,都会被锁定。MP30可以进行单、连发发射,快慢机位于枪托左侧,当露出字母"D"(Dauerfeuer)时,表示连发,当露出字母"E"(Einzelfeuer)时,则表示单发。

1934年,在对MP30稍作改进后,以MP34(O)的名称重新推出。MP34(O)中的"(O)"在德语中代表"Oesterreichische"或者"Austria"(奥地利)的意思,将"(O)"加在"MP34"的后面是为了把该枪与伯格曼MP34区别开来。1934年,MP34(O)开始装备奥地利军队,1934~1939年生产的MP34(O)发射9mm毛瑟手枪弹,1939~1940年生产的MP34(O)发射9mm巴拉贝鲁姆手枪弹。该枪于1940年底停产。

MP34(O)的主要改进之处是:将MP30的鱼尾形枪托变得更为传统,去掉了MP30的保险机构,取而代之的是位于机匣上方的新型横闩式保险。至于为什么会采用这种新型保险的原因尚不清楚。为了配合新型保险的使用,MP34(O)的枪机有两个附加的刻槽,垂直交叉在其顶部。另外鲜为人知的是,有些MP34(O)有一个伯格曼或希买司式的"拉机柄凹槽保险"来加强保险功能。虽然这个新型保险的人机工效不太好,但却非常可靠。

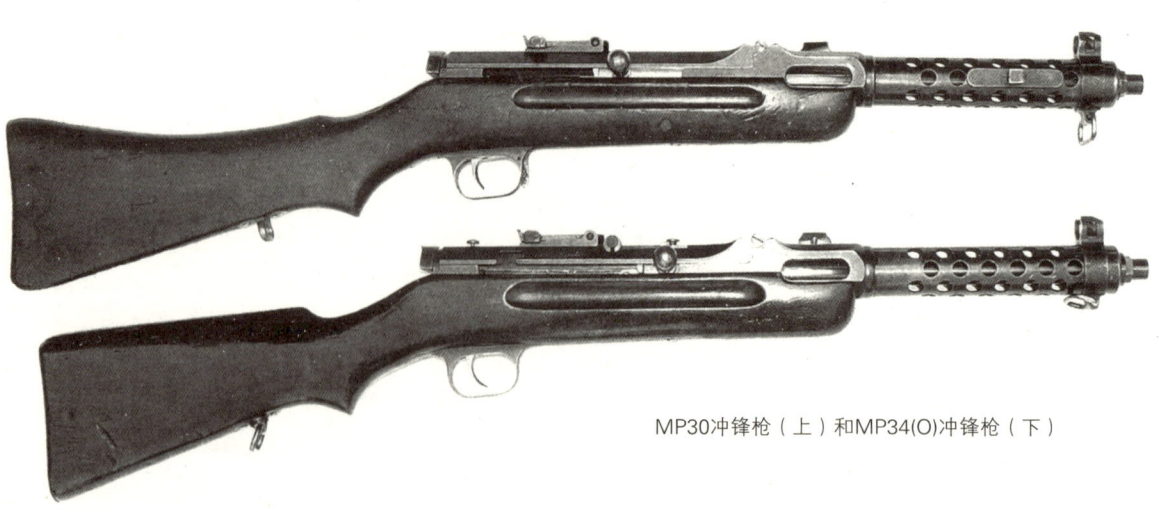

MP30冲锋枪(上)和MP34(O)冲锋枪(下)

最昂贵≠最实用
——瑞士斯太尔-苏罗通
S1-100冲锋枪

MP34(O)冲锋枪右视图

MP34(O)冲锋枪后视图

关闭保险时,一个类似阻铁的突起物会扣到两个槽中的其中一个,可以把枪机锁定在前方或后方,此时即使扣动扳机,也不会意外走火。

MP30及MP34(O)的机匣盖均是铰接在机匣顶部的,机匣盖尾端与机匣尾帽扣合在一起。按压机匣尾帽便可打开机匣盖,应用中发现机匣尾帽会因外力作用出现意外打开机匣盖的现象。为安全起见,后来,设计师在MP34(O)的机匣盖尾端设计了一个锁定钮,只有压下该按钮,才能打开机匣盖。

一开始,MP34(O)的机匣盖顶部并没有商标,后来一系列同心圆围着的"S"图形成为了该枪的商标。这一图案随后又被换成了带4个点的钻石形图案,其中包含着双"S"的字母位于"W"之上,而这颗钻石还被三个同心圆环绕着。从官方角度看,双S与W字母的组合代表了斯太尔-苏罗通·维芬公司(Steyr-Sololthurn Waffen)之意。但是有些人还是怀疑这一新商标是为了向纳粹党卫军促销而采用了双重意义。

结构特点

机匣与枪机 S1-100冲锋枪的机匣有一个非常合体的机匣盖,推动位于机匣后端的尾帽,可打开机匣盖。与一般的枪支打开机匣盖便能看见枪机和复进簧不同,打开S1-

MP34(O)冲锋枪左视图

103

利用弹夹为MP30冲锋枪装弹

两支MP34(O)辅助装弹装置的顶部（右）和底部（左）特写。右边的有弹夹导引槽，左边的弹匣仓较大一些，配用7.63×25mm毛瑟弹。右边的配用稍短一些的9mm巴拉贝鲁姆弹

100冲锋枪的机匣盖只能看见枪机，这是因为S1-100冲锋枪的复进簧隐藏于枪托内，枪机尾端与复进簧导杆相配合，复进簧前端顶在复进簧导杆上，后端通过复进簧支杆顶在枪托尾部。

枪机长度 S1-100冲锋枪有两种不同长度的枪机。奇怪的是，又重又长的枪机却配以威力较小的9mm或7.65mm巴拉贝鲁姆弹；与又短又轻的枪机配套的则是威力较大的7.63mm毛瑟、9mm毛瑟"出口型"和9mm斯太尔弹。

优质弹匣 S1-100冲锋枪的弹匣仿自路易斯·希买司（雨果·希买司的父亲）为M1897伯格曼半自动手枪设计的弹匣。这种弹匣非常可靠，不需要任何工具就可轻松地往弹匣内装弹。

尽管不需要辅助装弹工具，但大多数S1-100冲锋枪的弹匣仓带有辅助装弹装置。该装置的顶部有一个导引槽，用来插入弹夹，另外一个槽设置在底部，用来插入弹匣。装弹时，先将弹匣垂直插入底部的槽中（射击使用时，弹匣水平插入弹仓中），然后将装有弹的弹夹从顶部引导槽插入，用大拇指迅速一推，就会把弹夹的枪弹推入弹匣中。

S1-100冲锋枪主要生产有两种不同长度的弹匣和弹匣仓。较长的弹匣和弹匣仓用来配合较长的枪弹，如7.63mm毛瑟、9mm斯太尔和9mm毛瑟"出口型"弹；较短的弹匣和弹匣仓配合使用9mm和7.65mm 巴拉贝鲁姆弹。此外，还有第三种形状的弹匣仓，是为0.45inACP口径的S1-100冲锋枪制造的。0.45inACP弹匣仓从上到下都要宽一些，不含有辅助装弹装置。

战地拆卸

S1-100冲锋枪的战地拆卸非常简单。如果是后期生产的S1-100冲锋枪，操作时需要先按下机匣盖尾端的锁定钮，再向前推压机

最昂贵≠最实用
——瑞士斯太尔-苏罗通 S1-100 冲锋枪

匣尾帽，然后向上掀起机匣盖即可。如果是早期生产的S1-100冲锋枪，只需要向前推机匣尾盖，并向上掀起机匣盖即可。

接下来，边用手向下压着枪机，边向后拉拉机柄，当枪机前部（直径较小）露出时，向上抬起枪机，并使压缩的复进簧缓缓地放开。将复进簧导杆的连接固定部位扭转90°，并把它从枪机上取下。

不完全分解时，没必要从枪机上取下击针，但是如果卸下击针，方法也同样十分简单。取下复进簧导杆后，把拉机柄旋转180°，并从枪机上取下。在手掌上轻磕几下枪机底部，击针就会滑出。

要拆卸复进簧，首先打开托底板上的托肩板，可看到一个大的螺栓。用一个合适的"一"字形螺丝刀压着螺栓头，逆时针旋转90°。这样，复进簧就可以从枪托中卸下来了。

难负其名

S1-100冲锋枪在瑞士、玻利维亚、智利、萨尔瓦多及乌拉圭等一些国家的出口销量相当可观，在中国和日本也有限量销售。1935年，葡萄牙采用了MP34(O)，将其命名为"P.M.Steyr M/935"。1942年，葡萄牙购买了最后一批MP34(O)。这批MP34(O)配用9mm巴拉贝鲁姆弹，葡萄牙人称之为M42冲锋枪。

S1-100冲锋枪制造加工的复杂性要超过同时代其他欧洲同类武器。也许，它是史上工艺最复杂、价格最昂贵的冲锋枪（另一支复杂而价高的冲锋枪就是M1921汤姆逊冲锋枪）。尽管它的制作花费不菲，但从使用者的角度来看，S1-100并不是第一代冲锋枪中最好的。比起价廉的伯格曼MP35冲锋枪，它并没有足以服众的性能来说服军队为其买单。

后知后觉的经典
——瑞典M45系列冲锋枪

有"欧洲锯木场"之称的瑞典是北欧面积最大、工业最发达的国家，但提到该国的轻武器，大多数人却都不太熟悉。作为两次大战的中立国，瑞典在整个20世纪没有直接参加过任何一场战争，而且其轻武器从一战时起，就基本以仿制和改进为主，自主研制的产品不多，在世界范围内有较大影响的武器就更少了。不过这一切并不影响瑞典设计出一些很有特色的武器，如AG-42自动步枪和这里介绍的M45冲锋枪。AG-42的导气管式自动原理后来被M16自动步枪所借鉴，而M45冲锋枪由于具有结构简单、制造容易等优点，也受到很多国家特别是第三世界国家的青睐。不过，该枪直到20世纪60年代以后在巴勒斯坦人谋求建国的军事行动中才逐渐为世人所知，而越南战争中美国海豹突击队对该枪的仿制和装备，更是进一步扩大了这支原本默默无闻的武器的知名度。

瑞典胡斯瓦纳兵工厂参加选型的FM44 HVA试验型冲锋枪，但最终落选

后知后觉的经典
——瑞典M45系列冲锋枪

瑞典早期生产的M37-39冲锋枪，装有50发4排单进弹匣

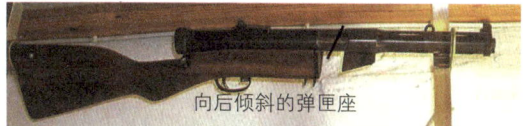

向后倾斜的弹匣座

瑞典版的M37冲锋枪，源自芬兰的苏米冲锋枪，与原型枪外观特征不同的是，该枪弹匣座向后倾斜

瑞典从德国购买的M1935冲锋枪，上为短枪管型，下为长枪管型

瑞典M37冲锋枪（上）和M37-39冲锋枪（下）枪身中部对比。注意后者的弹匣座是垂直的

以仿制为主的早期发展之路

虽然自拿破仑战争后瑞典就没有经历过战火，但面对1935年的复杂国际形势，这个北欧国家还是决心重整军备，其中的工作之一就是寻找一种适合军队使用的冲锋枪。冲锋枪在瑞典称为"kulsprute pistol"，翻译成中文意思为"机关手枪"，与美国汤姆逊将军提出的"sub-machinegun"（即"次机枪"）稍有不同，这也体现出瑞典人一直秉持冲锋枪是发射手枪弹的手持自动武器这一固有概念。

瑞典军队最早是以芬兰的苏米M37冲锋枪为原型设计瑞典M37冲锋枪的。苏米M37由芬兰著名枪械设计师艾莫·约翰尼斯·拉蒂设计，全枪质量4kg，全枪长770mm，枪管长315mm，发射9mm巴拉贝鲁姆手枪弹，理论射速900发/分。

和原型枪不同的是，瑞典版的M37并不发射9×19mm巴拉贝鲁姆手枪弹，而是改为发射与当时瑞典军队M07手枪相同的9×20mm SR勃朗宁长弹。由于这种枪弹是半突缘式的，所以枪弹装填进弹匣时必须按照一定次序排列，否则容易发生供弹故障。同时，为保证最顶端的枪弹供弹可靠，弹匣需要有个向后的倾角，所以弹匣座做成向后倾斜的形状，这成为识别这两种枪的重要特征。该枪采用容弹量为56发的4排单进弹匣供弹，而当时瑞典军用手枪弹包装为28发一盒，刚好两盒可装满一个弹匣。

1939年，鉴于苏芬战争带来的压力，瑞典紧急从德国购买了1800支伯格曼M1935冲锋枪。该枪最早由雨果·希买司设计，伯格曼在此基础上进行设计改进，并在丹麦生产了M1932冲锋枪，再经改进后成为伯格曼M1934，后又进行修改后成为M1935，由伯格曼及瓦尔特等公司生产。瑞典订购的是由德国瓦尔特兵工厂生产的M1935，包括长枪管和短枪管两种型号，同时购买的还有1500支瓦尔特HP大威力手枪。伯格曼M1935冲锋枪和

装有50发4排单进弹匣的早期型M45冲锋枪

瑞典博物馆收藏的M45冲锋枪选型过程中出现的各种式样的试验型号

瓦尔特HP大威力手枪均使用9mm巴拉贝鲁姆手枪弹,自此这种手枪弹也就在瑞典军队中列装并开始自行生产,其型号相应地称为M39手枪弹。那些早先使用9×20mm SR勃朗宁长弹的M37冲锋枪随之也被改进为发射M39手枪弹,称之为M37-39。该枪全枪长769mm,枪管长210mm。可选择单、连发发射,表尺有100m、200m和300m三个可调位置,配用弹匣为改进的50发4排单进直弹匣,枪上的弹匣插座也变为无倾角的垂直式样,带满弹匣时全枪质量达5.1kg。此外瑞典军队还从美国少量购买了M1928A1汤姆逊冲锋枪,其在瑞典称为M40冲锋枪。

这些外购和特许生产的外国冲锋枪存在结构复杂、式样笨重等诸多缺点,为此瑞典决定自行研制一种更适合本国的冲锋枪。1944年,瑞典的卡尔·古斯塔夫兵工厂和胡斯瓦纳兵工厂分别提交了各自的样枪,卡尔·古斯塔夫兵工厂的称为G-F,胡斯瓦纳兵工厂的称为FM44 HVA。两支样枪在测试中表现得都比较好,但卡尔·古斯塔夫兵工厂通过自己的努力,最后赢得了这一合同,被瑞典军队正式采用后,型号定为M45,又被称为"古斯塔夫"冲锋枪或"K型"冲锋枪。

具有典型冲锋枪特征的M45

M45冲锋枪包括M45、M45B、M45C和M45D四种型号。最早的M45冲锋枪上没有弹

M45冲锋枪机匣右侧展示。上方为机匣毛坯

匣座,只能使用M37-39冲锋枪的50发4排单进弹匣或弹鼓供弹。后期加装弹匣座后,可以使用卡尔·古斯塔夫兵工厂研制的新型36发双排双进楔形直弹匣,其特点是弹匣座可以拆卸,拆卸后仍可使用M37-39冲锋枪的50发弹匣或弹鼓。

M45B冲锋枪改进为焊接的固定弹匣座,只能使用36发楔形直弹匣,这也是该枪的标准型号,一般所说的瑞典M45冲锋枪即指M45B。M45B还改进了机匣尾部的盖帽,早期的M45冲锋枪机匣盖帽与机匣结合强度不足,同时锁紧方式不合理,容易松动,会造成射击时机匣盖帽脱落、枪机向后飞出的事故。M45B冲锋枪改进了这个设计,加强了机匣盖帽的强度,同时加大了内部锁紧帽的锁紧力。为了进一步提高机匣盖帽的抗冲击能力,其上

后知后觉的经典
——瑞典M45系列冲锋枪

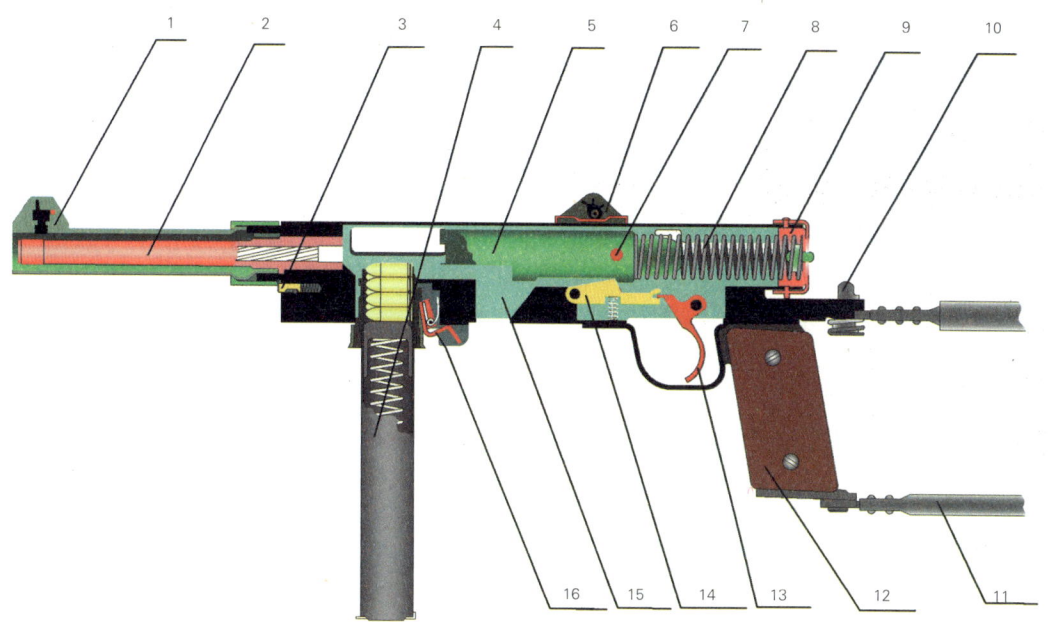

1—枪管护筒组件；2—枪管；3—枪管护筒卡笋；4—弹匣；5—枪机；6—表尺；7—拉机柄；8—复进簧；9—机匣盖帽；10—枪托卡笋按钮；11—枪托；12—小握把；13—扳机；14—阻铁和阻铁簧；15—机匣组件；16—弹匣卡笋

M45冲锋枪剖面结构图

部延长形成一个钩状部分，当安装到位后，钩状部分会卡在机匣尾部上方一个铆接的定位片上，进一步杜绝了机匣盖帽向后意外脱落的危险。

M45B冲锋枪还有一种微声型号，是将M45B冲锋枪的枪管护筒换成整体式消声器，消声效果比较好。M45C冲锋枪的主要改进是在护筒前端下方焊接了刺刀座，使其可以安装瑞典M94卡宾枪的刺刀。M45D冲锋枪是专门为警察设计的型号，增加了快慢机，可以单、连发发射。

下面就以M45B冲锋枪为例，介绍一下该枪的结构原理和动作方式。M45B冲锋枪采用自由枪机式自动原理，开膛待击，只能连发发射，全枪大量使用冲压焊接件，机加工件数量较少，而且形状简单、加工容易。全枪可分为枪管/枪管护筒组件、枪机组件、复进簧、机匣盖帽组件、弹匣组件和机匣组件等部分。

枪管/枪管护筒组件 枪管为一独立零件，拧下枪管护筒后就可以从机匣节套内抽出枪管。在枪管尾端外缘车有一直径稍大的定位环，上面铣有一个定位缺口，与节套上的定位突起配合，可以实现枪管的轴向和径向定位。枪管护筒用于锁紧枪管，并供射击时握持使用，防止炙热的枪管烫伤射手。枪管护筒主体为一空心钢管，上面开有11个圆形散热孔，后部焊接有枪管锁紧螺套，螺套表面辊压有防滑纹，便于分解时旋下护筒。护筒前部顶端焊接有准星护翼和准星，准星可以调整风偏和高度。护筒左侧中部铆接有一个用于固定前背带环的开孔铆钉。

枪机组件 枪机组件结构非常简单，整体形状和设计与英国司登冲锋枪的非常接近，主要由枪机本体、拉机柄、抽壳钩、抽壳钩簧和抽壳钩轴组成。枪机由两段粗细不同的圆柱形组成，前段较粗较长，后段较短较细。枪机前端下部和两侧都铣掉一部分，形成推弹突起，弹底窝在枪机前端面中央，击针尖直接在弹底

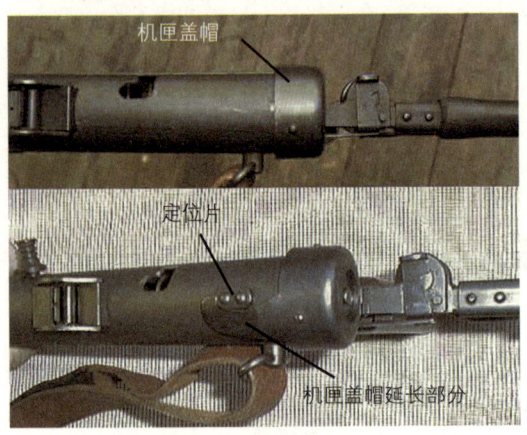

上为早期型M45冲锋枪机匣后上部特写，机匣上没有定位片，机匣盖帽也没有延长部分；下为M45B冲锋枪机匣后上部，机匣上增加了铆接的定位片，机匣盖帽有延长的钩形部分，刚好钩住定位片

从抛壳口向内看去的枪机前端特写

窝中心加工成形。枪机右侧铣有抽壳钩安装槽。枪机后部靠近较细的那段枪机体上开有一个水平孔，用于安装拉机柄，拉机柄自右向左装入枪机。枪机下部铣成平面，但靠后部留有一段保持原样，刚好形成待击突起，阻铁就卡在这个突起前部，阻挡枪机前进。

复进簧 复进簧为单股钢丝螺旋簧，前部套在枪机后部直径较细的那段外缘上，后部抵住机匣盖帽内部。由于靠机匣内壁来导引枪机和复进簧，所以没有单独的复进簧导杆，简化了机匣内部设计，也减少了零件数量。

机匣盖帽组件 机匣盖帽组件由机匣盖帽和机匣盖帽锁紧帽组成，均为冲压件。机匣盖帽本体为一中间带孔的碗状零件，上部有一钩形部分，下部有一个方形突起。在机匣盖帽圆周均布有3个铆钉，与机匣尾部的3个"L"形槽配合，可以将机匣盖帽锁紧在机匣尾部，并通过这3个铆钉使枪机后坐的撞击力传到机匣上。当机匣盖帽旋转安装到位后，其上部的钩形部分与机匣顶部铆接的定位片扣合在一起，下部方形突起进入枪托座的槽内，进一步限制住机匣盖帽的轴向移动。

机匣盖帽锁紧帽也是冲压成形的碗状零件，中心有一个凸台，外面圆周上冲压有3条均布的凸筋，它们刚好卡在机匣尾部的3个"L"形槽的长边内，阻止进入"L"形槽内的机匣盖帽铆钉旋转，即限制机匣盖帽旋转。机匣盖帽锁紧帽始终被复进簧推向后方，只有从机匣盖帽中心孔内向前推压机匣盖帽锁紧帽中心的凸台时，才能使机匣盖帽旋转并从机匣上分解下来。M45在这一结构上，部分参考了芬兰苏米M37冲锋枪的设计。

弹匣组件 36发的双排双进弹匣是M45B冲锋枪上设计最成功的一个部件，卡尔·古斯塔夫兵工厂甚至称其为"迄今为止最好的配用9mm巴拉贝鲁姆手枪弹的弹匣"。其由钢板冲压而成，表面光滑，与一般弹匣结构类似，都由弹匣本体、托弹板、托弹簧、弹匣底板和托弹簧底板组成。弹匣上部的后面焊接有一个突起，与弹匣卡笋扣合，将弹匣固定在枪上。M45B冲锋枪弹匣最大的特点就是前后宽度不同，前部稍窄，后部较宽，这样弹匣截面近似于楔形，采用这种形状的好处是枪弹轴线并不与弹膛轴线平行，左右两排枪弹与弹膛中心轴线都有一很小的夹角，推弹进膛时便于规正枪弹，故供弹可靠性较高。同时这种形式的弹匣对污物和温差均不敏感，这点对于地处寒冷地带的瑞典来说非常重要。而前后宽度一样的MP40冲锋枪和司登冲锋枪的弹匣在寒冷天气里就会出现弹匣收缩挤压内部枪弹的现象，同

后知后觉的经典
——瑞典M45系列冲锋枪

早期的M45冲锋枪可以使用M37-39冲锋枪的两种供弹具,左为50发4排单进弹匣,中为弹鼓

M45冲锋枪配套的弹匣和弹匣装具。最右侧弹匣上安装了用于给弹匣快速装弹的装弹器

时双排单进的结构也不利于快速装弹。M45B冲锋枪的弹匣采用双排双进结构,不但供弹可靠性好,手工装弹也比较轻松,如果使用装弹器的话,装满一个36发弹匣仅需6s。

机匣组件 机匣组件是全枪最复杂的一个部件,起到连接其他所有零部件的作用。主要由机匣本体、枪托组件、发射机构和弹匣套等零部件组成。

机匣本体由钢板冲压折弯并经焊接成形,截面为上圆下方的形状。上部的圆筒部分容纳枪机和复进簧节套等零件,下部的方形部分容纳发射机构和弹匣卡笋、卡笋簧等零件。在机匣前部的圆筒内焊接有节套,下部有枪管护筒定位销和定位销簧。机匣节套

M45系列冲锋枪所用的36发双排双进楔形弹匣口部特写,可见弹匣横截面前窄后宽

M45冲锋枪线条格外简洁，外部轮廓基本都是直线形

后部下方焊接有弹匣套，弹匣套上方开有一个较大的抛壳口，在弹匣套后部安装有弹匣卡笋、卡笋簧和卡笋轴。在机匣圆筒右侧开有拉机柄让位槽，在其后方还开有一个较小的待发保险卡槽，可以将拉机柄卡入这个槽内使枪机锁定，防止意外发射，这个设计也与司登冲锋枪类似。由于M45B冲锋枪的拉机柄是固定式的，所以其拉机柄槽一直开到机匣尾部，枪机和拉机柄可以直接从机匣内向后取出，而不是像司登冲锋枪那样需要先从枪机上取下拉机柄才能取出枪机。

M45B冲锋枪不完全分解图

机匣圆筒的中上部，焊接有表尺座和照门等零件。表尺座兼作表尺护翼，表尺结构是冲锋枪上常用的"L"形翻转表尺，但不同的是，M45B冲锋枪有3个位置的照门，分别对应100m、200m和300m射程，这是因为该枪主要配用瑞典自行研制的M39B手枪弹，有效射程可以达到300m，所以才在M45B冲锋枪上设置了300m这个表尺位置，当然实际使用中还是以100m和200m为主。

在机匣中部靠后位置下方的方形部分内安装有发射机构，主要由阻铁、阻铁簧和扳机组成。由于只能连发发射，所以扳机与阻铁一直扣合在一起。阻铁上方还有一个限位轴，用于给阻铁定位。

在机匣后部下方铆接有枪托座，枪托座上装有小握把，握把护板为木制，外形近似平行四边形，表面光滑，以两个螺钉固定在小握把上。该枪采用钢管折弯成的框形枪托，可以向右折叠，抵肩部分被压扁并弯成一定弧度，而前部上下两端也被压扁，用铆钉分别固定在小握把上下两端，握把上部的枪托座上设有枪托卡笋按钮，按下此按钮即可打开和折叠枪托。枪托上部还装有一节橡胶护套，可防止低温情况下，射手在贴腮瞄准时皮肤与金属枪托表面粘连。

自动过程与分解步骤

M45冲锋枪的自动原理与一般开膛待击的冲锋枪没有两样，不过需要注意的是该枪没有设置将枪机锁定在前方的保险装置，当装入实弹匣后应当将枪机锁在机匣后部的保险槽内，以防止发生跌落走火。射击时只需稍向后拉动拉机柄，使拉机柄从保险卡槽中脱出，并进入拉机柄槽，待枪机被阻铁挂住后，松开拉机柄，即进入待击状态。扣动扳机后，扳机前端下降，带动阻铁后部下降，并压缩阻铁簧，直至阻铁后部从枪机后下方的待击卡槽中脱出，枪机在复进簧的推动下推弹入膛，并击发枪弹。在枪弹没有完全进入弹膛前，其击针尖部是不对正枪弹底火的。枪弹击发后，在火药燃气作用下，枪机在弹壳底部的推力下向后运动，压缩复进簧，直至枪机尾端与机匣盖帽碰撞后完全停止。随后在复进簧的作用下枪机复进，重复上一个过程。如果不松开扳机，则直至弹匣内枪弹射完，枪机停在前方位置。如果中途松开扳机，则阻铁后端在阻铁簧力的作用下上抬，带动扳机前端上抬，将枪机阻挡在待击位置。继续扣动扳机，则会重复前面的发射过程。

分解步骤为：第一步，按压弹匣卡笋，取下弹匣；第二步，若枪机在待击位置，则检查弹膛内是否有弹，确认无弹后将枪机送回前方位置，若枪机本来就在前方，仍需拉开枪机，检查弹膛内是否有弹，以防意外发生；第三步，向内按压机匣盖帽中心孔内的机匣盖帽锁紧帽，并逆时针旋转机匣盖帽到位后，将其向后抽出，注意此时须用力压住盖帽，防止其被复进簧弹出；第四步，抽出复进簧，扣住扳机，然后拉住拉机柄，向后抽出枪机；第五步，按压枪管护筒定位销向内，接着旋转护筒，直至将其从机匣上旋下，然后向前抽出枪管。不完全分解到此为止，结合时按相反步骤进行，不过结合枪管时必须注意，一定要将枪管上的定位缺口对准机匣节套上的定位突起。

独特的M39系列手枪弹

M45冲锋枪主要使用的是瑞典自行生产的M39系列手枪弹，包括M39普通弹、M39B普通弹、M39空包弹、M39室内近程弹以及M39惰性弹。

M39普通弹弹头完全仿自于标准的铅心巴拉贝鲁姆手枪弹，弹头质量为7.45g。M39B则有所改进，其弹头被甲为覆铜钢制造，弹头弧形部和尖部的厚度较大，而圆柱部较小，中间充填铅心，弹头尾部为平底结构，整个弹头质量达8g左右，略大于普通9mm巴拉贝鲁姆手枪弹弹头，但枪口初速基本相同，因此M39B威力较大，而且其弹头结构使得其比普通铅心弹侵彻力更强。美国曾专门引进过此型枪弹作为军用，并且禁止向民间出售。直到

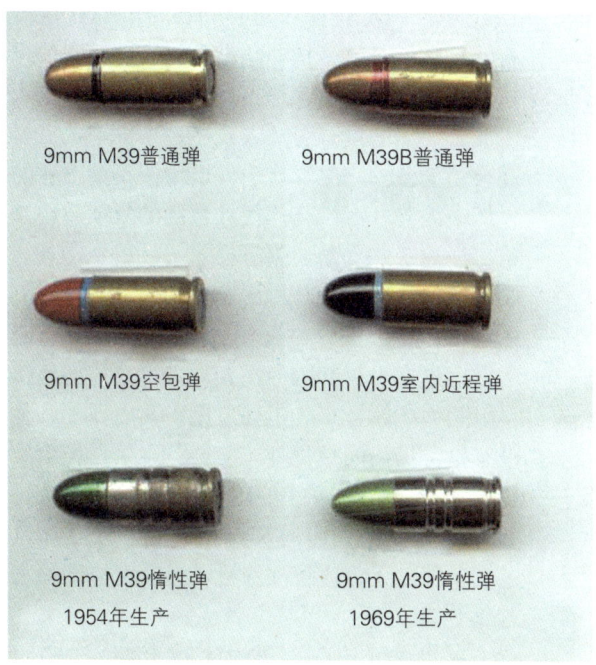

9mm M39普通弹　　　9mm M39B普通弹

9mm M39空包弹　　　9mm M39室内近程弹

9mm M39惰性弹　　　9mm M39惰性弹
1954年生产　　　　　1969年生产

M39B手枪普通弹外观（左侧）及M39室内射击弹外观与弹头剖面（右侧）

美国史密斯–韦森公司根据M45冲锋枪改进的M76冲锋枪，海军给予的制式编号称为MK24

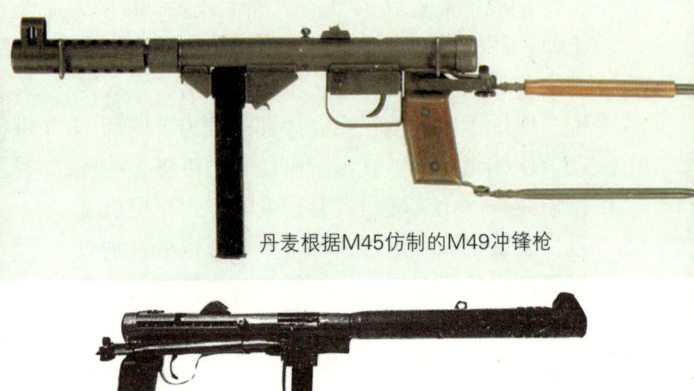

丹麦根据M45仿制的M49冲锋枪

加装整体式消声器的M45B微声冲锋枪

2003年，瑞典军队才停止使用M39B普通弹。

M39空包弹采用红色塑料空心弹头，出膛后弹头会很快减速，但塑料头在极近距离内仍有杀伤力，为防止误伤人员和更可靠地完成自动循环，使用时需要更换专门的枪管和枪口罩。这种空包弹专用枪管前部内径只有5.3mm，塑料弹头在火药燃气的作用下挤出枪管，这样就增大了作用在弹壳底部的冲击力，使得发射轻质塑料弹头时也能顺畅地完成整个自动过程，同时枪口安装的一个喇叭形附加罩能够阻挡住飞出的塑料弹头，防止碎片伤人。

M39室内近程弹也采用塑料弹头，但不同的是其弹头由黑色塑料注塑成形，弹头顶部镶嵌有一个质量为0.5g的钢珠，发射时也需要使用专门的枪管。由于发射出的弹头没有阻挡，且弹头轻小，可以满足室内射击训练的需要。不过由于有弹头射出，因此训练时射手需要有足够的防护。

走出瑞典　扬名中东

瑞典生产的各种轻武器中，M45冲锋枪的商业销售应该是最成功的。由于瑞典在两次大战中都处于中立地位，二战后也没有偏向于冷战对峙双方的任何一边，所以购买瑞典武器无须担心政治因素，这使得M45冲锋枪在国际市场上一度非常畅销。邻国丹麦购买了该枪的特许生产权和全套工装设备，在丹麦国家兵工厂仿制该枪，称为M49冲锋枪。此外，爱沙尼亚、印度尼西亚、伊拉克、爱尔兰，甚至美国和澳大利亚等都从瑞典购进M45冲锋枪。但M45最大的用户是远在万里之外的埃及军队。1951年，埃及获得了M45冲锋枪的特许生产权。三年后，第一批样枪在苏伊士运河边的港口城市塞德市诞生，制造商是迈迪军事与民用工业公司。这批打有"埃及制造"标记的武器迎合了埃及独立之初优先发展本国军事工业的目标，因此一度被当作民族自强的象征。埃及第二任总统加玛尔·阿卜杜尔·纳赛尔将其命名为塞德冲锋枪，并批准其作为埃及军队的制式装备。塞德冲锋枪与瑞典原产的M45B完全一样，也有可拆卸的弹匣套，大多数零部件都可以互换。20世纪60年代后期，还出现了一种没有枪管护筒的简化型"塞德"，采用伸缩式枪托和对应100m射程的固定式表尺，全枪长737mm，枪托缩回后仅长482mm。埃及除自己装备外，还将塞德冲锋枪销售给阿拉伯国家和非洲邻国。

塞德冲锋枪在埃军中参加过前四次中东

后知后觉的经典
——瑞典M45系列冲锋枪

射击中的M45B冲锋枪。从同时停留在空中的两个弹壳来看，M45B冲锋枪射速偏高，但射击时比较稳定，枪口上跳不明显

埃及总统萨达特遇刺场面瞬间。右边的刺客正用塞德冲锋枪向主席台扫射

战争。虽然该枪在大规模军事行动中表现平平，但却在巴勒斯坦人争取建国的游击战争中崭露头角。作为向联合国和以色列显示埃及支持巴勒斯坦建国的一种表示，纳赛尔同意向巴勒斯坦游击队提供大量塞德冲锋枪，以便他们利用夜间渗透到以色列占据的加沙地带，开展一系列袭击行动，因此该枪也获

得了"巴勒斯坦"冲锋枪的绰号。但由于巴勒斯坦游击队的行动时常造成平民伤亡，在当时亲以的西方人眼中，该枪被认为是恐怖分子使用的标志性武器之一。塞德冲锋枪另外一个招致身败名裂的事件是，1981年10月6日埃及纪念赎罪日战争8周年的阅兵式上，当时的埃及总统穆罕默德·安瓦尔·萨达特遭到伪装成参阅部队士兵的极端原教旨主义者刺杀，刺客和保镖用塞德冲锋枪激烈对射，萨达特不幸中弹身亡。这次刺杀使得塞德冲锋枪的名声一落千丈。从1973年以后，随着AK47突击步枪的列装，埃及军队逐步淘汰了塞德冲锋枪。但中东地区至今还充斥着从埃及和伊拉克流出的此型冲锋枪，至少在2008年5月的黎巴嫩教派冲突中，人们仍能看到武装派别在使用这种武器。另外，在1956年、1967年和1973年的三次中东战争中，以色列人缴获了大量M45B和塞德冲锋枪，如今其中很大一部分作为退役武器进入了国际收藏市场，美国民间的这两种冲锋枪多是来自该渠道。

越南战争初期，美军就向瑞典购买过一部分M45B冲锋枪，专门用于那些不能公开真实身份的所谓"边缘任务"的场合。在这种情况下，性能可靠、弹药通用性好，又在国际市场上可以随处买到的M45B冲锋枪无疑是隐藏使用者身份的最佳武器，即使敌人缴获了该枪，也无法直接证实使用者的国籍。这批冲锋枪的枪身多被处理成淡绿色，且没有批号，以更好地隐蔽武器来源。在南越执行隐蔽行动的美国特种部队及空军、中央情报局的特种分队都喜欢使用这种武器，其中海豹突击队是这种冲锋枪的主要客户，因为M45B冲锋枪在潮湿和泥泞环境中仍能保持可靠性。海豹突击队在越南还使用过M45B冲锋枪的微声型，用于特种作战。由于需求量不断增加，美国不得不向瑞典政府追加订单，但此时越战已全面爆发，根据瑞典的战争立法，不允许政府向战争双方的任何一方出售成品武器，甚至瑞典国内为此掀起了抗议浪潮，因此所有向美国出售武器的交易即告停止。在此情况下，美国海军

——世界著名冲锋枪 I

美国SOG特种分队装备的M76冲锋枪

越南战争期间美国的SOG特种分队。后排右一士兵手中握着的就是改进的M76冲锋枪

陆战队于1966年委托史密斯－韦森公司研制一种与M45B类似的冲锋枪。史密斯－韦森公司很快对该枪进行了仿制，并加以适度改进，1967年1月，首支样枪便进行了射击试验，定型后称为M76冲锋枪，并在1970年前后正式配发给在越南作战的SOG特种分队，美国海军给予该枪的制式编号称为MK24。该枪空枪质量3.3kg，全枪长770mm，枪托折叠后全枪长510mm，弹匣容弹量36发，理论射速750发／分。MK24冲锋枪可以看作是M45B的现代化"翻版"，最大改变是增加了快慢机，小握把形状更加合理，但其总体性能没有超越瑞典的原型枪，特别是MK24用薄钢板制成的枪托在稳定性上不及瑞典或埃及用钢管制造的产品。另外，MK24采用简易觇孔和不可调准星组成的瞄具，瞄准基线更短，在射速很高的情况下，精度难以满足要求。此外，MK24的枪管取消了固定导槽，与枪管护筒的连接不及原型枪那样牢固，分解结合后精度往往会有变化，连发射击的弹着点分布不够稳定。因此到1970年下半年，MK24便停产了。

瑕不掩瑜 不失名枪风范

进入20世纪70年代以后，随着小口径短突击步枪的广泛使用，与许多发射手枪弹的冲锋枪一样，各国军队装备的M45冲锋枪都相继退出了现役。回顾M45冲锋枪几十年以来的经历，它能获得众人青睐的重要原因之一，就是其总体设计比较合理，具有结构简单，制造容

M45冲锋枪成为20世纪50年代~70年代最成功的冲锋枪之一

易，射速适中，点射精度好，枪托抵肩舒适，弹匣设计可靠性高，而且容弹量大等诸多优点。但受时代所限，该枪的缺点也比较明显，特别是该枪与二战期间设计的同类武器相比，材料、工艺和性能上都没有明显提高，全枪体积和质量仍然偏大，保险机构也不够完善，而且在某些细节上人机工效不够好，如小握把握持时不够舒适。但这些都不妨碍M45冲锋枪成为20世纪50~70年代最成功的冲锋枪之一。

被忽略的角色
——日本100式冲锋枪

不少人认为二战中日军没有装备冲锋枪，其实这种观点是错误的，日军在二战中制造并且装备了冲锋枪，这就是100式冲锋枪！

历史背景

马克沁于1884年研制出世界第一挺重机枪，而距此10多年后，即19世纪90年代晚期，日本才意识到自动武器的价值和战术特点。不过从1900年至1945年，日本一直坚持不懈地从世界各地的厂商中寻找机枪的范本来进行试验和评估，如著名的哈奇开斯机枪、刘易斯机枪和勃朗宁机枪等都被细细地研究过。在这些机枪的基础上，日本终于研制出自己的轻、重机枪。而对于冲锋枪来说，日本虽跟潮较早，但最终的产量并不高。

早在1920～1930年间，日本专门进口了两支冲锋枪加以改进，用来提供给海军部门使用。这两支冲锋枪分别是瑞士的伯格曼-西格M1920冲锋枪（瑞士产的MP18 I冲锋枪）和德国的MP34I冲锋枪，这两种枪均配用7.63×25mm毛瑟手枪弹。日本在伯格曼-西格M1920冲锋枪上增加了一个可以滑动的枪管套卡圈，用来调节刺刀的支撑点。这种冲锋枪质量较大，配用木制枪托，制作精良，动作可靠，在1931年的"一·二八"抗

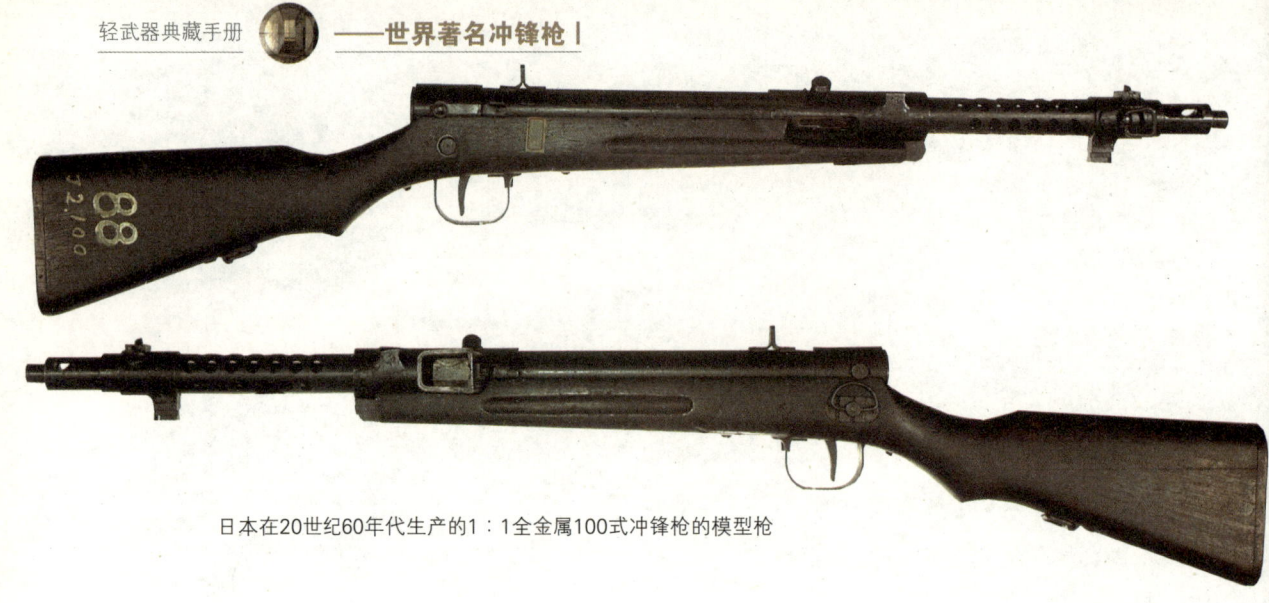

日本在20世纪60年代生产的1∶1全金属100式冲锋枪的模型枪

战期间,与中国民团和19路军装备的冲锋枪威力相当。"一·二八"事变后,日军对冲锋枪的兴趣愈加浓厚。20世纪30年代晚期,日军决定研制自己的冲锋枪以装备部队。

早期型号

日本100式冲锋枪早期型号有两种。第一种是MⅠ冲锋枪,使用8mm南部手枪弹,弹匣容弹量50发。第二种是MⅡ冲锋枪,使用一种新式的6.5mm枪弹,弹匣容弹量30发。

MⅠ冲锋枪的试验在1936~1937年间进行,试验结果比较令日军满意,只是有些地方还需要进一步改进。1937年4月,经改进的MⅠ冲锋枪交付日本骑兵学校做进一步的试验。紧接着,原定于1937年6月进行的MⅡ冲锋枪的试验,由于新式6.5mm枪弹存在严重的性能问题而被迫取消。随后,关于改进冲锋枪的结构、自动原理等方面的呼吁甚嚣尘上。批评者认为,冲锋枪虽然火力威猛,但弹药耗费太大,且射击精度太低,在实战中会对后勤供应造成困难,而且实战效果也颇令人怀疑,因此生产冲锋枪的计划被暂时搁置起来。但随着战事的发展,生产冲锋枪的要求被再次提上议程。1939年4月前,南部兵工厂在MⅠ冲锋枪的基础上研制出MⅢ冲锋枪,改进后称为MⅢB冲锋枪,随后的MⅢC冲锋枪则是针对MⅢB冲锋枪的缺点又进行了一点细微改动,该枪最终于1940年被日军接受并采用,这就是100式(1940)冲锋枪。

最终型号

100式冲锋枪最终生产了三种型号:第一、第二种都称为100式(1940)冲锋枪,只是在配给步兵和伞兵使用时稍有差别;第三种称为100式(1944)冲锋枪。

100式(1940)冲锋枪 两种100式(1940)冲锋枪均使用威力较小的8mm南部手枪弹。枪管镀铬,以减少枪管磨损和腐

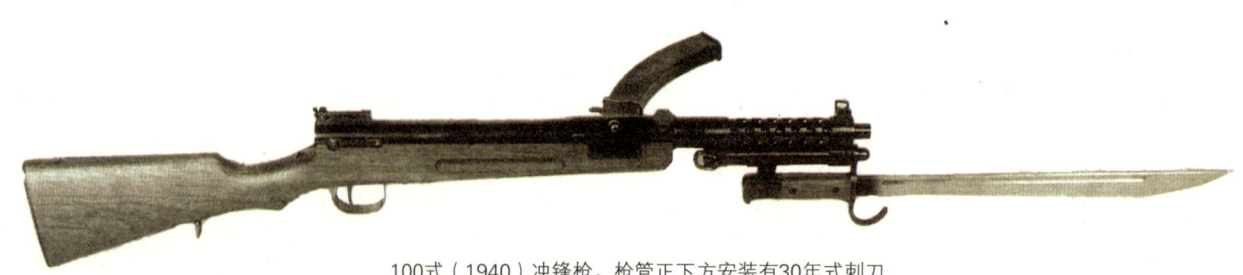

100式(1940)冲锋枪。枪管正下方安装有30年式刺刀

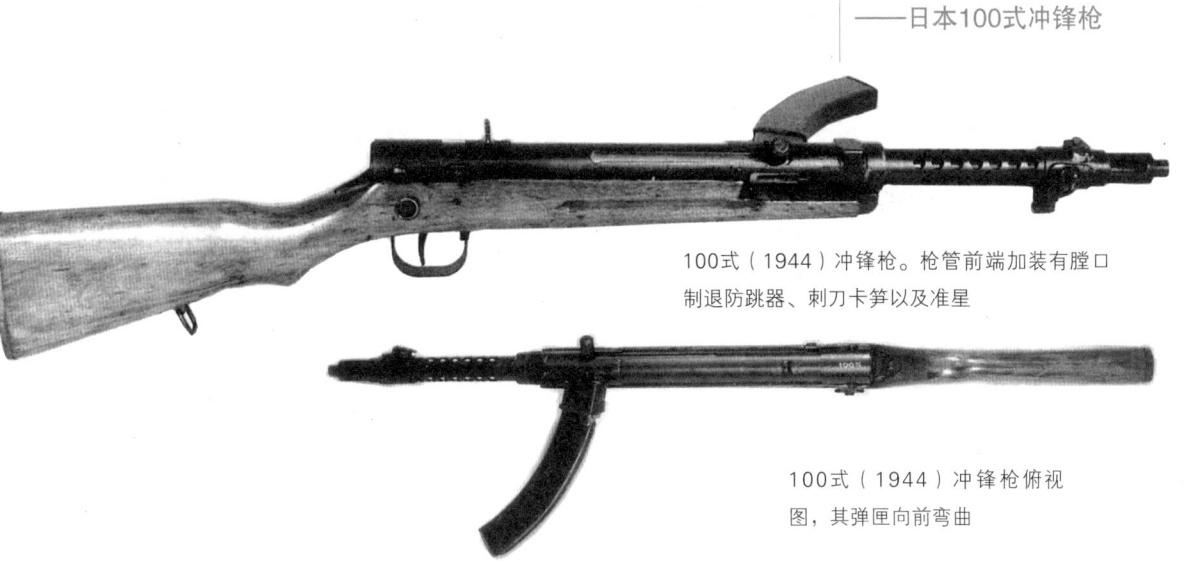

100式（1944）冲锋枪。枪管前端加装有膛口制退防跳器、刺刀卡笋以及准星

100式（1944）冲锋枪俯视图，其弹匣向前弯曲

蚀。枪管套下方有圆柱状刺刀座，可安装30年式刺刀。30发双排弹匣为弧形，以便适应瓶形弹壳的8mm南部手枪弹。为了能够顺利地将弹匣插入弹匣接口中，将弹匣接口设在了枪身左侧，弹匣插入时，向前弯曲。然而这个向前弯曲的弹匣在实战中却显露出极大的弊端，尤其是在丛林作战时，弹匣经常会被树枝或藤条挂住。该枪的射速为450发/分，配有两脚架，但不能充分展开。100式冲锋枪采用固定式击针，但击针不是直接在枪机前端面加工出来的，而是由螺纹旋接在枪机上，后者加工工艺简单。此外，枪机前端面有一可活动的L形隔离条，用以在装填枪弹时盖住击针，避免早发火故障的发生，枪弹进膛后，隔离条上抬，击针可击发枪弹。瞄具由刀形准星和舰孔式照门组成，表尺射程从100m到1500m。

两种100式（1940）冲锋枪的主要区别是：步兵型为固定式木制枪托；伞兵型的机匣后上方有一个折叠式木制枪托，该枪托可以向前折叠180°，这种设计使全枪长度缩短，提高了武器的机动性能。100式冲锋枪虽然在1940年就已经批准装备，但是直到1942年底，才开始批量生产。据估计，小仓兵工厂仅仅生产了7000支步兵型100式（1940）冲锋枪，名古屋兵工厂也只生产了3000支伞兵型100式（1940）冲锋枪。

100式（1944）冲锋枪 1944年，日军最高指挥官要求士兵使用冲锋枪，于是在1944年中期，位于名古屋的Atsuta兵工厂开始生产100式冲锋枪的第三种，也是最后一种型号——100式（1944）冲锋枪。为了提高冲锋枪的产量，日军决定对其进行更深层次的改进，并简化加工生产工艺。相对于100式（1940）冲锋枪，100式（1944）冲锋枪在下述方面进行了改进：将复进簧加长、加粗；射速提高到800发/分，几乎是早期100式（1940）冲锋枪的两倍，虽然8mm南部手枪弹的杀伤效果较差，但是由于射速的提高，该枪的杀伤概率和杀伤效能也得到了相应的提高；取消了圆柱状刺刀座，刺刀直接加挂在枪管下方；膛口制退防跳器上加工有两个孔，右边的孔是左上边孔的两倍大，以防止枪口上跳和抑制射速过高，舰孔式照门是固定的，表尺射程设定为100m；采用木制托底板，只简单地用钉子固定在枪托上；取消了L形隔离条。这一时期，各国冲锋枪生产过程中仍然广泛采用点焊工艺，如英国司登MKⅡ冲锋枪和美国M3冲锋枪，因此100式（1944）冲锋枪的准星、刺刀卡笋、弹匣座、枪管保险、复进簧导杆和扳机护圈也采用了点焊工艺。

100式（1944）冲锋枪分解步骤如下：卸下弹匣，确认膛内无弹；向左拔出位于机匣后方、枪托左侧的弹簧销，并旋转90°，将机

100式（1944）冲锋枪枪机正面特写

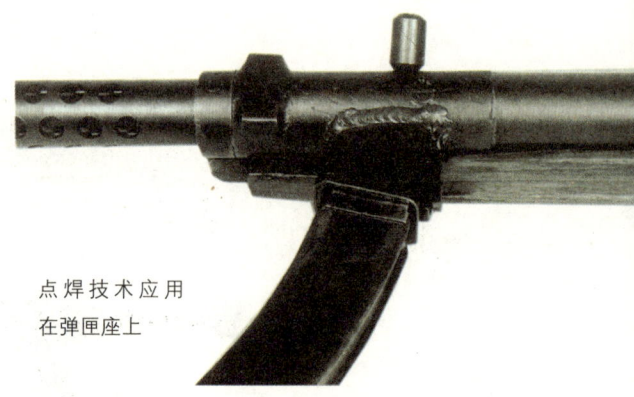

点焊技术应用在弹匣座上

100式（1944）冲锋枪机匣上的照门特写，机匣顶部刻有"100式"铭文，机匣左侧刻有名古屋兵工厂的生产序列号

匣后方抬起并前推，解脱卡笋，然后使机匣与枪身分离；将位于机匣后方的复进簧导杆销上抬，向后旋转180°，用左手压住复进簧尾端，右手拔出复进簧导杆销，取下复进簧及复进簧导杆；将枪机拉至后方，可从让位槽中取出枪机，完成不完全分解；结合过程与之相反。

100式（1944）冲锋枪诞生之时正值世界反法西斯战争后期，日本面临着严峻的物资匮乏，再加上兵工厂也处在被狂轰滥炸的危险下，所以该枪的生产只持续了一年左右，也就是1944年中期到1945年中期，产量为7000～8000支。有资料称，在战争后期，100式（1944）冲锋枪从来没有分发给战斗部队，而是发给了预备役部队。但事实并非如此，以美国为例，1968年，美国政府特别设立一个为期90天的特赦期，目的是让一些私有枪械合法化。一些100式（1944）冲锋枪就借此登记在案，合法化了，而这些冲锋枪就是当时参加战斗的美国老兵作为战利品保留下来的。

结语

总之，3种最终型号的100式冲锋枪的总数不超过30000支，而且这是日本二战中生产的唯一一种冲锋枪。相对于当时装备数量均达百万的美国的M1928和M3、英国的司登、苏联的"波波莎"、德国的MP40等冲锋枪，这个数量可谓微乎其微。为什么日本对冲锋

100式（1944）冲锋枪上的背带环、准星和膛口制退防跳器特写

枪价值的认识如此迟钝，这个疑问不得而知。

值得说明的是，100式冲锋枪在美国收藏界属于十分罕见的藏品，并且军品爱好者在收藏100式冲锋枪的时候不允许收藏该枪的弹匣。因此，一个100式冲锋枪的原装弹匣的价值要远远高于枪本身的价值。

异域奇葩——澳大利亚欧文冲锋枪

欧文9mm冲锋枪是澳大利亚设计和生产的第一支冲锋枪，它是在澳大利亚陆军的一个二等兵伊夫林·欧文1939年7月设计成功的一种0.22in（5.6mm）口径冲锋枪上几经改造而成，由位于新南威尔士肯布拉港的莱萨特－纽卡斯尔生产有限公司改进和生产。

艰难出笼

第二次世界大战爆发时，欧文把他设计的原型枪呈交给澳大利亚陆军，但一位武器军官告诉他，军队不能接受一支0.22in口径的枪。欧文解释说作为民间发明家，他只能搞到0.22in口径的枪弹进行设计，如果需要，可以很容易地增大口径。然而，第二次世界大战前的澳大利亚军队与英国军队一样，并不了解冲锋枪在进攻中的重要性和防御时的作用，所以对欧文发明的冲锋枪毫无兴趣。

凑巧的是，欧文是文森特·沃道尔的邻居，沃道尔是莱萨特公司的经理。在1940年的一天，沃道尔看到欧文家的楼梯后面搁着一个麻布袋，里面放着一支冲锋枪，当时欧文因为休假结束而准备返回悉尼附近的维多利亚兵营，他向沃道尔解释了他设计的枪以及他向军队呈交这支枪时的遭遇。沃道尔认为这支枪简单可靠，而莱萨特公司是一家钢材生产企业，也是澳大利亚军队的采购供应商，因此沃道尔设法通过关系把欧文调到陆军发明部，并让他的兄弟杰勒德·沃道尔（莱萨特公司的另一位经理）帮助欧文改进他的冲锋枪。此时由于战争的进程，澳军也和英军一样开始重视起冲锋枪的作用，因此陆军发明部里面有一些人也对欧文冲锋枪感兴趣，但澳大利亚陆军却始终对这支二等兵设计的冲锋枪持否定态度，军方高

层比较偏向于采用澳司登冲锋枪——由澳大利亚改进的英国司登冲锋枪。

沃道尔两兄弟努力向军方推介这支枪，他们又找来新闻媒体作宣传，并得到民众和政府官员的支持。在断山公司主管艾森顿·路易斯（他掌管澳大利亚战时军需品的生产）的干预下，军队终于同意让莱萨特公司生产一支改进的试验枪，改进的项目包括把原来的供弹具由弹鼓改为直弹匣，并改为发射比较大的0.32in（8.13mm）自动手枪弹。

然而，澳大利亚陆军并不想要0.32in手枪弹，因为澳大利亚有现成的0.45in（11.43mm）自动手枪弹，于是在31天内，莱萨特公司又造出一支新的0.45in口径样枪。虽然这支样枪在1941年3月就造出来了，但是却等到5个多月后才进行实弹试验，更糟糕的是，拿到用于试验的弹药时却发现不是他们想要的0.45in自动手枪弹，而是0.455in韦伯利转轮手枪弹。

此时，澳大利亚陆军又向莱萨特公司提出要把这支枪改成发射当时军队装备的0.38in（9.65mm）转轮手枪弹，但作为冲锋枪来说这种枪弹的初速太低，可见陆军始终不想试验欧文冲锋枪。直到在政府施压下，澳大利亚陆军才同意安排在1941年9月19日对欧文冲锋枪与从美、英进口的冲锋枪进行对比试验。

在距离试验只有23天时，沃道尔兄弟又拿

欧文设计的0.22in口径原型枪

出发射9mm巴拉贝鲁姆手枪弹的样枪，并设法找来足够的弹药供试验用，所以莱萨特公司最终提交试验的样枪中有3支9mm口径和2支0.45in口径，其余都是军方所要求的0.38in口径样枪。

在浸水、浸泥浆和沙浴的试验中，欧文冲锋枪表现出比汤姆逊冲锋枪和司登冲锋枪更优秀的可靠性，而且是唯一顺利通过每一项测试的武器。尽管欧文冲锋枪的表现最好，但陆军却在总结报告中指出该对比试验是非决定性的，同时又提出了一揽子改进要求。最后，又是靠政府向陆军施压，才使得欧文冲锋枪的设计确定下来，而最后定型的设计仍然是提交试验时的基本设计，甚至到了这个阶段，军需部门对于所采用的弹药口径应该是9mm还是0.45in仍然没有做出决定。

9mm口径的欧文冲锋枪在1941年11月20日正式被澳大利亚陆军采用，1942年开始正式由莱萨特-纽卡斯尔公司生产，在生产高峰期，每星期生产800支，到1945年停产时共

异域奇葩
——澳大利亚欧文冲锋枪

反向并联的双排弹匣能提高实际射速

生产了大约4.5万支。而澳司登冲锋枪也有生产，一共生产了大约2万支。

结构特性

欧文冲锋枪可选择单、连发发射，自由枪机式自动方式，开膛待击。固定式击针是枪机的一部分。欧文冲锋枪外形上有一个与众不同的特点，即它的33发双排弹匣装在管状机匣的顶端，弹壳向下抛出，这种结构自从意大利的维勒·帕洛沙M1915冲锋枪后很少有冲锋枪采用。对于采用从上往下的供弹设计，据说是为了利用地心引力帮助装填而提高可靠性，而且防沙效果也很好。由于弹匣装在正上方，因此片状准星和觇孔式照门都向右偏置，瞄具不可调整，射程装定为100yd（约91.4m）。觇孔很大，偏右的位置在瞄准时很不方便，所以多数人都采用腰际射击的姿势。

欧文冲锋枪的抛壳挺相当独特，是安装在弹匣背面的一个突笋。欧文认为在早期冲锋枪设计中抛壳挺是一个易损坏的零件，如果把抛壳挺作为弹匣上的一个零件的话，即使有一个抛壳挺损坏了，也只要换一个弹匣就可解决问题，而原来的弹匣可以拿去修理。此外这样的安排也是为了让枪机能够从机匣前方取出，而不会因抛壳挺妨碍这个分解动作。因为欧文冲锋枪在机匣中部有一个约12.7mm厚的金属环，把机匣内部分成前后两个室。前室容纳枪机和复进簧，复进簧导杆穿过金属环中央的孔，在后室与拉机柄连接在一起，而拉机柄槽在机匣后部。这样就把枪机在机匣内的活动范围密封起来，防止泥污或其他外来物通过拉机柄槽渗入枪内。这个封闭式的机匣也正是欧文冲锋枪在对比试验中远胜其他对手的主要原因，而澳司登/司登冲锋枪在污泥或沙子通过拉机柄槽渗入枪内时就很容易出故障。

弹壳向下抛出，即使侧着打，或倒着打，抛壳也没有问题。双排双进的弹匣比双排单进的司登及澳司登弹匣更容易装填。但欧文冲锋枪没有空仓挂机功能。

发射机座与枪托支座为同一个部件，安装在机匣后下方。支座有两种形式，大约有1.2万支欧文冲锋枪用实心支座，3.3万支左右为了减重而用中空支座。大部分实心支座的枪在1942年生产，而大部分中空支座的

实心枪托的欧文MKⅠ冲锋枪

中国人民革命军事博物馆内保存的一支欧文冲锋枪

枪在1943年和1944年生产。两种支座和枪托可以互换，而且都有"MKⅠ"的标记。在"MKⅠ"的标记后还印有制造年份的最后两个数字。另外还试生产了210支MKⅡ型冲锋枪，与MKⅠ型的区别是枪托连接的方式和击发机构的设计，还配有刺刀座和一种据说并不实用的刺刀。

MKⅠ型冲锋枪的枪托也有几种。有些是钢制的框架形结构，有些则是木制的。木制枪托也有两种，一种是完全实心的，另一种有储存室，可存放一个油壶。

快慢机杆设在发射机座的左侧。当枪处于保险状态时，扳机不能扣动。在单发状态时扳机的行程只有一半。在连发状态时必须把扳机扣到底才能进行连发发射，如果扳机行程只有一半，则只能单发发射。

枪上的所有主要部件都打上生产序号的最后3位数字，而完整的序号则打在枪管、机匣和枪机框上，有的枪在发射机座上也有完整的序号。绝大多数欧文冲锋枪的握把都是用酚醛树脂制造，但莱萨特公司也生产了少量木制握把的型号。

所有的欧文冲锋枪出厂时都做了发蓝处理，但为了适应丛林作战的需要，有许多枪的金属部件涂上了绿色伪装漆（也有一些是沙黄色的）。战后，澳大利亚为了不浪费这些枪，都交由利特高轻武器工厂翻修，并清除伪装

钢制框架式枪托、配刺刀的欧文冲锋枪

漆，重新进行磷酸盐处理。同时还增加了一个滑动式保险块，滑到拉机柄的前面或后面时，能阻止拉机柄活动。

欧文冲锋枪很容易分解，野战分解时不需要专门工具，而且不必拆卸容易丢失的小零件。在弹匣座前方有一个弹簧塞是枪管卡扣，只要把这个枪管卡扣向上拉起，就能把枪管取出，然后拉动拉机柄上的黄铜卡扣并转动90°后，枪机和复进簧就可从机匣前方倒出来。如果只是一般的维护保养，不建议作进一步的分解，但如果要继续分解也很容易。

1944年，利特高轻武器工厂试制了100支缩短的恩菲尔德步枪和100把缩短的M1907刺刀，因为当时前线的反馈认为步枪装上刺刀后太长，在丛林里面使用极不方便。这种短步枪最终没有被采用，但澳大利亚陆军决定

异域奇葩
——澳大利亚欧文冲锋枪

在朝鲜战场上使用的欧文冲锋枪

把它的刺刀选作欧文冲锋枪的配件。这种短刺刀被命名为No.1 MKⅠ刺刀,于1944年7月定型;后来又设计了较长的No.1 MKⅡ刺刀。1945年4月澳大利亚军队决定采用较短的No.1 MKⅠ刺刀。

除了莱萨特公司试制的MKⅡ型冲锋枪外,只有极少的MKⅠ型冲锋枪在生产时配有刺刀座,二战结束后所有的欧文冲锋枪都转交给兵工厂检修,顺便在枪口增加刺刀座。由于欧文冲锋枪的刺刀座与恩菲尔德步枪的刺刀座相同,因此这两种武器的刺刀是可以互换的。配刺刀的欧文冲锋枪曾在朝鲜战场上使用过。

欧文冲锋枪的野外分解非常简单,而且不需要拆卸容易丢失的小零件

欧文冲锋枪的整体结构坚固耐用,但尺寸和质量都显得过大。不过欧文冲锋枪在恶劣环境下的可靠性非常高,虽然外表看起来很粗糙,但与同时代的冲锋枪相比,精度还算是比较高的,而且枪口上跳非常小,一口气打光整个弹匣也能轻易控制。其原因之一是枪的质量比较大,此外前握把的设置也易于控制枪口上跳。

由于欧文冲锋枪只在澳大利亚生产和使用,因此并不出名,但它在东南亚又热又潮湿的丛林作战中非常有效,因而受到澳大利亚士兵的喜爱,是二战中优秀的武器之一。英军于20世纪50年代初也曾在东南亚地区的丛林战中少量使用欧文冲锋枪。欧文冲锋枪虽然又大又重,但司登冲锋枪的横向尺寸太大,左侧的弹匣在穿越茂密的丛林时是个麻烦,所以许多人认为欧文冲锋枪比司登冲锋枪更适合丛林作战。

二战结束后,欧文冲锋枪又经历了朝鲜战争和越南战争的初期。但此时的欧文冲锋枪已经显得不合时宜了,受到许多使用者的抱怨。一些士兵甚至夸张地说,他们用欧文冲锋枪射击100m距离上穿厚棉衣的人,尽管打得棉絮纷飞,但中弹的人却像没事一样继续飞奔。针对欧文冲锋枪又大又重的问题,利思戈轻武器工厂曾设计了F1冲锋枪,这种冲锋枪保留了上置弹匣的特征,又有斯太林冲锋枪的其他特征,而且比较轻小。澳大利亚陆军什么都不愿意浪费,被正式采用后的F1冲锋枪与许多经过工厂翻修过的欧文冲锋枪同时在越南战场使用,但这两种冲锋枪都不受士兵欢迎。在越南战争时期,欧文冲锋枪主要是作为巡逻队侦察兵的武器。尽管又来到潮湿的丛林,但此时这种20世纪40年代生产的武器已显老态,许多澳军士兵都不喜欢使用欧文冲锋枪,而宁愿用L1A1步枪或后来的M16A1步枪。

从1966年到1968年,欧文冲锋枪和F1冲锋枪相继退出历史舞台。

遗忘之剑——波兰BH冲锋枪

二战时期，波兰是受纳粹德国迫害最深的国家，面对希特勒的疯狂攻势，波兰儿女虽然奋起反抗，但由于武装力量太薄弱，武器装备也不甚先进，难逃被侵害的厄运。危难之时，波兰各阶层人民纷纷组织地下游击队挽救危在旦夕的国家，而武器的来源却难以解决，特别是冲锋枪——这种当时新兴的武器在波兰国内很是罕见，很少有人用过，但其强大的威力却令人心动。于是波兰国内武装在纳粹德国的魔爪下秘密研制冲锋枪，最成功的就是斯特姆布什研制的BH冲锋枪。

民族危亡，干将炼剑

汉里克·斯特姆布什是波兰的一名业余枪械爱好者，1937年，年仅15岁的他就凭借熟练的手工技术打造了其生平第一支半自动手枪——一支仿制的0.25in口径的西班牙手枪。他自豪地将这支手枪带到村子后面的小溪谷里给同学演示，却被校长抓个正着。按照当地法律，非法持有和制造枪支要面临牢狱之灾，但由于他年纪尚小，仅仅是被要求在一年内每周到警察局汇报。但他并没有因为此次经历而畏缩不前，就在二战开始前，又制造了三支自动手枪和一支转轮手枪。

1939年9月，纳粹德国入侵波兰，两个星期之后，苏联又给原本已经多灾多难的波兰背后一刀，波兰腹背受敌。虽然波兰儿女进行了英勇斗争，但最终还是失败了。原盟友英国及法国于9月3日宣布对德作战后，曾一度使波兰人民看到了希望，但英法并未提供任何实质性的帮助，更谈不上军事支援。随

BH冲锋枪及其标志，标志上的"BCh"是"农民营"的缩写

遗忘之剑
——波兰BH冲锋枪

枪管尾端特写,枪管通过螺纹拧在机匣上

着战争的推进,波兰逐步被占领、被分割!

几乎在一夜之间,波兰国内各种派系开始组织地下武装力量抵抗侵略。波兰的秘密组织多种多样,几乎每个党派和组织都有属于自己的秘密武装分支。斯特姆布什加入了保守的波兰农民党地下武装组织——"农民营"(简写为"BCh"或"BH",正是由于这个原因,斯特姆布什才将自己的冲锋枪命名为"BH"),从事自己所钟爱的职业——为本地游击武装维修武器。几年后,他开始尝试自己研制武器。

当时,波兰的地下武装都没有装备过冲锋枪,波兰军队也仅仅是用冲锋枪作了些试验,认为该类武器非常适用于游击战。此时善于使用冲锋枪的德国一线部队已经打到了高加索之麓的著名城市——斯大林格勒;踏入波兰土地的德国警察则装备着过时的MP18 I冲锋枪,虽然不是人手一支,但他们经常使用这种武器血洗有"叛乱"迹象的波兰村庄。而波兰游击部队中,只有极少数人才能拥有冲锋枪,因此游击队希望多拥有一些冲锋枪,以提高作战能力。虽然游击队员曾伏击了几次德国警察,但是只缴获了几支步枪和手枪,因此当时有人建议斯特姆布什研制冲锋枪。斯特姆布什在其弟弟的帮助下建立了自己的工作室,但工作条件相当简陋,只能使用从乡下的铁匠铺里搜罗到的手工工具:一把锯、一台手摇钻床、一台车床、一套锉刀和手钻等。

当时的斯特姆布什对于制造怎样一支冲锋枪仅有一个模糊的轮廓,详细资料很少。尽管这样,到了1943年春天,手工打造的原型枪出炉并进行了首次射击试验,效果良好。在当时极度困境下,这支枪的实际制作

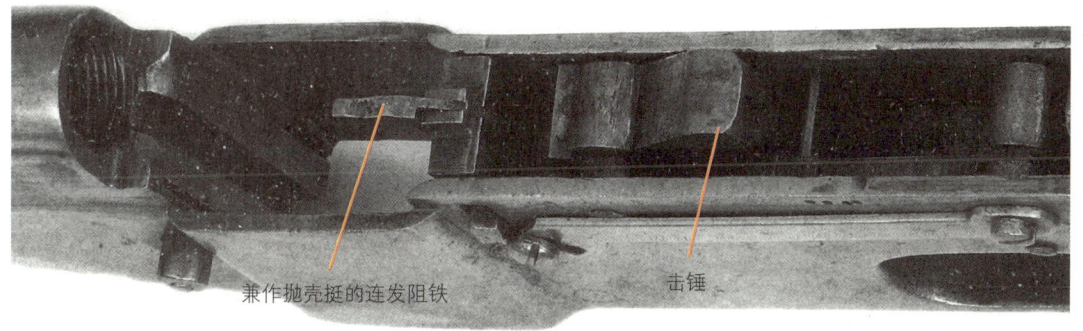

兼作抛壳挺的连发阻铁   击锤

机匣特写,图中可见击锤及兼作抛壳挺的连发阻铁

127

过程是这样的：首先由制图员按照设计完成对全部零部件及整套图纸的绘制工作，农民营的战士和农民党党员开始秘密加工零部件。而收尾工作——修配和组装则由斯特姆布什完成。

第一支枪的零件加工在1943年10月就开始了，11月底完成了生产。为保证后续生产，对第一支枪进行了试射，并在1944年元旦将它交给了游击队，1944年，在苏联红军到来前，将完成的11支枪交给游击队使用。也就是说，第一批枪的生产整整用了一年的时间。这些枪现仅存一支，保存在波兰军事博物馆里，十分珍贵。

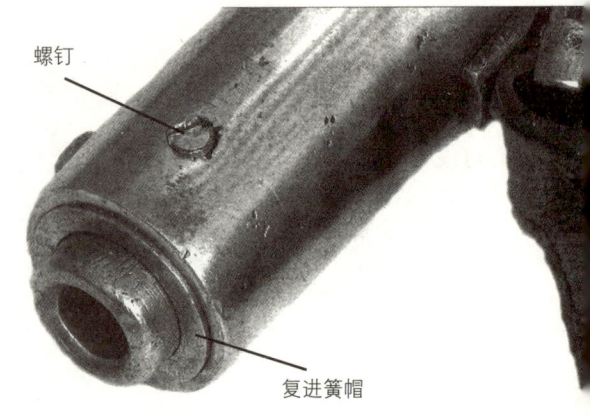

枪口特写，可以看到复进簧帽通过螺钉固定在套筒内部

总体结构

大部分BH冲锋枪发射9×19mm巴拉贝鲁姆手枪弹，只有后来的两三支改发配用苏联7.62×25mm托卡列夫手枪弹。

BH冲锋枪由6个主要零部件构成：自动机组件、机匣组件、发射机组件、击发机组件和弹匣。

自动机组件包括复进簧、复进簧帽、枪机组件。枪机组件类似于现代手枪的套筒，由枪机和滑座组成，二者通过螺钉固定在一起。滑座前端套在枪管外面，复进簧也套在枪管外面，复进簧帽通过两个螺钉固定于滑座前端内部，滑座后坐时，通过复进簧帽压缩复进簧。滑座前下方焊接有背带环，连有背带，因此可手拉背带环使枪机后退，完成供弹及待击动作。复进簧帽则通过两个螺钉安装在套筒内部。整个自动机组件重0.69kg。

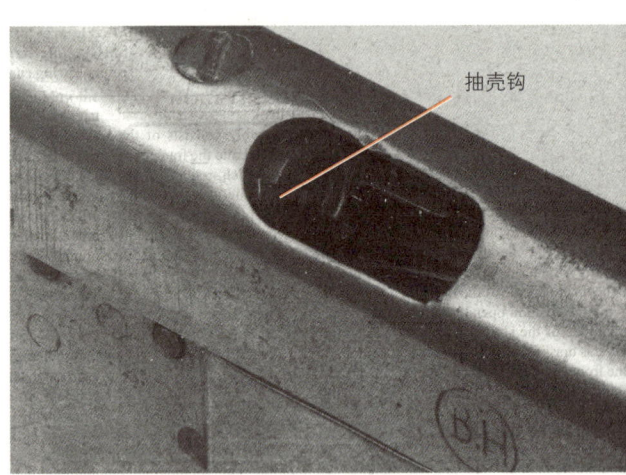

拉开枪机，通过抛壳窗可以看到抽壳钩

机匣组件包括机匣、枪管、弹匣扣和木质握把等。枪管通过螺纹和机匣连接，握把通过两个滑动螺栓和机匣连接，握把上装有后背带环。整个机匣组件重1.39kg，其中枪管长240mm、6条右旋膛线，导程224mm。

发射机组件设计精巧，动作复杂，可单、连发发射。其由扳机、阻铁、连发阻铁

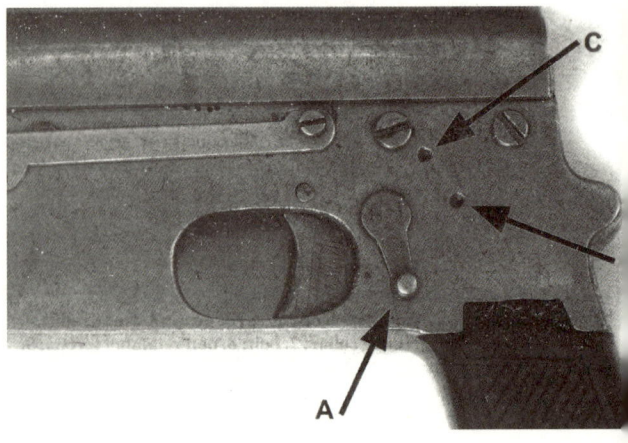

快慢机置于"A"位置时为连发发射模式，置于"B"位置时为单发发射模式，置于"C"位置时为保险模式

和快慢机组成。扳机通过串接的两个扳机连杆与阻铁相连。连发阻铁是为连发射击而设置，同时兼作抛壳挺，这一点比较独特。快慢机位于机匣左侧，有3个位置，从上到下依次为：保险、单发、连发。

击发机组件由击锤、击锤轴、击锤顶杆、两根击锤簧、击针和击针簧组成。

弹匣采用双排结构，有30发、32发两种容弹量。

瞄准装置为固定机械瞄具，采用U形缺口照门，表尺射程50m，瞄准基线长385mm。该枪没有枪托，全枪长445mm，空枪质量2.43kg，装满弹后全枪质量2.82kg。

完全由手工以及简陋的工具打造一支这么复杂的枪械，而且时间又特别紧迫，其中存在很大的困难和挑战。小批量生产中，零件加工委托给HO工厂加工，其主要负责滑座、枪机、机匣组件、扳机和击发机组件的加工以及弹匣和枪管的预加工。为了缩短工期，枪管一般都是用从战争中废弃的枪支上拆下的旧枪管，将两端加工螺纹后提供给斯特姆布什。斯特姆布什从7.62mm、8mm、7.92mm口径的枪管中挑出一些，用挤压膛线的加工方式做成9mm口径的枪管。这工作说起来容易，做起来其实相当困难，因为枪管的尺寸要求非常精确，而加工的余量又不多，所以致使很多枪管在加工膛线过程中作废。而加工好的枪管需要再用锯锯成适当尺寸，工艺也相当粗糙。

另外，HO工厂在生产中，将直径26mm的钢管截至405mm长，然后纵向剖开，一半做滑座，另一半用来做击锤及滑座导轨。滑座导轨用铆接方式联接，机匣部分的其他固定件也是用焊接或铆接方式连接。

BH冲锋枪就是在这样艰苦卓绝的条件下诞生的，可谓来之不易。

亮点设计 颇具影响

虽然BH冲锋枪的产量不多，应用范围也不广，但它身上却有一些亮点值得去仔细品味。它可能是世界上第一支采用闭膛待击、回转式击锤的自由枪机式冲锋枪。开膛待击式武器虽然结构简单，有利于弹膛散热，但击发瞬间的撞击必定给射击精度造成不利影响。与BH冲锋枪同时代的美国雷兴（Reising）冲锋枪虽然也采用闭膛待击方式，但其采用滑动式击锤，在击发可靠性上存在一定的隐患。而BH冲锋枪枪机/滑座一体化设计有利于机构动作顺畅、平滑，提高了可靠性，这一设计在当时具有一定的前瞻性，波兰在1950年代研制的PM63冲锋枪就像它的翻版。回转式击锤击发机构在当时是相当稀少的，而现在基本上已经成了冲锋枪的"标准"结构，HK公司的MP5系列等都使用了这种击发机构。

BH冲锋枪还从MP38/MP40系列冲锋枪的结构中获得了设计灵感，比如分离式握把和直弹匣等。

因为弹匣占据了相关位置，因而将抛壳挺和连发阻铁合二为一，这种设计到目前为止恐怕是空前绝后的；依靠背带来拉枪机待机的方式也属原创，这种设计也只有25年后奥地利的斯太尔Mpi69才再次使用。

诸多前瞻性的设计，对于在如此艰难的特殊历史时期的一个乡村铁匠来说是相当难能可贵的，而从某些结构设计上来看，他比专业的冲锋枪设计师们领先了20余年！

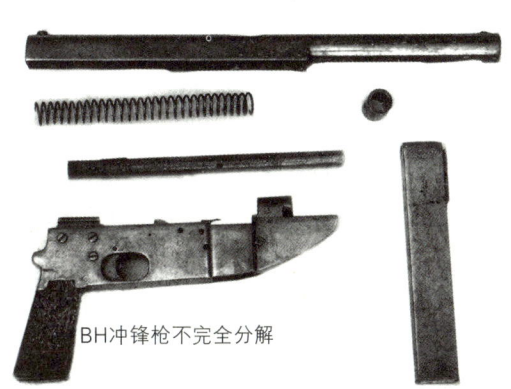

BH冲锋枪不完全分解

轻武器典藏手册 ——世界著名冲锋枪 I

划破黑暗的夜空——波兰闪电冲锋枪

华沙起义期间手持闪电冲锋枪的救国军战士，铝制枪管护筒引人注目

波兰陆军在二战前没有装备冲锋枪。1939年9月，德国通过"闪击战"占领波兰，波兰政府要员迁往英国，并建立流亡政府，在随后的一个月里，流亡政府指示国内人士组织了名为波兰救国军的抵抗武装。在与德军的游击作战中，波兰救国军发现冲锋枪携带方便，火力迅猛，是一种十分不错的游击战武器。不过，单靠从德军巡逻队那里缴获冲锋枪往往要付出生命的代价。为解决供应问题，救国军决定自行研制冲锋枪。

兼具MP40与司登之长

1942年9月，两个年轻的机械工程师——瓦克劳·撒罗尼（Waclaw Zawrotny）和塞沃林·维兰涅（Seweryn Wielanier）向救国军华沙地区司令部毛遂自荐，请求负责研制冲锋枪。两人最先想到的是照搬外国的成熟设计，不过在考察了德国的MP40冲锋枪和英国的司登冲锋枪后，他们发现这两种冲锋枪都不适合——采用折叠式枪托的MP40制造工艺的复杂程度（需要使用大量冲压和点焊工艺）让仅有少量加工机械的救国军望而生畏；司登冲锋枪倒是够简单，只需很简单的

130

划破黑暗的夜空
——波兰闪电冲锋枪

枪托呈折叠状态的闪电冲锋枪

设备就能开工,但其操控性不佳,并且从侧面伸出来的弹匣和固定式枪托使枪支难以隐蔽携带,对需要乔装打扮搞突然袭击的救国军来说太过招摇。

撒罗尼和维兰涅最终决定自行设计一种兼具两者之长,同时又不需要复杂工艺的新式冲锋枪。1943年4月,经过近半年的反复修改,他们设计的闪电冲锋枪原型图也绘制完毕,剩下的就是花时间建立地下网络分头生产零部件并组装。但对沦陷的波兰而言,这可不是件轻松的工作。因为德国人对波兰境内的机械工厂都实行严格控制,对机械工具更是实施严格的配给制,所有可能被用来制造武器的材料都被列入"限制供给物"清单。救国军想尽一切办法筹措物资。1943年9月,在维兰涅的家中,两位工程师终于成功制造出第一支原型枪。准确地说,他们并未制造枪管和弹匣,而是打算直接从司登冲锋枪那里借用。

闪电冲锋枪的名称来源于铝制枪托底板上刻着三支闪电状箭头。在枪托底板上刻这样的图案,据说有两个原因:一是防滑;二是作为一种伪装——在图纸上,枪托底板的设计图标注为"电炉握把",这三支闪电状箭头就是其标志,以免在生产过程中遭到德国人的破坏。

这支原型枪加工出来后对其进行了测试,负责这项工作的埃米尔·菲奥朵夫上校认为在正式投产之前有必要再进行一次实战检验。

觇孔式照门特写。连接螺栓上的圆孔可以用来挂枪背带

枪托打开或折叠后,由螺钉锁定

处于闭锁状态下的枪机，拉机柄通过螺钉固定在枪机上

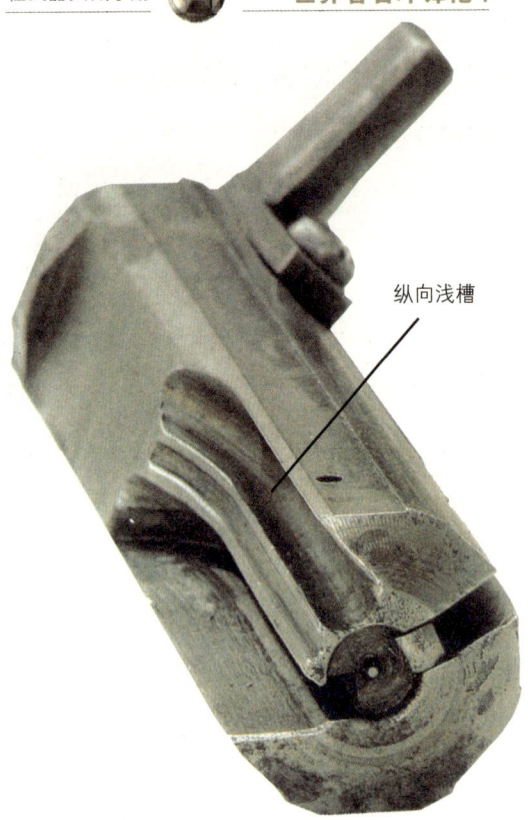

纵向浅槽

枪机特写，其表面加工有纵向浅槽，有助于提高射击可靠性，这一设计非常巧妙

抛壳挺

闪电冲锋枪的弹匣座，弹匣卡笋组件向上突出的部分兼作抛壳挺

闪电冲锋枪的第一战可以说相当精彩。1943年9月27日中午，德军在市政厅前的华沙大剧院广场举行年度庆祝活动。3名救国军战士身披雨衣，混入广场拥挤的人群中，当庆祝仪式到达高潮时，一人从雨衣里掏出一支银光闪闪（当时样枪表面未进行处理，呈金属本色）的闪电冲锋枪，在人群中对着德军军官开火……

经过这次实战测试之后，救国军总部终于同意进行量产。1943年11月，第一批枪交付波兰国防军军械部，并被正式命名为闪电冲锋枪。

艰难的生产过程

为规避风险并加快生产进度，闪电冲锋枪的零部件被分包给散布在华沙城区的近20个地下工厂，负责组装和试射的秘密工厂位于格瑞保斯基广场的一个地窖，地窖之上是一家生产镀锌铁丝网的掩护工厂。为进行试射，在地窖中还特别开掘了一个采用双层水泥墙的地下靶场，双层水泥墙的中间为空心，可以隔绝枪声，在靶场尽头的墙壁上铺满铁轨枕木，枕木之后是一层厚厚的沙袋。地下工厂一般有5人负责冲锋枪的组装和试射。试射时间严格限定在上下班高峰时段，以利用街上的噪声作为掩护。在试射期间，地面上的掩护工厂会安排警戒哨，一旦有可疑人员接近，警戒人员就打开连接到地下的

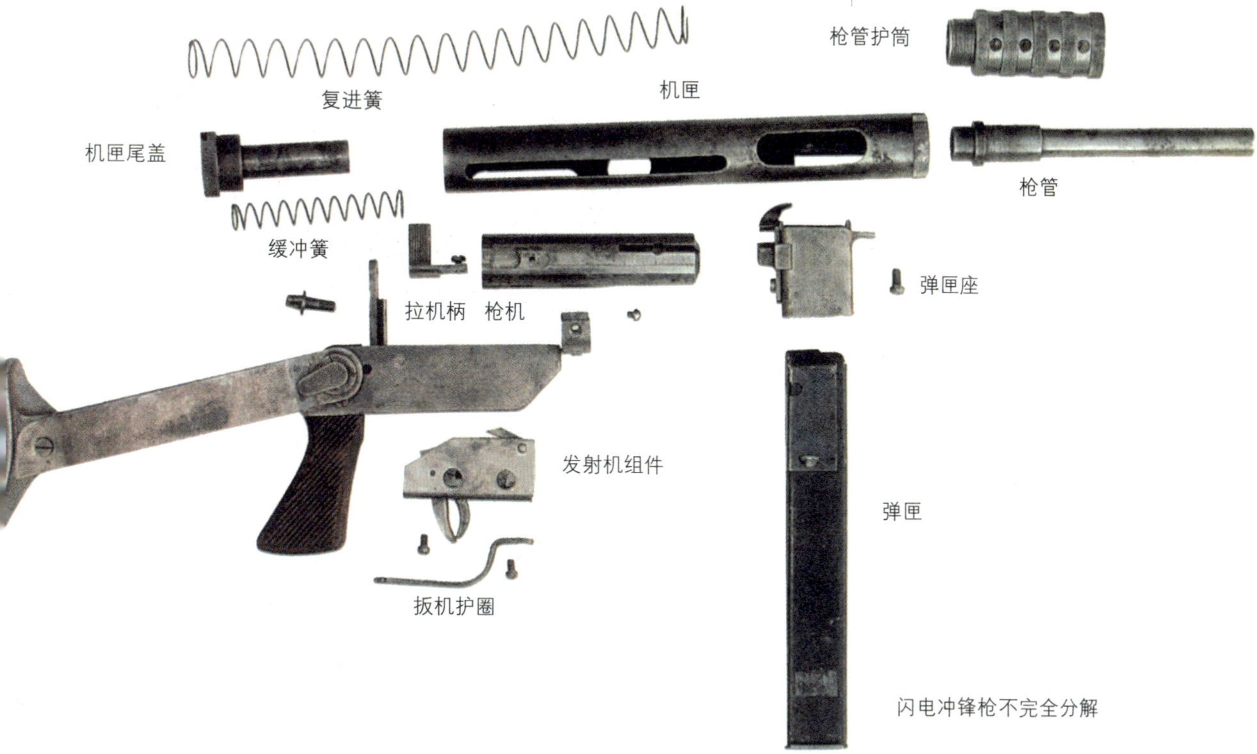

划破黑暗的夜空
——波兰闪电冲锋枪

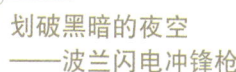

闪电冲锋枪不完全分解

电灯来发出警告。地窖内还埋有大量炸药，如果地下工厂入口被德国人在突击检查中发现，工厂负责人将引爆地下工厂，避免留下任何线索危及整个造枪计划。

闪电冲锋枪的第一批订单只有5支，且带有试验性质。当这5支枪通过验收后，救国军总部向地下工厂提出了生产1000支闪电冲锋枪的要求，后来又追加了300支。1944年7月，用于组装1000支冲锋枪的大部分零件生产完毕，并组装了约600支闪电冲锋枪交付救国军军械部。1944年8月1日，华沙起义爆发后，组装工厂迁往位于市中心的一个更大的军械厂，由地下转入地上。不过，虽然转入地上，但该军械厂在起义期间仅仅生产了40支闪电冲锋枪。

关于地下工厂在整个战争期间到底生产了多少支闪电冲锋枪，研究二战的历史学家向来说法不一。根据波兰救国军的军需记录，其数目是755支。不过，考虑到组装工厂的工人在极端危险的工作环境中可能私自藏匿一些枪支自用或赠送给其他同一战线的朋友，闪电冲锋枪的总数可能还会更多一些。

不过，即便是军需记录中仅755支冲锋枪也是一个了不起的成就。试想，在德军完全占领的城市中，波兰救国军在极度匮乏材料、只有简陋工具的情况下，地下工厂在东躲西藏中完成一款冲锋枪的设计、定型、量产、试射的全部工作，这绝对是一项需要极佳组织性的高难任务。

结构展现

闪电冲锋枪采用自由枪机式工作原理，开膛待击，垂直弹匣可容纳32发9×19mm巴拉贝鲁姆手枪弹，枪托可向下折叠。在设计上，该枪摒弃了复杂的工艺，大部分零部件采用容易加工的车工工艺，各部件的连接则采用螺纹和螺钉。该枪枪管长197mm，复制了司登冲锋枪的枪管，两者可完全互换。枪管通过机匣前端的枪管固定套连接在机匣上，连接部还用铝制枪管护筒加固。

机匣由无缝钢管制成，其上开设了拉机

柄槽、抛壳窗及弹匣座和阻铁缺口。机匣前端通过螺纹连接枪管固定套，后端则通过螺纹连接机匣尾盖。

枪机质量为720g，中空的后部内含复进簧及复进簧导杆。枪机为实心钢棒切削制成，由于其机匣由无缝钢管制成，无缝钢管的硬度极高，在内表面加工出沟槽几乎不可能。为解决这一问题，两位设计者颇费了一番脑筋，最后维兰涅提出了一个替代方案：在枪机表面开槽，这种工艺比MP40的简单多了。枪机表面的几条纵向浅槽主要是减少摩擦，并供排出尘土。闪电冲锋枪的枪机设计实际上参考了MP40的构造，不过MP40的枪机为圆柱状，机匣内表面有沟槽以供排出尘土等污物。

枪托底板上刻有三支闪电状箭头，闪电冲锋枪由此得名

该枪复进簧中还套有缓冲簧，主要为了降低射速，提高射击精度。这种设计也更多地参考了MP40的设计。不过与MP40不同的是，其将缓冲簧的位置由复进簧的前端移至后端，并简化了复进簧、缓冲簧的安装结构。

扳机组件采用一体式构造，整体置入发射机座中，结构十分简单。扳机组件中设有扳机自动保险，保险杆位于扳机前方、扳机护圈内。平时，在弹簧的作用下，保险杆上端（位于机匣内）自动卡入扳机上的卡槽中，使扳机无法扣动。要解除扳机保险状态非常简单，只需将手指插入扳机与保险杆之间，前推保险杆，保险杆下端则向前转动，其上端自动脱离扳机上的卡槽，便解除保险状态。不过，当枪机处于最前方或最后方位置时，却没有任何额外的保险措施。在后来的实战中，当枪托受到撞击时，常常发生走火误伤事件。

折叠式枪托安装在发射机座尾端。枪托可折叠于机匣下方，材质为厚钢板，托底板为铝合金制成。折叠后整枪便于隐蔽携带，不过由于是向下折叠的，其长度受限于机匣长度，展开后对一般射手而言比较短，使用起来并不舒服。这种折叠式枪托明显也是受了MP40的影响。

扳机与保险杆特写

弹匣座通过两颗螺钉固定在机匣上。弹匣座由两块材料焊接而成，其上用螺钉固定了弹匣卡笋。弹匣卡笋的一端延长至机匣，起到抛壳挺的作用。

机械瞄具为觇孔式照门和倒V字准星，做工比较粗糙，精确射击距离不超过27m。从照门外观上可以看到司登冲锋枪的影子，但从细节上可以看出设计者显然并没有仿照司登冲锋枪的设计——觇孔开口过大，而倒V字准星柱又太小，加上显得过短的枪托，射手几乎无法据枪精确瞄准。而且，在机匣尾盖上的照门和设在枪管固定套上的准星由于位置均不是固定的，在组装时也常会由于精度原因使瞄准线与枪管轴线并不平行，这也使得瞄具显得有些多余。不过，采用觇孔式照门对波兰军队而言倒是第一次，也是惟一一次，波兰设计的冲锋枪再无使用觇孔式照门的。

弹匣为司登冲锋枪弹匣或其仿制品，其

使用闪电冲锋枪的波兰救国军战士，摄于1944年10月

主要特征为弹匣内枪弹呈交错双排，弹匣内壁在开口处收缩，仅容单发枪弹通过，即为双排单进弹匣，弹匣内有托弹板和托弹簧。由于缺少可靠的托弹簧材料，波兰自产的弹匣质量很差。

非常时期的原创设计

作为时代和环境的产物，闪电冲锋枪在战术性能上不够完善，其主要缺点是分解时需要卸下多个细小螺钉，费时费力，而在城市巷战的环境下，尘土较多，分解维护又是必不可少的。结果是拆下的螺钉容易丢失，螺孔细小脆弱的螺纹在分解过程中容易因沾染尘土而堵塞，同时也容易因拆装中用力过猛而磨平。

另外，闪电冲锋枪中银光闪闪的铝制枪管护筒也是一个弊端。理论上，这一设计有助于发射过程中枪管散热。然而事实上，主要从事地下活动的救国军战士根本不可能有那么多的弹药让枪管发热。不仅如此，铝制枪管护筒反而有诸多不利之处。首先，枪管护筒未经任何处理，呈现了铝材的原始质地，结果大老远就能看见它亮晃晃地闪着银光——会过早地将射手的位置暴露给敌人。其次，铝制枪管护筒容易损坏，而枪管护筒一旦损坏，这支枪就基本上报废了。

当然，对于两个从未从事过枪械制造的年轻人而言，在那样极端恶劣的生产环境下，不得不佩服他们在第一件作品上表现出来的原创性和优点。曾有人有幸试射过一支闪电冲锋枪（该枪保存于华沙的波兰警察总部法医实验室），试射后认为全枪的平衡性很好，射击体验相当不错，从15m远射击的弹着点也相当密集。相信对枪弹均极度匮乏的波兰救国军而言，这已经是相当完美的武器了。

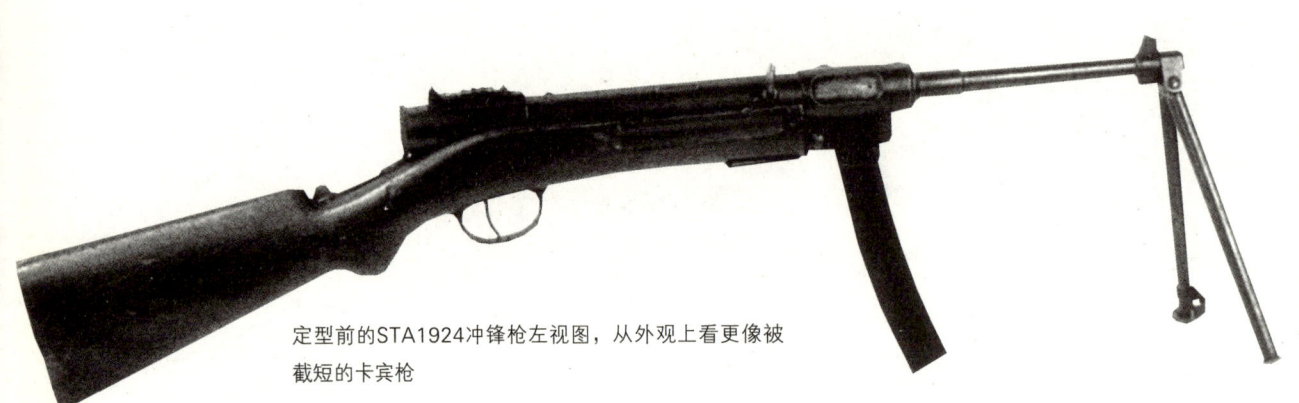

定型前的STA1924冲锋枪左视图，从外观上看更像被截短的卡宾枪

时运不济

——法国STA1924 冲锋枪

一战结束后，世界重归和平，但是这来之不易的和平显得非常脆弱，一些小的事件可能就会引起一场大的冲突。全欧洲的军事机构都对此心存忧虑，法国从刚结束的战争中得到的教训就是用新式武器尽快武装自己，但研制出的武器并不都能如愿装备部队。本文介绍的就是一支时运不济的冲锋枪，虽历经长期研制，但在大量生产前即被淘汰。

1921计划

一战后，法国政府清楚地认识到国内步兵装备已经非常陈旧，因此计划对其进行现代化升级，并于1921年5月11日正式实施，史称"1921计划"。该计划不只确定了哪些武器将被替换，还列出了即将研制的一系列武器，包括手枪、半自动步枪、冲锋枪、轻机枪、重机枪、高射机枪、小于37mm的小口径反坦克武器以及掷弹筒等多类型武器。

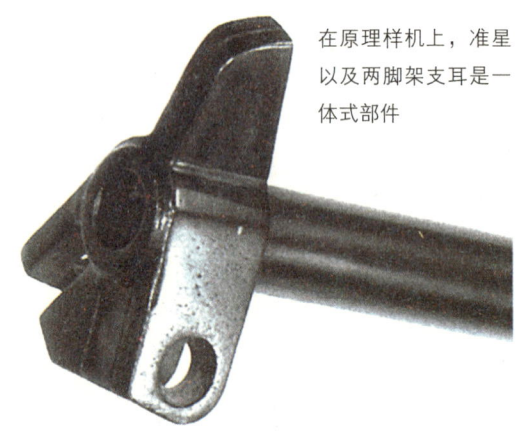

在原理样机上，准星以及两脚架支耳是一体式部件

其中，1921计划中对冲锋枪提出了如下要求：武器结构要简单，并且保证在泥泞中仍能可靠射击；采用短枪管、开膛待击；质量要轻，全枪质量控制在3～4kg左右；能够对200m处的目标进行密集射击；必须使用该计划中军队选用的手枪配用弹种，而在手枪型号未确定时，必须使用9mm巴拉贝鲁姆弹；必须使用25发或者更大容量的弹匣；能够进

时运不济
——法国STA1924冲锋枪

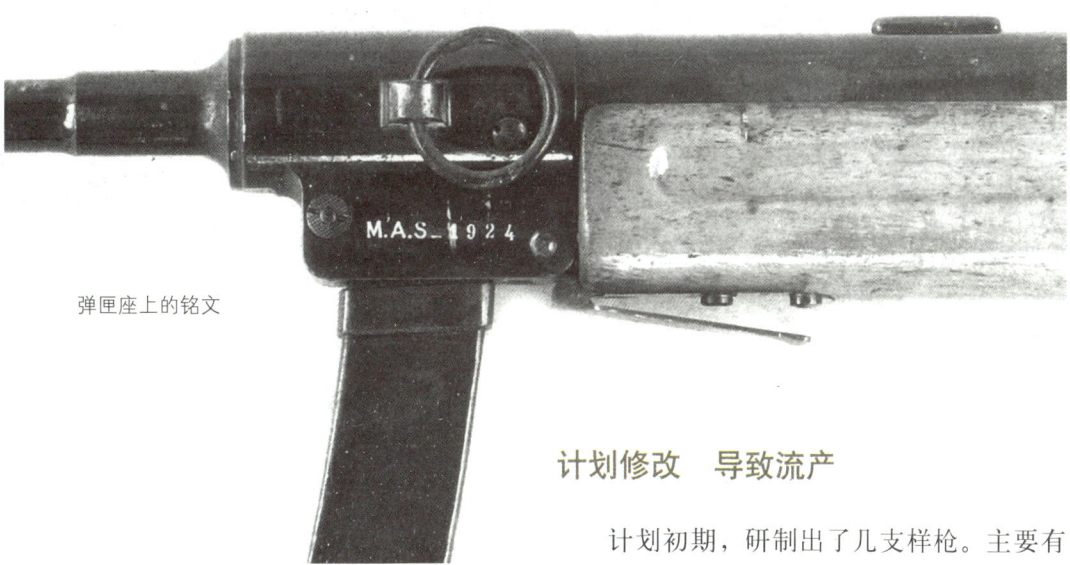

弹匣座上的铭文

行单发射击或连发射击；射速在400～500发/分；在100m处射击时，5～6发点射散布小于70cm×70cm，连发发射一个弹匣散布要小于100cm×100cm；采用100m用和200m用两个照门；为了方便卧姿射击，该枪须配备两脚架，质量含在上面提到的全枪质量中，而且两脚架必须在非卧姿射击时不影响正常射击。

法国军方通过研究其他国家的武器使用情况后认为，应给一些不直接参与战斗的军士以及特殊人员配备这种武器，大概比例为每个步兵连配备64支，每个炮兵团配备140支。

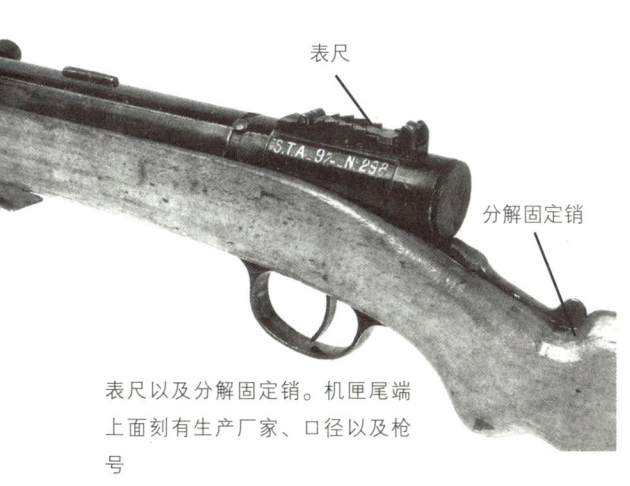

表尺以及分解固定销。机匣尾端上面刻有生产厂家、口径以及枪号

计划修改　导致流产

计划初期，研制出了几支样枪。主要有以下两种：一种是STA公司研制的STA1924冲锋枪；还有一种是MAS公司设计生产的冲锋枪。

1921年5月11日开始制订计划时，冲锋枪有效射程指标定为200m，但是士兵认为200m的射程太近，射程应该扩大。紧接着1922年又改进出STA1924的3支样枪。改进之处有：将照门改进成V形缺口式，使瞄准距离从100m和200m增大到600m；在对32发和40发弹匣进行试验后，选用了32发弹匣。后来，为了减轻质量，在设计中采用了硬铝合金，并生产出8支样枪，其中4支带有两脚架，另外4支带有单支撑架。

法国另一知名厂家——查特勒尔特兵工厂负责制造弹匣。该弹匣为弧形，并且在弹匣上加工有3个孔以查看余弹量。在研制过程中，还曾经尝试用硬铝合金来制造这种弹匣，但后来发现硬铝合金不适宜制造弹匣后，就又使用钢板来制造。

研制过程中，还有一些人建议为样枪的拉机柄槽装一个防尘盖，增加枪管套以及快慢机，使其可以进行单发射击。设计过程中，除了最后一项没被采纳外，其他方面均适当作了改进。

STA1924冲锋枪在1924年生产了300支，并在同年9月进行了部队试验：步兵（第146

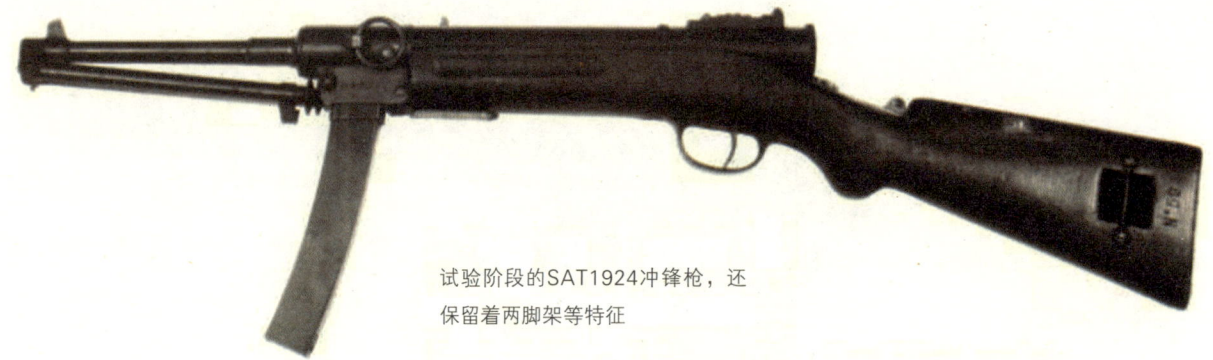

试验阶段的SAT1924冲锋枪，还保留着两脚架等特征

步兵团）150支、骑兵40支、炮兵80支、坦克乘员10支、10支进行了其他试验，还有10支预留了下来。

参试部队在试用后提出了许多修改建议，后来这些建议在后期的设计中被采纳，包括：将拉机柄头部改为圆形，提高弹匣口部强度，去掉两脚架等。

1925年7月，对该冲锋枪的第一个，也是唯一的正式型号——STA1924 M1冲锋枪再一次进行试验，试验结果令人满意，并且受到部队认可，国防部表示愿意订购8250支。

然而遗憾的是，就在工厂投入生产STA1924 M1之时，1926年7月9日，1921年的计划被修改了，而且添加了新的内容，如这种武器必须能够发射0.30Pedersen长弹（即后来的7.65mm长弹）等。至此，STA1924冲锋枪的研制任务宣告结束。

结构设计一览

STA1924冲锋枪外形与今天的冲锋枪大相径庭，看起来像带有枪托和下护木被截短的卡宾枪。枪托用两条螺钉固定在机匣上，枪托左侧有一个固定枪背带的横杆，前背带环在机匣前部左侧。枪托尾部可以打开，以放置枪管通条以及拆枪工具。

机匣为圆柱形，尾部旋接有机匣尾盖，里面装有复进簧及导杆。机匣下方为击发机构，包括一个扳机以及阻铁。机匣右方设有拉机柄，拉机柄槽后端有一个向下的缺口。该枪采用开膛待击，停射时，枪机处在后方位置，此时，可向下方旋转拉机柄，使之卡入缺口中，以保证安全携行。闭膛状态时，机头处在前方位置，防尘盖能盖住拉机柄槽，防止灰尘进入。机匣右侧前部为抛壳窗，弹匣座上设计有弹匣口盖片，弹匣拔下时，可用这个盖片盖住弹匣口，同样也可防止灰尘进入。

枪机头的设计来源于MP18 I冲锋枪，为圆柱形主体。枪管内设有6条右旋膛线。不同型号的枪配有不同的膛口装置。样机的准星下侧有两个支耳用来安装两脚架。而在

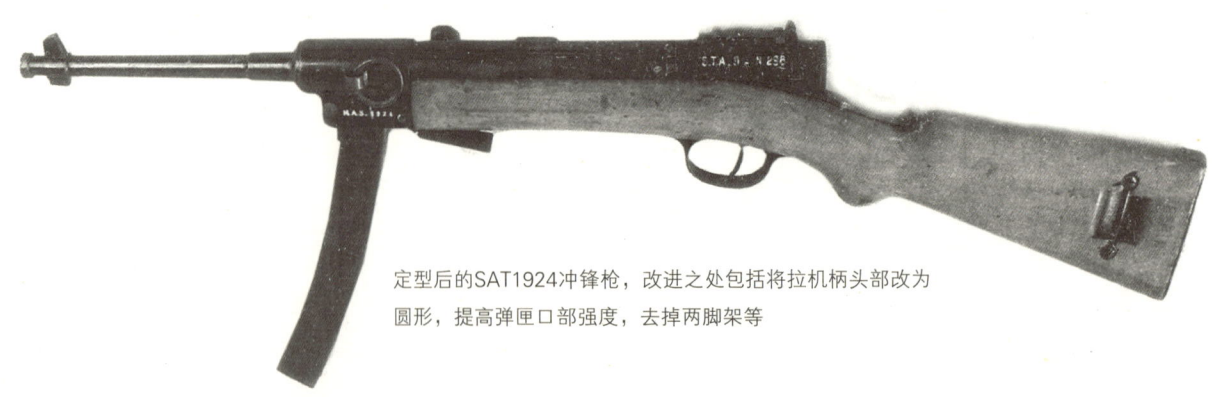

定型后的SAT1924冲锋枪，改进之处包括将拉机柄头部改为圆形，提高弹匣口部强度，去掉两脚架等

时运不济
——法国STA1924冲锋枪

MAS公司制造的另一款冲锋枪，发射9mm巴拉贝鲁姆弹，是MAS38 7.65mm冲锋枪的前身。由此看出，早期冲锋枪外观尺寸较大，与现代冲锋枪的外形大相径庭

STA1924 M1冲锋枪上，两脚架被取消了，所以两脚架支耳也没有了。

该武器由一个容弹量为32发的双排双进弧形弹匣供弹。弹匣后方有3个孔，旁边分别标有8、16、32字样，以方便查看余弹的位置。按压弹匣扣就可以解脱弹匣。表尺射程100～600m，分划间隔100m。

STA1924冲锋枪的金属零部件均经过黑色磷化处理或者发蓝处理。一些样品还作了镀锌处理。

该枪操作简单，打开弹匣口盖片，插入一个装填好的弹匣；打开防尘盖，将枪机拉到后方并定位就可以射击。

分解结合也比较简单：按压弹匣扣，取下弹匣；把分解固定销转到右方，将枪管/机匣部件向前下方旋转；拧下机匣尾盖取出复进簧；打开防尘盖，向后拉动拉机柄，当拉机柄移动到最后方位置时，从枪机上取下拉机柄，即可从机匣中取出枪机，接着就可以取出击针。这样就完成了整个枪的分解。结合则按照上面分解相反的顺序进行。

若干附件

STAM1924冲锋枪附件除枪背带、铜制枪管通条（放置在枪托内）外，还包括皮质弹匣袋（每人必须携带3个弹匣袋，左侧一个，右侧一个，后背一个。每个弹匣袋可装3个弹匣）、连用皮质弹药袋（能携带2个弹匣）、军官用哈瓦那皮质弹药袋，用来清洁活塞筒的毛刷以及M1915油壶。

命运不济 惨遭淘汰

可惜的是，STA1924冲锋枪在大规模生产前即从计划中被排除掉了，虽然是一支经过长期系列验证的枪，但是总产量不超过300支，其中还包括样品枪及送到部队进行试验的试验枪。

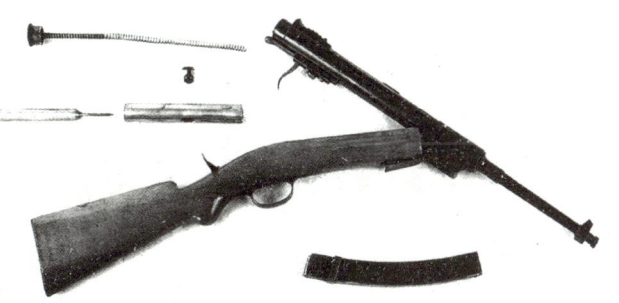

STA1924冲锋枪不完全分解图

法国MAS M1938冲锋枪

独具特色的法国MAS M1938冲锋枪

大家知道，冲锋枪使用手枪弹，也就是说，冲锋枪的开发是以半自动手枪及其弹药的开发定型为前提的。法国军用半自动手枪及其弹药的开发定型较晚。1914年一战开始时，法军依然装备转轮手枪，由于敌国德国装备许多半自动手枪，才大量进口西班牙红宝石型半自动手枪作将校用手枪。该枪结构类似美国柯尔特M32袖珍手枪，采用自由枪机式自动原理，击锤内藏，使用7.65×20mm手枪弹，在法国又称M1916红宝石手枪。由于当时的西班牙未建立安全认证的检验体系，许多制造不良或不安全的红宝石型手枪同样出口，击发时常发生枪管炸裂等重大故障。该枪的安全性远不如当时法军使用的M1898转轮手枪。战争后期，英军首先禁止使用该枪，接着法国也停止使用。

因此，法军内部普遍认为半自动手枪不安全，这无疑成为法国军用半自动手枪及其弹药开发定型较晚的主要原因。以此为前提的冲锋枪的开发当然也较晚。

开发试验样枪

法国圣埃蒂安兵工厂（MAS）是一家主要生产手枪、步枪和冲锋枪的工厂。该厂在开发军用半自动手枪的同时，也进行冲锋枪的开发。

1935年，法军将该厂开发的两支半自动手枪选作制式，分别命名为M1935A和M1935S半自动手枪，并促进该厂进一步开发冲锋枪。结果于同年开发并少量生产了冲锋枪试验样枪，命名为SE-MAS MLE1935冲锋枪。"MLE"是法文"型"、"式"的缩写，相当于英文缩写"M"（此处均用"M"）。该枪与M1935A、M1935S手枪一样，使用法军制式7.65×20mm手枪弹。这

MAS M1938冲锋枪右视图

种手枪弹是1925年开发的，实际上它仿制于美国M1918佩德森手枪弹，1935年正式配用于M1935A、M1935S半自动手枪而成为法军制式弹，该弹又称7.65mm MAS手枪弹、7.65mm军用与民用手枪长弹。该弹的威力比当时德军使用的9×19mm手枪弹小。

法军特意将使用7.65×20mm弹的半自动手枪选作制式，在限定射程内用于自卫，这是因为发射该弹时枪的后坐容易控制，枪较容易使用。因该弹威力小，用于冲锋枪时，有效射程稍近，这是不利的，但是，SE-MAS M1935是按轻型冲锋枪设计的，其具有射击中后坐力小的优点。

SE-MAS M1935的机匣后方，配装由钢管和钢条组成的金属枪托，枪托的钢管内装有枪机复进簧。该枪采用自由枪机原理，从外形上看，从枪管前端到枪托后端几乎呈一条直线，射击中容易控制。

法军对试制型SE-MAS M1935进行部队试验，试验后又进行部分改进。

诞生MAS M1938冲锋枪

1938年，法军将改进后的SE-MAS M1935冲锋枪选作制式，命名为MAS M1E1938冲锋枪(MAS M1938)。MAS M1938继承了MAS M1935的特征，采用自由枪机原

MAS M1938冲锋枪的弹匣安装口设计有防尘盖

理，枪管、枪机、枪托成一条直线配置。

MAS M1938与MAS M1935的不同之处在于枪托部分。试制型MAS M1935配用钢管和钢条组合的金属枪托，而MAS M1938配用内装金属条带的三角形木制枪托。

MAS M1938除了枪管、枪机和枪托直线配置之外，结构上还有许多有趣之处。例如，机匣右侧的拉机柄装在抛壳窗的防尘盖上，与枪机呈独立状态，平时防尘盖关闭，射击中拉机柄停于后方，防尘盖打开。另

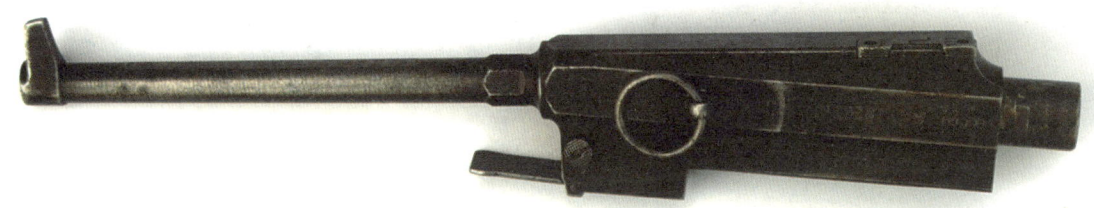

独具特色的法国 MAS M1938冲锋枪

MAS M1938冲锋枪不完全分解图

外，机匣后端有2个折叠式表尺，前面的立起时表尺射程为200m，后面的立起时则为100m，不用时可折倒藏于机匣上面的槽内，防止碰坏或变形。手动保险也较独特，其没有设计成单独的构件，而是将扳机向前推再折叠锁定阻铁，扳机向前折叠即为保险状态。此外，机匣前端下面的弹匣安装部位设有防尘盖，可防止未装弹匣时尘土和异物进入。该防尘盖采用以机匣前端部为轴回转的结构，装上弹匣时，防尘盖紧贴弹匣。机匣为钢件，采用切削加工的传统加工方式，结构简单，容易加工。双排弹匣用钢板冲压制造，容弹量为32发。

该枪的不完全分解操作简单而快速，只需推枪托前端下面的锁定杆，再将枪托回转90°，便可拆下枪托。然后使机匣滑向后方，便可拆下小握把组件。

从整体上看，MAS M1938冲锋枪是一支优秀的现代冲锋枪，即使当时的敌国德国，对该枪的评价也不低，所以在德国占领期间继续生产该枪，供应维希政府(二战期间法国的傀儡政府)和德国警察等机构。

但正如前文所说，该枪所使用的枪弹威力小，所以与其说是军用冲锋枪不如说是警用冲锋枪，更适于近距离作战。德国兵工人员在一份报告中指出："法国MAS M1938冲锋枪存在的问题是使用了7.65×20mm手枪弹……倘若该枪能使用9×19mm手枪弹，一定会成为更优秀的武器。"

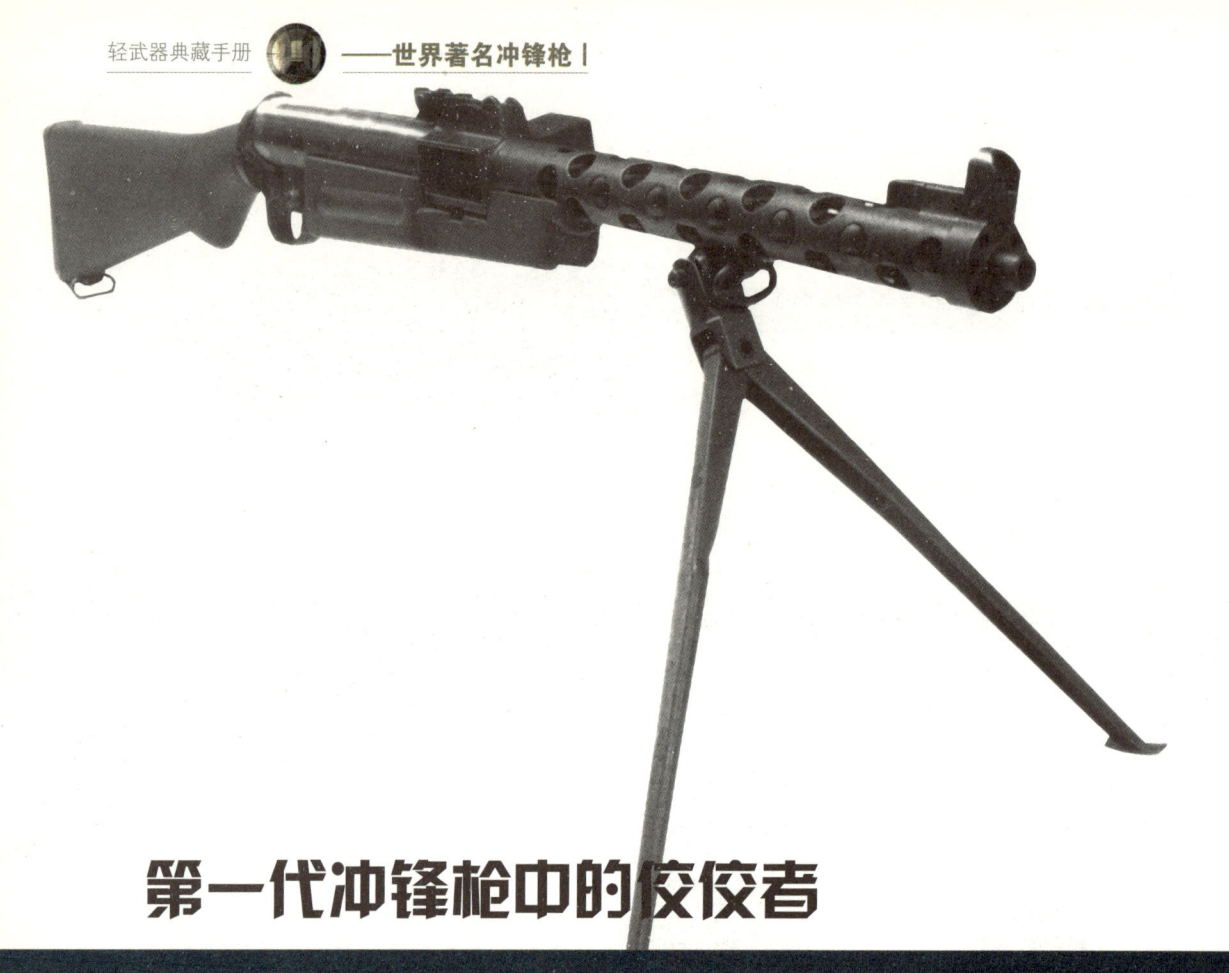

第一代冲锋枪中的佼佼者
——捷克ZK383双射速冲锋枪

1933年,捷克斯洛伐克的约瑟夫·库凯(Josef)和弗兰蒂斯克·库凯(Frantisek Koucky)共同设计出ZK383 9mm冲锋枪,并取得了相关专利。该枪最大的特点是配备了可迅速更换的枪管和与众不同的枪机,其枪机上有一个可拆卸的、质量为170g的调节块。当这个调节块安装在枪机上的时候,ZK383的射速为500发/分;不安装调节块时,其射速就会提高到700发/分。

第一代冲锋枪中的常青树

第一代冲锋枪(指第一次世界大战结束至20世纪30年代生产的冲锋枪)一般都采取费时费料的机加工制造,ZK383冲锋枪也不例外。这使其一方面由于产量很低而变得价格昂贵,另一方面又因为做工精良而经久不衰。

从20世纪30年代后期到1945年,ZK383冲锋枪在二战中的欧洲战场被广泛使用。战后,它又出现在前捷克斯洛伐克国营布尔诺兵工厂的产品目录上。因此,ZK383冲锋枪的生产和使用时间比绝大多数第一代冲锋枪都要长。ZK383冲锋枪曾经在南美委内瑞拉、波利维亚和巴西销售。20世纪30年代中期,它还曾被德国党卫军采用并改名为"MP383"。另外,比利时军队也曾使用过

第一代冲锋枪中的佼佼者——捷克ZK383双射速冲锋枪

第二款ZK383冲锋枪的左视图和右视图。注意折叠起的两脚架

这种冲锋枪，直到20世纪60年代中期比利时卫国军还在使用，而比利时警察部门使用到更晚些时候。在世界范围内，只有意大利的伯莱塔M38系列、西班牙阿斯特拉900系列和美国的汤姆逊系列可与之比肩。

三款不同时期的ZK383冲锋枪

ZK383冲锋枪在生产和使用中出现了三种截然不同的款式，但这三种款式均拥有以下共同的部件：机加工机匣、木质枪托、带有可拆卸调节块的双射速枪机、安装在枪托内部的复进簧和快慢机。

第一款的枪管上有散热片，枪上安装有一个与枪管垂直的前握把。该款冲锋枪产量很小。

第二款的枪管上设有护筒，取消了散热片和垂直前握把。该款冲锋枪大多带有两脚架，平时折叠贴附在护木下方，使用时可以打开。这种款式的极少数还带有刺刀。那些没有两脚架的为警用版，并被命名为ZK383P。警用版取消了军用版特有的100～800m可调式照门，取而代之的是一个简易的L形翻转式照门。

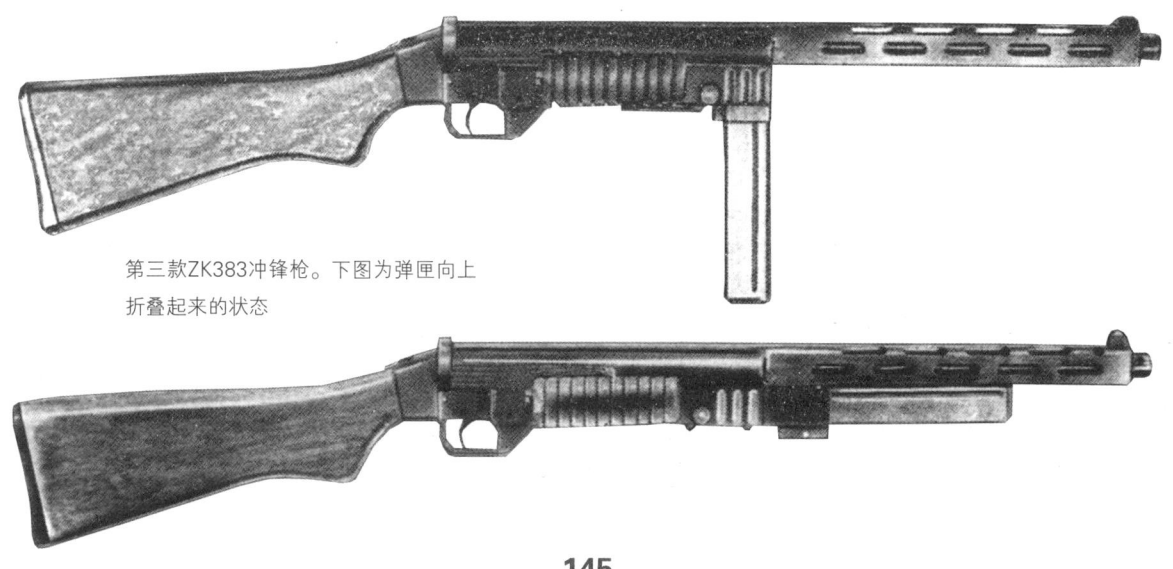

第三款ZK383冲锋枪。下图为弹匣向上折叠起来的状态

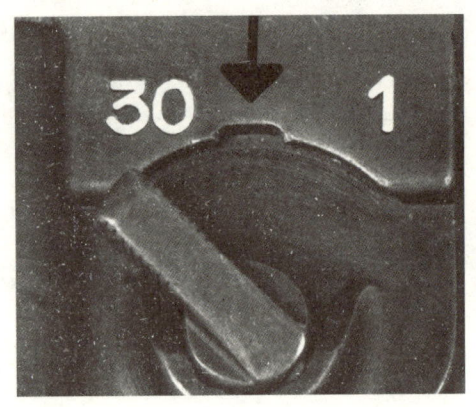
在拆下快慢机之前,先要把快慢机杆拨到垂直线所示"1"和"30"的中间位置

ZK383冲锋枪的快慢机拨到"30"时为连发模式,拨到"1"时为单发模式。扳机上方的按钮为手动保险。向内按压时,只能锁定扳机而不能限制枪机

第三款在二战结束后才开始出现。与前两款相比,其具有非常明显的特点。前两款的弹匣都是平行安装在机匣左侧,而第三款的弹匣是垂直安装在机匣下方的,且弹匣可以向前折叠,携带更为方便。紧急时刻,装好枪弹的弹匣可以立刻向下旋转到位并做好射击准备。由于折起的弹匣占据了枪管下方的位置,该款冲锋枪取消了两脚架。该枪同样使用"L"形翻转式照门。前两款都有可快速更换的枪管,而第三款却舍弃了这种造价昂贵的设计结构。

这三款ZK383皆由机加工生产,所有的金属部件都是由经验丰富的工人精心制造出来的。

1939年,德国占领了捷克斯洛伐克,并且接管了生产ZK383冲锋枪的兵工厂。该兵工厂的名字也从"国营布尔诺兵工厂"(zbrojovka Brno)改为"伯布鲁诺兵工厂"(wafen werke Brunn A.G.)。在德国监督下生产出的ZK383一般带有"H SS PF"的标识,也有些产品标识为"VZ9"。

设计理念融会贯通

ZK383冲锋枪采用自由枪机式自动原理,开膛待击射击方式。这种射击方式由雨果·希买司发明,并被使用在世界上第一支真正意义上的冲锋枪——MP18 I冲锋枪上。

ZK383冲锋枪的复进簧及复进簧导杆安装在枪托内部,枪机连杆铰接在枪机尾端。枪机后坐时,通过枪机连杆作用在复进簧导杆及复进簧上,压缩复进簧。1924年,法国的圣埃蒂安军火公司生产的MAS M1924机枪采用了包括"复进簧内置于枪托"在内的多种具有创新性的设计方法,被公认为是一件十分成功的作品。1926年,捷克斯洛伐克也生产了采用"复进簧内置于枪托"设计的CZ26机枪,它与MAS M1924十分相似,明显受到了该枪设计理念的影响。毫无疑问,这些武器为库凯兄弟设计ZK383冲锋枪提供了灵感。后来,尤金·斯通纳在他的AR15/M16系列枪械中也采用了这种"复进簧内置于枪托"的设计方式。

ZK383冲锋枪的弹匣容弹量为30发,采用双排双进弹匣,这种弹匣是路易斯·希买司(雨果·希买司的父亲)设计M1897伯格曼手枪时发明的,该弹匣可以在不使用装弹器的情况下轻松装弹。而且这种设计减少了上膛时枪弹与弹匣内壁的摩擦,当有污垢进入弹匣时,双排双进弹匣一般不会被卡住。

第一代冲锋枪中的佼佼者
——捷克ZK383双射速冲锋枪

ZK383冲锋枪操作舒适,人机工效佳。该枪全枪长仅为876mm,全枪质量也只有3.96kg。该枪的枪托近似直形,抵肩位置接近枪管轴线,连发射击时,枪身后坐的翻转力矩较小,枪口上跳比较容易控制。

ZK383冲锋枪的拉机柄安装在机匣左侧。快慢机也位于机匣左侧、扳机上方,便于操作。当右手紧紧握住武器时,左手可方便地选择火力模式:"30"表示连发发射模式,"1"表示单发发射模式。

前文提到,该枪最显著的特点就是其枪机上的调节块。当安装上调节块后,经验丰富的射手在连发模式下可以进行点射。在500发/分的射速下,即使是连发状态,射手也可以通过扣动扳机进行单发射击。这种设计非常实用——当需要节省弹药或只需发射一发枪弹就足够时,可以在这种模式下进行单发射击。

该枪采用横闩式手动保险,向右推为保险状态,但只能锁定扳机而不能限定枪机的移动,存在一定的安全隐患。枪在手动保险状态下,若跌落或意外震动,枪机会因惯性而后坐,若枪机未后坐到位而复进时,就会推弹上膛并击发,从而造成走火事故。

快速拆解

第二款ZK383用可以快速更换的带护筒的枪管取代了带散热片的枪管,枪管可以迅速更换或取下进行清洁。首先取下弹匣并检查枪膛,确认没有实弹。然后向后拉位于枪管上、准星后边的枪管连接销,并把准星和枪管向顺时针方向旋转90°,向前拉出枪管,就可以从机匣上拆卸下来。

下面的拆解步骤,三款冲锋枪结构相同。把快慢机转到"30"和"1"之间的位置,然后,从另一面向内按快慢机,稍稍推进一点,抓住快慢机杆向外拉,直到拉不动为止。一只手抓住枪托,另一只手抓住机匣,把机匣向前拉大约6mm,这时该枪就可

拆下枪管前要先向后拉开枪管连接销

以像一支单管霰弹枪那样被打开,可以看到枪机连杆的末端。抓住枪机连杆,把枪机向后拉出机匣。

也可以将复进簧和复进簧导杆作为独立的部件从枪托后部拆下。首先,按下枪托底板连接销的按钮(安装在枪托后部顶端),向上旋转枪托底板,这时会露出一个很短的金属杆。向逆时针方向旋转金属杆,就可以取下复进簧和复进簧导杆。

结合按相反步骤进行即可。

结语

捷克斯洛伐克的ZK383冲锋枪很好地体现了两次世界大战期间欧洲枪械的设计风格,其使用枪机调节块实现射速控制的设计在冲锋枪中是极少见的。

ZK383冲锋枪具有射速快、精度高的特点,对于迅速移动的士兵而言非常有效;当与敌人不期而遇时,其卡宾枪式的枪托可以使士兵快速、准确地先敌开火;如果卸掉枪机调节块,较慢的射速又有助于节省弹药。

虽然ZK383冲锋枪生产了很多年,但是随着性能更优的冲锋枪的问世,ZK383和其他的第一代冲锋枪还是一起退出了历史的舞台。

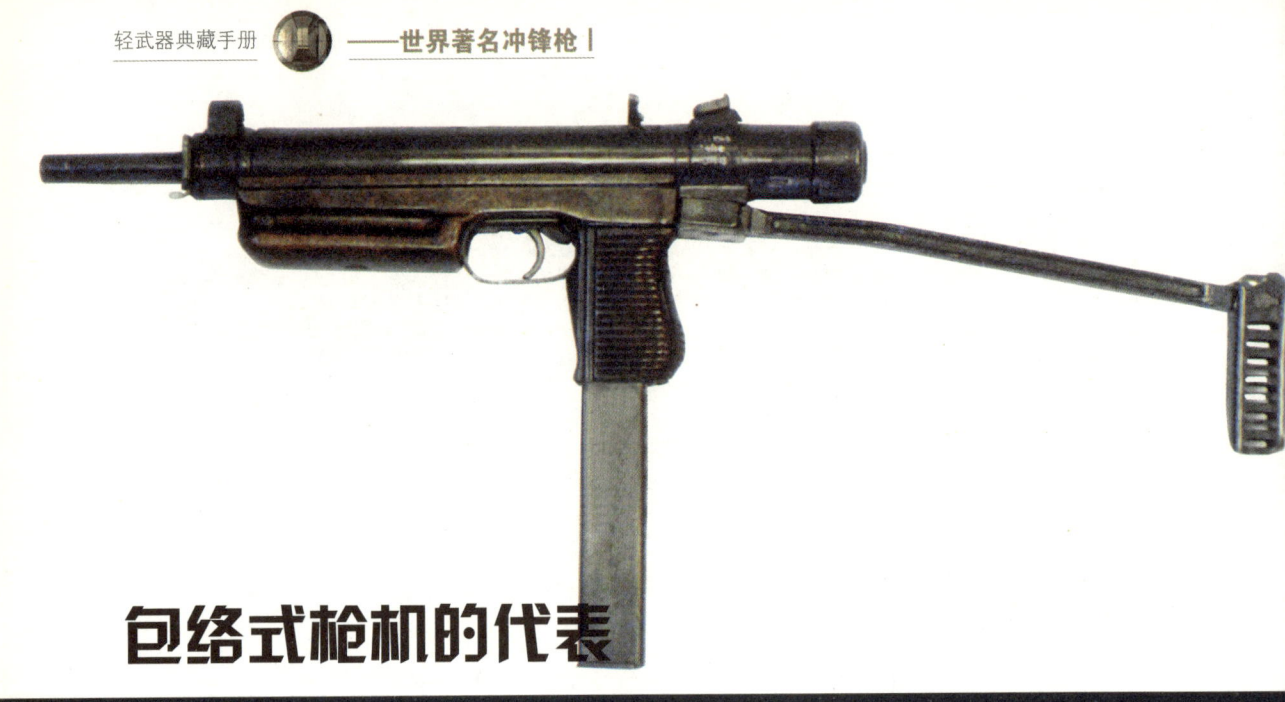

包络式枪机的代表
——捷克Vz23/25 冲锋枪

捷克生产的Vz23冲锋枪在外形及设计结构上与以色列乌齐冲锋枪十分类似，但却没有乌齐冲锋枪的名气大，使用范围也不是那么广泛，不过该枪却是早期性能出色的冲锋枪之一。

紧跟潮流设计

世界上第一支冲锋枪是出现在一战后期的意大利维勒·帕洛沙M1915冲锋枪，这一时期的代表产品还有意大利的伯莱塔M1918冲锋枪、德国的MP18冲锋枪以及美国的汤姆逊冲锋枪。

冲锋枪自诞生后发展迅速，到20世纪二三十年代陆续出现了一批冲锋枪佳作，如法国STA M1924冲锋枪、奥地利斯太尔冲锋枪、德国伯格曼冲锋枪、西班牙星式SI35冲锋枪、德国厄尔玛冲锋枪、意大利伯莱塔M1938冲锋枪、法国MAS38冲锋枪以及苏联PPD40冲锋枪等。

1938年，德国开启了现代轻武器生产技术的一个新时代，在枪械制作中大量使用冲压件，MP40冲锋枪由此诞生了。其他国家也紧随其后，如英国的司登冲锋枪、苏联的PPS43冲锋枪、美国的M3和M3A1冲锋枪……一些在二战后生产的冲锋枪，如西班牙的星式Z45冲锋枪、MAT49冲锋枪等也采用了类似的工艺。

20世纪40年代末期，一种新式结构的冲锋枪出现了：枪机为包络式，握把兼作弹匣座。采用这种结构的冲锋枪变得更加紧凑，全枪质心正好落在握把上，握持射击也更加舒适。而这其中的代表产品就是著名的以色列乌齐冲锋枪。捷克著名轻武器设计师弗兰蒂斯克·霍莱克也紧跟其后，先后设计了Cz148、Cz447和Cz476冲锋枪，并在此基础上最终形成了发射9mm巴拉贝鲁姆弹的Vz23冲锋枪。

Vz23结构展示

Vz23冲锋枪与乌齐冲锋枪一样，采用自

包络式枪机的代表
——捷克Vz23/25冲锋枪

Vz24冲锋枪的机匣及内部机构剖面图

由枪机式工作原理,包络式枪机,开膛待击。Vz23早期的型号枪身表面经过发蓝处理,晚期型号的表面则进一步作了亚光处理。

该枪的机匣是一根直径为40mm的圆管,为无缝钢管制成,大部分零件为金属冲压件,枪管、枪机和一些次要部件由机加工制成。该枪的枪管特别长,几乎占了全枪的长度,枪管部分伸入机匣内,使枪机包络枪管的长度达159mm。这种枪机结构大大缩短了武器的全枪长,使该枪的结构更加紧凑。

枪机和机匣的右侧分别设有一个抛壳窗,当枪机位于开锁位置时,枪机与机匣上的抛壳窗相互对应,实现抛壳;当枪机位于闭锁位置时,枪机上的抛壳窗被枪管封住,机匣上的抛壳窗则被枪机封住。拉机柄槽位于机匣上部偏左侧,复进簧导杆兼作抛壳器。

该枪设有两种保险机构:一种是拉机柄保险,当拉机柄位于拉机柄槽前方的卡槽中

Vz24冲锋枪的枪身铭文刻在机匣后部的左侧

时,即可锁住枪机;另一种是扳机保险,位于扳机后方,将扳机保险推至右边为保险状态,可锁住扳机。该枪没有快慢机,通过控制扳机行程来实施单、连发发射,轻扣扳机为单发发射,扣扳机到底则为连发发射。

三角形枪托为木制,枪托底板为金属冲压

件。枪托的左侧面、机匣左前方分别设有一个枪背带环。

该枪的握把由木材和酚醛树脂混合制成,握把兼作弹匣座,插入弹匣后全枪的质心正好落在握把上,弹匣卡笋设在握把右侧。弹匣为直形,容弹量有24发和40发两种。

该枪最显著的特点是,护木右侧设有一个可容纳10发弹的附加装弹器,装弹器上设有导槽,当弹匣内枪弹用完时,其可快速向弹匣内装弹。机械上设有附加的容弹器,无疑可增加携弹量,但同时也增加了枪械质量,为携行机动乃至瞄准射击带来不利影响,所以现代武器很少采用这种设计。

Vz23采用护翼片状准星,旋转式表尺,上有4个U形缺口式照门(其结构类似于MP5冲锋枪上的转鼓式表尺),表尺分划100~400m。

Vz23还有一个采用折叠式金属枪托的型号——Vz25,二者结构基本一样,后者的枪托可以折向左边,枪托底板也由金属材料制成。当枪托折叠时,由位于枪托底板上的一个卡圈固定住。此时可以实施腰际射击,枪托可以充当前握把使用。

Vz23/Vz25于1949年投入批量生产,同年装备捷克军队,到1950年中期,生产数量超过了10万支。

变型产品:7.62mm口径的 Vz24/Vz26。

Vz23/Vz25在捷克军队一直服役到1952年。之后,由于捷克加入苏联社会主义阵营大家庭中,Vz23/Vz25也由9mm口径改变为7.62mm托卡列夫口径,并分别重新命名为Vz24及Vz26冲锋枪:Vz24采用固定式木制枪托,Vz26采用折叠式金属枪托。

Vz24/Vz26与Vz23/Vz25冲锋枪的结构也有几方面不同,其最大不同是击发方式由开膛待击改为闭膛待击。

此外,供弹具也有变化。新枪的弹匣尺寸为40mm×24.7mm,而Vz23/Vz25的弹匣尺寸为35mm×24.8mm;新枪弹匣与机匣的角度由以前的90°改为87°,且稍向前倾斜;弹匣容弹量为32发。由于二者结构设计存在差异,由此这两支新口径武器与Vz23/Vz25之间不能互换零件。

Vz23/Vz25的铭文"she"以及生产年份和产品序列号刻在固定枪托的卡圈上,而Vz24和Vz26的铭文则刻在机匣后部的左侧。

装备情况

Vz23/Vz25除在捷克军队服役外,20世纪50年代末和20世纪60年代初还大量出口到古巴、叙利亚、尼日利亚等国。之后,Vz24/Vz26取代了它们成为捷克军队的新武器,其他华约国家如罗马尼亚也曾装备使用过Vz24/Vz26。

采用木制枪托的Vz24冲锋枪

庆祝活动中手持Vz23冲锋枪欢呼的古巴女兵

罗马尼亚的骄傲
——奥里塔M1941冲锋枪

手持奥里塔M1941/48冲锋枪的罗马尼亚士兵

一战结束后至二战期间，是冲锋枪发展的活跃时期，各国纷纷推出自己的冲锋枪。其间，罗马尼亚也推出了自己的首款冲锋枪——奥里塔M1941 9mm冲锋枪，虽姗姗来迟，但其一度成为罗马尼亚军队引以为傲的名枪。

第一次世界大战期间，各国士兵普遍装备的都是单发装填的非自动步枪，虽然射程远、威力大，但火力持续性差、机动性差，在短兵相接的近距离作战中无法发挥其优势，因此战场上迫切需要一种火力持续性好、方便携行、射程在步枪与手枪之间的自动武器。

一战结束后各国对军事力量的发展愈加重视，新武器的需求立即引起军事部门的高度重视，很快，一种能发射手枪弹、可夹持于腰部或抵肩发射的全自动武器——冲锋枪诞生了。这种枪采用大容量弹匣供弹，全自动发射方式，质量轻、尺寸小、方便携行，

罗马尼亚的骄傲
——奥里塔M1941冲锋枪

是一种专为近距离作战量身定做的武器。这一时期诞生的冲锋枪有德国MP28冲锋枪、芬兰M31冲锋枪、意大利伯莱塔M1938A冲锋枪、英国兰彻斯特MK I冲锋枪和捷克ZK383冲锋枪等。罗马尼亚奥里塔M1941 9mm冲锋枪虽是二战期间姗姗来迟的一款冲锋枪，但其颇具特色的外形和结构一度成为罗马尼亚军队的骄傲。

出身老厂　身手不凡

可折叠的拉机柄设计精巧考究

罗马尼亚的库吉尔工厂在1799年只是一个冶金中心，经过100多年的发展，该厂在二战期间已成为罗马尼亚最主要的步兵武器和轻武器制造商。1941年，罗马尼亚历史上的首支冲锋枪——奥里塔M1941 9mm冲锋枪即出自该厂。该枪的设计师是利奥波德·贾斯卡，马林·奥里塔（Marin Orita）只是参与了该枪的少量设计工作，但奥里塔M1941 9mm冲锋枪却以马林·奥里塔的名字来命名，也许是为了表示对奥里塔的感激。

二战初期，罗马尼亚加入德、意、日组成的协约国。1944年8月，苏联占领罗马尼亚，罗马尼亚宣布退出协约国，并加入同盟国。奥里塔M1941 9mm冲锋枪于1943年开始装备战斗在二战东部战线的罗马尼亚军队，而此前，罗马尼亚士兵一直使用捷克生产的M24 7.92mm步枪，M24步枪与苏军装备的冲锋枪相比，一直力不从心。奥里塔M1941冲锋枪投入战场后，马上凸显出其强有力的火力优势，大大提高了罗马尼亚士兵的战斗力。1944~1945年，罗马尼亚军队参与从德国手中解放匈牙利和捷克斯洛伐克的战斗，奥里塔M1941 9mm冲锋枪的威力更是得到了极大的发挥。

颇具特色的结构

奥里塔M1941 9mm冲锋枪采用自由枪机式自动原理，惯性闭锁机构，开膛待机方式，可进行单、连发射击。

独特的枪机系统

该枪的枪机较大，与其他采用击锤式击发机构（由平移或回转的击锤驱动击针击发枪弹）或击针式击发机构（由击针簧驱动击针击发枪弹）的冲锋枪不同的是，该枪的击针及击锤均组装在枪机内部，平时在击针簧力的作用下，击针处于后方位置（击针尖缩于弹底窝内），而击锤处于竖直状态。待击时，枪机被阻铁挂于后方位置，弹膛呈打开状态。扣动扳机后，在复进簧力作用下，枪机复进，推弹入膛，在枪机将要复进到位时，击锤上端撞击机匣内的一个突起，迫使击锤绕其轴逆时针回转，击锤下端向前撞击击针，使击针在枪机复进到位关闭弹膛的瞬间击发枪弹。在枪机完全闭锁前，击锤是不会碰撞击针的，这使得奥里塔M1941冲锋枪使用起来非常安全——这也是其结构上的与众不同之处。这种结构的枪机虽然体积较大，但使发射机构的设计变得非常简单，同时，体积较大的枪机其质量也较大，可以起到降速的作用，对提高射击精度有一定好处。

快慢机、保险及机械瞄具

奥里塔M1941冲锋枪有一个可选择单发和连发的快慢机，位于机匣右侧扳机护圈前上方，上面有"A"和"1"两个标记。当快慢机向下位于"A"时，武器可连发发射；向上位于"1"时，可单发发射。

该枪的早期产品在扳机护圈前方设有横闩式保险，当保险装置从右边推到左边时，武器处于可发射状态；当从左边推到右边时，保险装置左侧末端的L形装置便会卡住发射机构，从而使得该武器处于保险状态。但经过试验证实，该保险并不可靠，之后便被去掉了，并重新在机匣右侧、表尺下方设计了一个可上下推动的保险，保险推到上方位置时表示发射状态，推到下方位置时表示保

奥里塔冲锋枪的握把保险在冲锋枪设计领域可谓独树一帜。握持手在握住枪颈部的同时，只有紧紧握住保险片才能实现击发

握把保险

罗马尼亚的骄傲
——奥里塔M1941冲锋枪

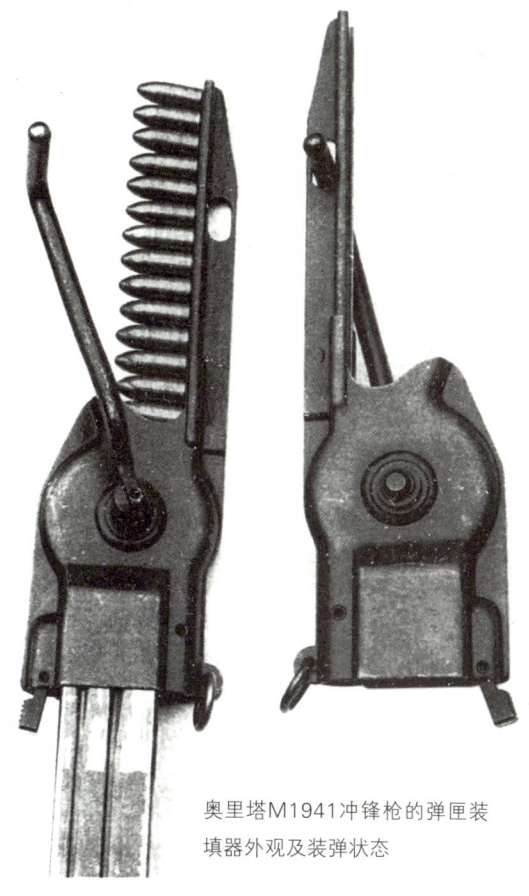

奥里塔M1941冲锋枪的弹匣装填器外观及装弹状态

枪弹在弹匣内的排列状态直观特写

险状态。

准星是一个两边带有护翼的片状结构,可进行方向调节。照门为V形缺口式,可进行高低调节,表尺射程500m。

弹匣

奥里塔M1941冲锋枪配用9×19mm巴拉贝鲁姆手枪弹,弹匣容弹量32发。该武器的弹匣座除用于插入弹匣外,还可作为握持武器的前握把使用。弹匣卡笋位于弹匣座后侧。弹匣采用双排单进输弹方式,其上未设装弹量指示孔。弹匣左右侧各设计有2条加强筋,不仅使得弹匣定位更方便,同时还能降低枪弹在弹匣内部的摩擦力,也增强了弹匣的容污垢能力。托弹簧是一个25圈的压缩弹簧,托弹簧的截面呈椭圆形。除32发容弹量的弹匣之外,奥里塔M1941冲锋枪也采用25发容弹量的弹匣。

1943年,奥里塔上尉在该枪的研制中只是参与了少量设计工作,但却为该枪研制出了一种别具一格的配件——弹匣装弹器。该装弹器的长度为232mm,质量为388g,这个奇特的装置顶部有一个垂直的钢制装弹导槽,其上可排列15发枪弹,将装弹器套接在弹匣口部,顺时针转动装填手柄,即可将枪弹依次压入弹匣。

奥里塔M1941冲锋枪整体结构设计得非常简洁,由78个零件组成,扳机组件和阻铁由钢材热锻而成,机匣由优质钢锻造而成,武器表面进行了发蓝处理。该武器全枪的部件几乎都是由整块金属锻造而成,因此制作费用非常昂贵,花费时间也较长。

虽然奥里塔M1941冲锋枪总体评价很

高，而且在战场上的表现也很突出，但其实际应用起来还存在着一些缺陷，主要表现在：其木质枪托易破损；当武器处于闭锁状态时，如果武器跌落或误操作，很容易意外走火。不过这些故障对于开膛待击的冲锋枪来说是很常见的。

后续变型产品

奥里塔M1941冲锋枪尽管在战场上发挥了极大作用，但在使用中仍暴露出一些缺陷。1945年之后，奥里塔M1941冲锋枪在库吉尔工厂重新改进，结构进行简化。这是马林·奥里塔上尉参与进行的一次较大的改进，经改进的产品被命名为奥里塔M1941/48 9mm冲锋枪，也称为M48冲锋枪。

奥里塔M1941/48冲锋枪与原型奥里塔M1941冲锋枪相比，不同之处主要表现在：取消了快慢机，只能连发发射；原型枪保险钮被取消，改为握把保险机；固定式表尺改为翻转式表尺，有两个觇孔式照门，表尺射程100m及200m；部分枪的枪托处用钢钉或钢板修理和加强，另一些则直接换装上了新的枪托，背带环也由右侧移到左侧；另外，一些奥里塔M1941/48冲锋枪采用新的机匣。

采用折叠式金属枪托的奥里塔M1941/48冲锋枪产量非常小。该武器采用更大的握把保险来避免意外走火，拉机柄上设有球状突起，更便于操作，后方的背带环位于枪托的折叠处。该枪是罗马尼亚生产的首支带有折叠式枪托的自动武器。

经过改进后，奥里塔M1941/48 9mm冲锋枪的人机工程得到强化，握持变得更舒适，射击精度也相应得到提高。

昔日骄人战绩，今日收藏珍品

奥里塔M1941冲锋枪自生产装备军队起，一直深受罗马尼亚士兵的喜爱，其在战场上取得骄人的战绩，堪称罗马尼亚士兵的骄傲。奥里塔M1941/48冲锋枪直到20世纪50年代末还被部队装备使用，20世纪70年代中期，该枪仍被罗马尼亚"爱国护卫队"（Patriotic Guards）作为训练武器使用，直至1980年，该枪才完全被取代，结束了其服役的历史。

奥里塔M1941/48冲锋枪研制出以后，M1941冲锋枪就停产了，由于生产的数量本来就比较少，加上战争损耗，目前存世量非常稀少，因此备受武器收藏者的青睐。

奥里塔冲锋枪不完全分解图

星途坎坷
——西班牙星式冲锋枪系列

在西班牙，有一家以生产猎枪和半自动手枪闻名的公司——埃切维利亚"星"牌有限公司，但很多人并不知道，该公司还生产过几款名为"星式"的9mm冲锋枪，只不过这几款冲锋枪虽然名为"星式"，"星"途却并非一帆风顺。第一代星式冲锋枪为SI35 9mm冲锋枪，其因设计复杂而未得到普及。以该枪为基础设计的多种冲锋枪均遭舛运。后来在推出了Z45系列冲锋枪后，多舛的命运才得以扭转。

设置繁琐、不实用的星式SI35

星式SI35冲锋枪的研制时间大约是在西班牙内战爆发（1936年）之前。该枪由瓦伦丁·苏尼弋和埃萨克·伊斯塔两位设计师共同设计，是根据SI34卡宾枪改进而成的，但是该枪在性能上并未超过SI34卡宾枪。SI35设计成功后，当时西班牙的射击中心学校为其步兵和迫击炮兵配备了这种冲锋枪，不过该枪的数量很少，在内战中极少见到。

该枪的外形非常传统，采用木制枪托，

SI35冲锋枪，注意其机匣左侧的两个按钮

枪管的外面套着一个加工有椭圆形散热孔的枪管套。该枪可安装毛瑟93式步枪所用的刺刀。

该枪的机匣左侧有两个按钮：后面一个位于扳机上方，有前、中、后三个位置；另一个位于其前方，有前、后两个位置。要使枪处于保险状态，前面的按钮推至前方，后面的按钮推至最后；若要单发发射，将前面的按钮推至前方，后面的按钮推至最前；若要以300发/分的射速连发，将前面的按钮推至后方，后面的按钮推至最前；若要以700发/分的射速连发，将前面的按钮向后推，后面的按钮处于中间位置。由于这种设置方法过于繁琐，实际应用在战场上太复杂，容易贻误战机，所以该枪没有得到普及。

该枪枪管有6条右旋膛线，在枪口处设有一个膛口制退防跳器。表尺射程50～1000m，在50～500m之内以50m为一个分划，在500～1000m之内以100m为一个分划。瞄具为片状准星。弹匣不是冲压加工的，而是铣制而成。弹匣扣位于弹匣槽的后面。

该枪有多种口径，如9mm、7.65mm，其中，9mm口径还有可发射9mm巴拉贝鲁姆手枪弹、9mm拉果手枪弹（伯格曼－贝亚德手枪弹）等型号。1940年3月对使用9mm巴拉贝鲁姆枪弹的型号进行了测试，试验效果非常好，即使射速非常高，射击精度也相当令人满意。1940年5月又进行了一次试验，使用的也是9mm巴拉贝鲁姆枪弹，但结果却与3月份的结果大相径庭，于是该枪被束之高阁。

星式RU35冲锋枪

星式RU35冲锋枪实际上与SI35没有太大区别，只是发射机构设置不同而已。RU35的射速为300发/分。在西班牙内战时期（1936～1939年），该枪很少被使用，存世量很少。

1940年，"星"牌美国分公司将一支RU35送到阿伯丁武器试验场作试验，得出的结论是该枪设计比较复杂，生产工艺繁琐且造价昂贵，其命运也就不言而喻了。

Z45冲锋枪右侧图

机构。

借鸡生蛋的星式Z45冲锋枪

由于35系列冲锋枪屡遭失败,所以其生产在1942年也随之停止。随后,在德国技术的支援下,埃切维利亚"星"牌有限公司开始重新设计冲锋枪。第一支样枪于1944年设计出来,同年11月进行对比试验。结果表明,该枪不仅射击精度良好,而且质量、体积、加工工艺和成本等方面都优于本国同时代的M1941/44冲锋枪。

1945年6月,该枪被西班牙国民护卫队采用,并且定名为"Z45"。1946年10月,该枪成为西班牙警察的标准装备。1947年4月,西班牙空军也开始装备Z45。1948年6月,该枪大规模装备西班牙军队。至此其身影在西班牙处处可见。

Z45是在MP40冲锋枪的基础上发展而成的,但是作了一些改进,主要改进之处是:拉机柄从枪的左侧移到右侧,为了防止枪机滑脱造成的偶发,在拉机柄上还增设了保险卡笋用以锁定枪机,这个保险卡笋于1952年在美国获得了专利;发射机座和扳机护圈为一个整体,由整块钢坯铣制而成;机匣为管状,用钢制成,上面加工有凹槽;握把和护手为木制,而MP40的握把和护手为塑料制;增设枪管套和膛口装置,枪管套上加工有椭圆形散热孔;可快速更换枪管,只要将膛口装置稍微转动一个角度,便可从机匣内抽出枪管。

该枪的枪托体与MP40一样,由两条钢筋板组成,枪托底板在枪托打开或者折叠的状态下都可以进行调节。随枪配一个备用木制枪托,但使用率很低。

该枪的扳机比较有特色,为双半月形,其通过移动手指的位置来控制发射方式:手指放在扳机下部为单发;放在扳机上部则为连发。但这种发射方式的转换在实际使用中较难掌握。Z45的弹匣与MP40的弹匣从外观上看没有什么区别,但是二者不能互换。Z45的

Z45冲锋枪左侧机匣特写

肩上背着Z45冲锋枪的西班牙国外军团在摩纳哥

星式TN35冲锋枪

TN35也与SI35没有太大区别,只是射速为700发/分。1941年,该枪被几个主要的交战国,如德国、美国等拿去试验,均未达到合格标准。作为试验枪的TN35使用的是0.38in自动手枪弹,还装有一个全新的发射

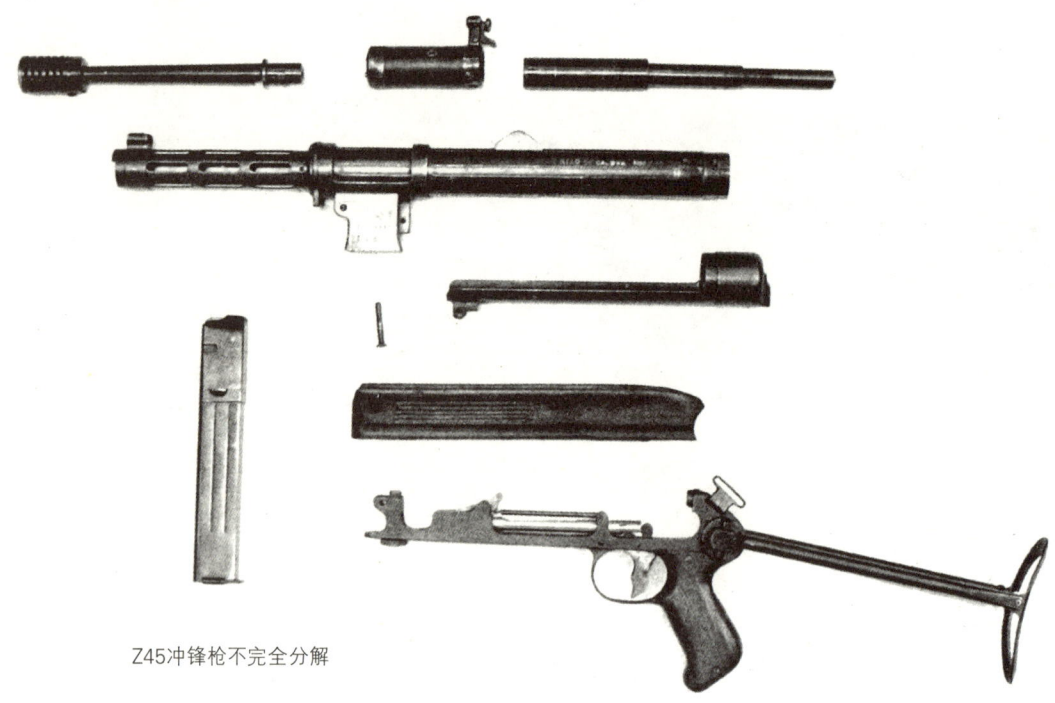

Z45冲锋枪不完全分解

弹匣容弹量有10发、30发两种。机械瞄具由片状准星和L形翻转式表尺组成,两个U形缺口式照门对应的射程分别是100m和200m。

该枪发射9mm拉果弹,更换不同枪管后,可发射9mm巴拉贝鲁姆手枪弹、0.38in和0.45in柯尔特自动手枪弹。

星式Z45 9mm冲锋枪采用自由枪机式自动原理,开膛式待击方式,由于结构简单,连发发射时稳定性好。

该枪在西班牙服役了相当长一段时间,同时还出口到安哥拉、沙特阿拉伯、智利、古巴、埃及、毛里塔尼亚、秘鲁、葡萄牙、乌拉圭以及津巴布韦等国家。

Z45冲锋枪在延伸

20世纪50年代初,埃切维利亚"星"牌有限公司在Z45的基础上稍加改进,推出了Z55冲锋枪,主要改进之处是:将折叠式枪托改为伸缩式;机匣部件局部改成铝合金材料,全枪质量有所减轻。但是这些改变并没有引起西班牙军队的注意,该枪未能装备部队,很快就退出了人们的视线。

1962年,埃切维利亚"星"牌有限公司推出了一支全部采用钢材的新枪,并命名为Z62冲锋枪。它与Z45一样也采用自由枪机式自动原理,开膛式待击方式,扳机也为双半月形,手指扣住扳机下部为单发,扣住扳机上部则为连发。该枪发射9mm拉果弹。

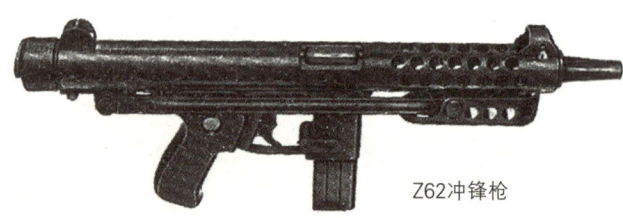

Z62冲锋枪

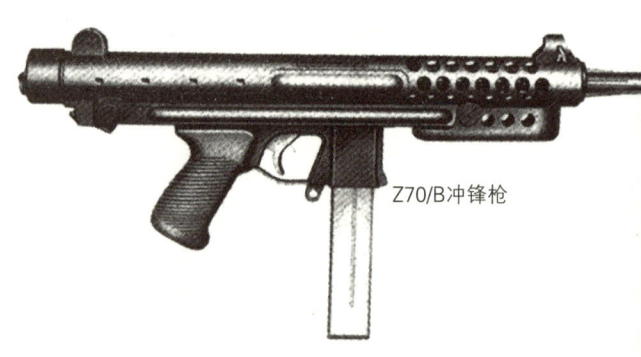

Z70/B冲锋枪

星途坎坷
——西班牙星式冲锋枪系列

使用Z84冲锋枪的西班牙海军

Z84冲锋枪

　　Z62的改进型Z70/B 9mm冲锋枪于1971年装备陆军。主要改进之处是：鉴于双半月形的扳机在实际使用中难以准确掌握，在枪上设计了快慢机，快慢机位于机匣左侧、握把上方，"S"、"M"、"F"分别表示保险、连发、单发。该枪的扳机护圈前下方还设有一个扳机保险，只有扣下扳机时，才能解脱保险。其他结构和性能与Z62冲锋枪相似。

　　埃切维利亚"星"牌有限公司的最后一个冲锋枪型号是Z84，是西班牙军队的现役装备，海军和警察部队也有少量装备。该枪的设计原型是捷克的Vz23/25冲锋枪以及以色列的乌齐冲锋枪。其弹匣兼作握把，位置正好是全枪的中心。Z84冲锋枪非常紧凑，在水下操作也能保持相当好的性能，因此也是两栖部队的主要装备。该枪还被出口到安哥拉和秘鲁。

Z45冲锋枪分解结合顺序

　　1.卸下弹匣，检查膛内是否留有枪弹；

　　2.将位于护手前下方的分解销取出；

　　3.一只手握住弹匣槽，另一只手扣住扳机，将机匣前推，然后将机匣向左旋转90°，卸下机匣；

　　4.压下保险，从机匣上卸下枪尾、复进簧和枪机组件；

　　5.将枪尾逆时针转120°，可分解枪尾、复进簧和枪机；

　　6.转动枪管锁，取下枪管；

　　7.结合时，按相反的顺序安装即可。

沉默中闪光——芬兰、瑞典冲锋枪

提起20世纪著名冲锋枪，多数人都会想到德国的MP18、MP40，美国的汤姆逊，苏联的"波波莎"，以色列的乌齐等冲锋枪，殊不知，欧洲北端的芬兰和瑞典在冲锋枪设计方面所作的贡献并不亚于上述名枪，只是它们一直"养在深闺人未识"。

芬兰苏米冲锋枪及其仿制型

早在20世纪20年代初，芬兰的天才设计师艾莫·约翰尼斯·莱迪(1896—1970)，就曾想设计一种发射手枪弹的全自动武器。1922年他设计出了使用7.65×21mm巴拉贝鲁姆手枪弹的样枪，称为"Konepistooli"（芬兰文）冲锋枪。该枪由坦佩雷的莱斯金-卡里工厂生产，如今陈列在德国科布伦茨国防技术研究博物馆里。同年，莱迪与他的两个同事获得了芬兰军用武器的第一个冲锋枪专利。很快，他们共同成立了生产Konepistooli冲锋枪的公司，1930～1931年间，设计生产了苏米M1931 7.65mm冲锋枪，该枪整体造型很像德国的MP18冲锋枪。

苏米M1931冲锋枪是一支结构全新的冲锋枪，枪机形状与美国的汤姆逊、奥地利的苏罗通冲锋枪的枪机非常相似，前端有一个固定式击针，后端有一个容纳复进簧前半部的空穴，有的还配有两脚架。该枪采用自由枪机式工作原理，开膛待击，可单、连发发射。瞄具采用片状准星，弧形表尺，表尺射程100～500m。该枪全枪长860mm，带空弹鼓时全枪质量为

沉默中闪光
——芬兰、瑞典冲锋枪

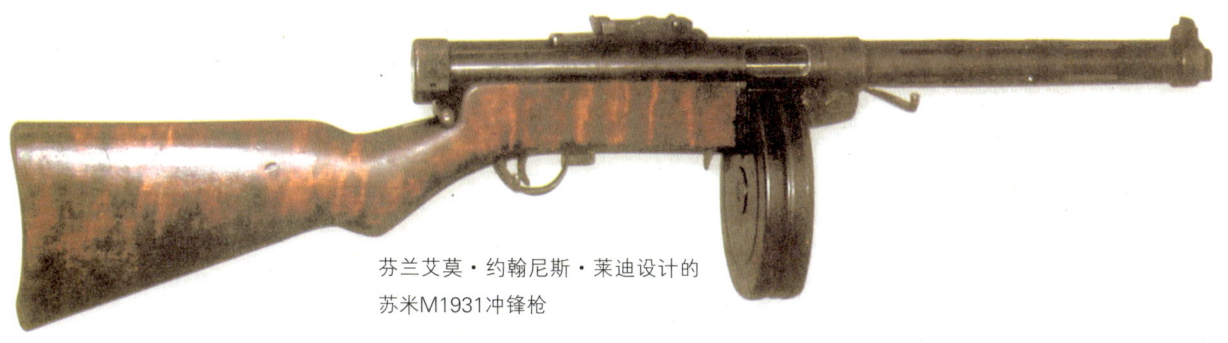

芬兰艾莫·约翰尼斯·莱迪设计的苏米M1931冲锋枪

5.04kg,理论射速700~800发/分。

起初,苏米M1931冲锋枪采用的是简单的双排直形弹匣,后来大概是受美国汤姆逊冲锋枪的影响而逐步换成了71发弹鼓。之后,又吸收了瑞典冲锋枪的设计思想,采用50发多排装弹、单程输弹弹匣。

苏米冲锋枪的设计较为成功,它的推出使得欧洲许多国家竞相仿制。

瑞典 1937年,位于瑞典南部埃斯基尔斯图纳的卡尔·古斯塔夫国营兵工厂从芬兰获得了M1931冲锋枪的生产权,生产了可以采用上述两种容弹量供弹具的产品,定型号为苏米M37冲锋枪,发射9mm勃朗宁手枪弹,枪管长315mm。1939年,民营企业赫斯科瓦纳武器制造有限公司在M1931冲锋枪的基础上稍微作了改动,设计出苏米M37-39 9mm冲锋枪。该枪与苏米M1931冲锋枪的主要区别是:枪管比M1931冲锋枪短约101mm,枪管直径稍有缩小,质量有所减轻,为了便于操作,加大了扳机护圈,拉机柄由球形改为拉钩形,简化了表尺结构和形状,枪托局部加粗。其他结构性能与苏米M1931冲锋枪相同。该枪的生产数量很大,除装备瑞典军队外,还大量出口挪威、丹麦、瑞士、印度尼西亚和埃及等国。苏米M37-39冲锋枪全枪长769mm,枪管长210mm,直形弹匣容弹量50发,含满弹匣全枪质量5.1kg。

苏联 在苏芬冬季战争结束不久的1940年2月,苏联设计师捷格佳廖夫将自己的设计加以改进,拿出了M34/38式冲锋枪,也采用同

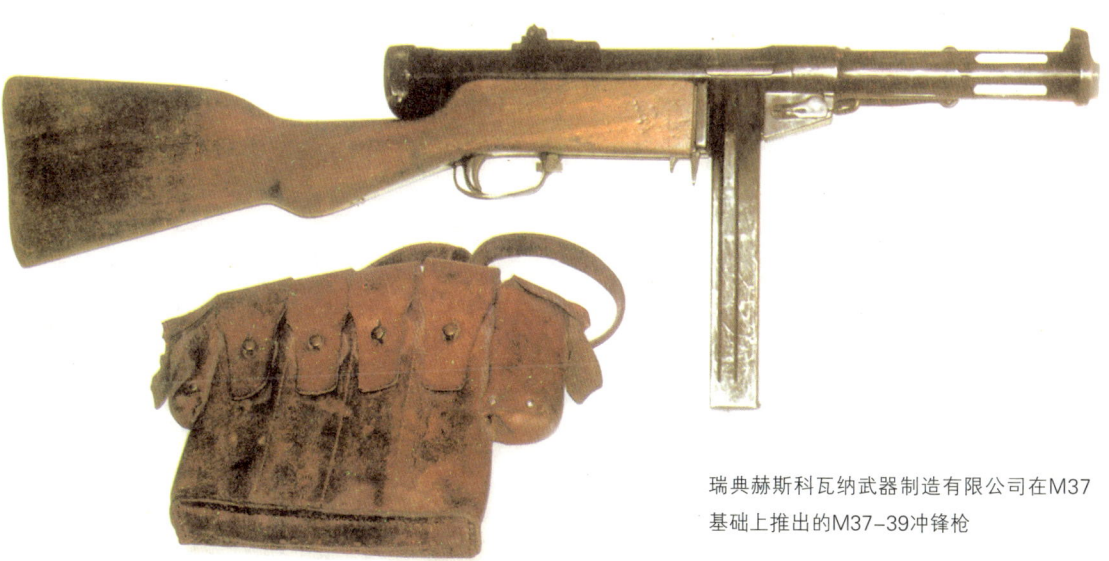

瑞典赫斯科瓦纳武器制造有限公司在M37基础上推出的M37-39冲锋枪

挪威的海军突击队直至1980年代还使用M37-39冲锋枪

苏米冲锋枪非常相似的71发弹鼓,后进一步发展成为PPSha-41,这就是二战中被称为"巴拉莱卡"(巴拉莱卡琴,一种俄罗斯三弦拨弦乐器,琴身呈三角形)的""波波莎""冲锋枪。

德国 德国维利·道格斯公司的主要股东蒂卡科斯基·欧伊(Tikkakoski Oy)金属工厂最终从莱迪那里获得了苏米冲锋枪的生产权,定型号为M31,发射9mm巴拉贝鲁姆手枪弹。该枪不仅装备芬兰军队,而且出口到世界其他国家。丹麦、瑞典和瑞士还取得了该枪的仿制权。

西班牙 西班牙伊斯帕尼亚-休扎公司获得特许生产权,生产简化型M1931冲锋枪,带有刺刀座,命名为MP43,并装备部队。

由于这么多的国家都在仿制M1931冲锋枪,所以莱迪的设计思想在欧洲就传开了。二战期间,像苏联的PPS-43、英国的司登冲锋枪等因结构简单、成本低廉而适合大量生产,但在行家看来,用钢坯铣切而成的苏米M1931冲锋枪更能经受住战争的考验。

瑞典M45冲锋枪及其仿制型

瑞典M45 9mm冲锋枪是1944年至1945年由瑞典卡尔·古斯塔夫国营兵工厂研制的,该枪又被称为"瑞典K"、"卡尔·古斯塔夫"和"次机枪(德文为Kugelspritze)",1945年,首次在欧洲面世,在卡尔·古斯塔夫国营兵工厂批量生产。

M45冲锋枪是一种采用自由枪机的前冲击发式武器,只能连发发射。圆柱形的枪机机头质量770g,前部弹底窝里有一个固定式击针。通过按压销形的拉机柄使机头固定在前方闭锁位置。同司登或MP38/40冲锋枪一样,拉机柄槽的后方有一凹槽作为保险机构,枪机待击时,钩住拉机柄。与司登冲锋枪相似,在机匣上螺接有一个直到枪口部的枪管护筒。机匣、枪管护筒、扳机、扳机护圈和折叠枪托均由钢板冲压成形,木质握把侧板平滑但笨重。

该枪的管状机匣向后敞开。机匣里有3个凹槽,圆形保护盖连同简易卡口连接器将敞口封住。这种结构与英国的司登冲锋枪不同,而与莱迪的苏米冲锋枪结构相似,只是后者机匣的后部采用的是螺纹盖。由于保护盖扣在凹槽里不够牢靠,后来批量生产的M45C和M45E,在机匣上部又铆接了一个附加挂钩。

该枪枪管简单地插在机匣里,以一个带相应铣槽的突起将其定位,防止转动。枪管护筒由一个螺纹套管固定在枪管上,野外分解擦拭很方便。

该枪的折叠式表尺分划为100m、200m和300m,准星可调,两侧有护罩。该枪理论射速适中,为500~600发/分,是冲锋枪中理想的平均值。射手经过练习后,也可以通过控制扣动扳机的频率实施单发发射。由于枪托底部为弧形,加之贴腮部位有橡胶圈,所以射手据枪时既稳固又舒适。

瑞典一般用容弹量为50发的直形弹匣作为标准配备。但直到战争末期,M45仍在使用老

沉默中闪光
——芬兰、瑞典冲锋枪

在M45B冲锋枪上，小小的金属箍就将进弹口同机匣结合在一起。拆卸老式的50发杆式单排弹匣同卸下苏米冲锋枪弹鼓一样。瑞典为本国军队制造的M45B的枪管护筒上加了刺刀座

一代苏米冲锋枪用的弹匣。50发直形弹匣的发明者是阿道夫·施尔斯特罗姆，他于1931年获得了专利，但其内部比较复杂，有两根输弹簧和两个托弹板，到出口部逐步变细而成为单排进弹。空弹匣质量376g，装满50发枪弹后，弹匣质量约990g。20世纪60年代以后，瑞典军队才淘汰这种弹匣，而采用设计优良的36发双排弹匣。

采用了新弹匣就需要设计新的进弹口，办法很简单，只需要在枪上装一个金属箍并钻两个孔即可，附加这种进弹口的冲锋枪被称作M45B冲锋枪。卸下附加进弹口，也可以继续使用旧弹匣。到20世纪60年代，在M45C和M45E上才有固定铆接的进弹口。

M45冲锋枪原来是为连发发射而设计的，到20世纪60年代，又研制了带快慢机的M45C和半自动警用型M45D。M45C的枪管护筒上有刺刀座，适合装卡尔·古斯塔夫单发步枪上的刺刀。

M45冲锋枪是真正的畅销货：丹麦购买了包括武器设计、工装在内的特许权，在自己的国家兵工厂生产，定型号为"霍弗尔"M49。

瑞典M45B冲锋枪

其他买主还有澳大利亚、美国、爱沙尼亚、印度尼西亚、伊拉克和爱尔兰。而其中以埃及仿制的冲锋枪更加令人瞩目。

埃及塞德冲锋枪

20世纪40年代末，埃及曾试图仿制美国的汤姆逊冲锋枪，但没有获得成功。1951年，埃及获得了瑞典M45冲锋枪的特许生产权。1954年，纳赛尔上校通过军事政变上台之后，领导国家走上优先发展本国装备工业的道路。于是，纳赛尔上校将仿制的冲锋枪命名为塞德(苏伊士运河边的港口城市)冲锋枪。据西方通讯社报道，第一批样枪就是在塞德港诞生的。制造商是玛迪军事与民用工业公司(Maadi Military&Civil Industries Company)。埃及人认为，在武器上打上"埃及制造"的标记，是民族骄傲的象征。塞德冲锋枪被列为埃及军队制式装备。

埃及人没有什么创新，照抄了瑞典的设计，两国冲锋枪的零部件甚至可以互换。塞德冲锋枪像M45B一样，也有可拆卸式进弹口。20世纪60年代后期，还出现了没有枪管护筒的更加简化的变型枪，该枪采用伸缩式枪托、100m固定表尺和可卸式进弹口，全枪长737/482mm（托伸/托缩）。埃及不仅自己装备，还出售给阿拉伯国家和非洲邻国。

塞德冲锋枪在大规模的中东冲突中战术用途有限，但政治作用却很重要：好不容易上台的纳赛尔上校，支持巴勒斯坦志愿军军人从加沙地带到以色列的渗透行动。从1955年起，不少人在夜间袭击中随身携带塞德冲锋枪，这是埃及军事当局向联合国观察员和以色列人显示赞成这一行动的标志。手持塞德冲锋枪的突击队针对以色列采取了名为"随时准备牺牲"的一系列复仇行动，一直到1956年西奈战争才结束。在1956年的战争以及1967年和1973年的两次中东战争中，以色列人缴获了大量塞德冲锋枪，其中一部分作为退役武器进入了国际收藏市场。尽管从1973年以后，由于卡拉什尼柯

埃及特许仿制M45的冲锋枪称为塞德冲锋枪，其机匣由钢板卷制而成，小握把焊接在上面。按压拇指按钮就能打开枪托

塞德冲锋枪简单而便宜的后继者阿巴卡冲锋枪

沉默中闪光
——芬兰、瑞典冲锋枪

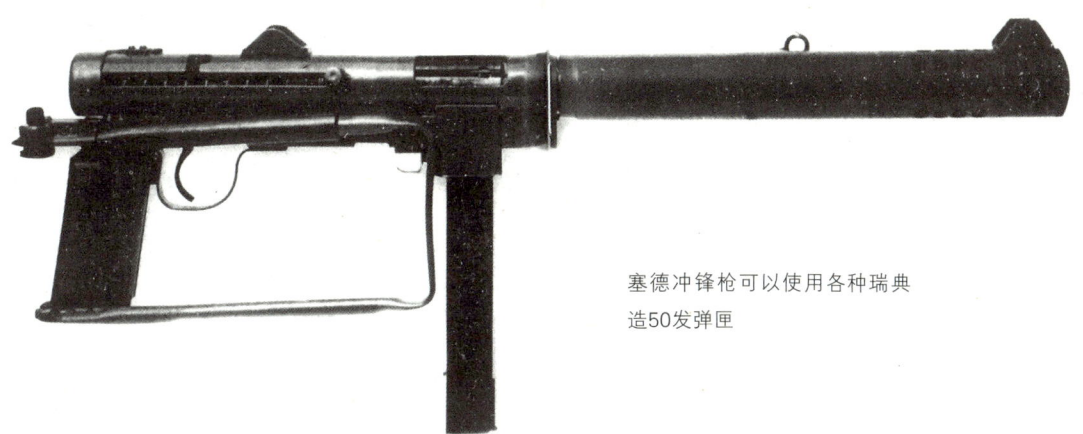

塞德冲锋枪可以使用各种瑞典造50发弹匣

夫AK47突击步枪的出现,冲锋枪在埃及军队中已经无足轻重,但埃及库存的或像伊拉克这样的其他用户剩余的塞德冲锋枪仍被黎巴嫩内战的各派使用。

塞德冲锋枪闻名世界与一件重大谋杀案有关:1981年10月6日,即埃以和平条约签订3周年之后,为纪念苏伊士运河通过拉马丹和1973年的赎罪日战争,埃及国家元首萨达特在阅兵式上检阅部队。突然从一支炮兵车队里跳出一群士兵(一个伊斯兰基地组织的成员),冲向贵宾台,用塞德冲锋枪和一支AK47突击步枪向坐着的政治家们猛烈射击,萨达特当场殒命,包括4名美国外交官在内的20人受伤,一部分伤势严重。最终,大部分案犯丧命于萨达特贴身保镖的塞德冲锋枪枪口之下。这次谋杀招致埃及警方大规模搜寻幕后指使者,其影响一直延续到现在:被捕的罪犯中有一名年青人,在随后进行的审判中曾引起人们很大的注意。据说,此人是医生,名叫阿明·埃尔查·瓦西里,在20世纪90年代同奥萨马·本·拉登一起成立了名为"阿开达(Al-Qaida)"的恐怖组织,并且是"埃及杰哈德"伊斯兰组织的头目。

越南战场上的小插曲

在历史上的另一个战场上,瑞典K冲锋枪也发挥了一定的作用——在20世纪60年代的侵

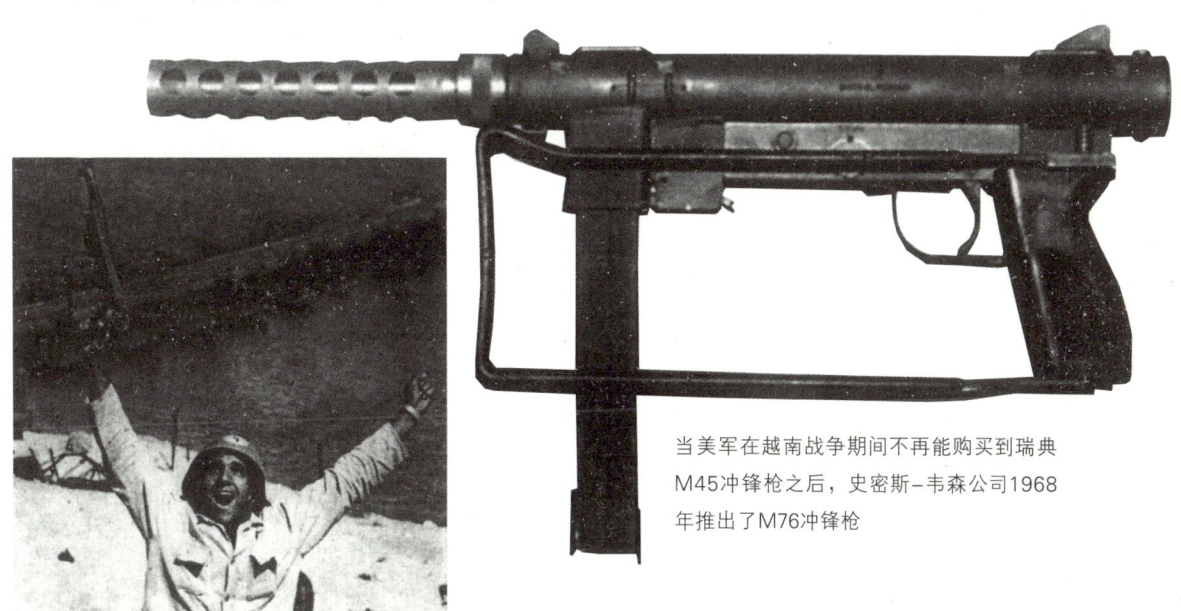

当美军在越南战争期间不再能购买到瑞典M45冲锋枪之后,史密斯-韦森公司1968年推出了M76冲锋枪

在美国服役的M45B装配了中央情报局提供的消声器,这种微声冲锋枪在越南战争中用得较多,美军海豹突击队也很喜欢。图为20世纪60年代的海豹突击队队员1960年代手持中情局提供的微声冲锋枪

同司登冲锋枪一样,M45冲锋枪也是利用螺帽固定和分解枪管护筒。进一步分解很简单,只要用拇指按压后面的弹簧座螺母并同时旋转螺帽就行了

越美军中,该枪因其可靠性好而颇受赞誉。

20世纪60年代,除了二战时期的M3A1"手提机枪"之外,美国军械库里基本上没有冲锋枪。当时,巴拉贝鲁姆手枪弹的作用被吹得神乎其神,被派往越南的美国大兵,除了渴求有一支勃朗宁大威力手枪或史密斯-韦森M39、M59手枪外,还希望有一支短小精悍的冲锋枪。在越南执行隐蔽行动的美国特种部队及空军、中央情报局的特种分队,也喜欢佩带无批号的外国武器,不想让人一眼就看到"美国造"字样。所以美国向瑞典购买了少量M45B冲锋枪,发放给侵越部队和特工人员。为更加适合隐蔽行动,中央情报局特地向两家厂商订购了消声器。但使用M45B冲锋枪的主要是美国海军海豹突击队,因为该枪在潮湿和泥泞环境中性能可靠。

美国人手里的这些枪很快成了大搞阴谋活动和执行秘密任务的利器。美国驻越南行政机构的地方雇员及军事人员经常出没于西贡的黑市,携带一支M45B,大摆威风,令越南革命者憎恨不已。

瑞典公众得知美国在越南战争中使用瑞典武器后,在瑞典全国就掀起了抗议浪潮,所有向美国出售武器的交易全部停止。为此,美国海军陆战队1966年委托史密斯-韦森公司研制一种与M45冲锋枪类似的冲锋枪。1967年1月,用第一支史密斯-韦森样枪进行了射击试验,批量生产后,称为M76冲锋枪。M76空枪质量3.3kg,全枪长770/510mm,弹匣容量36发,理论射速750发/分。虽然该枪增加了快慢机,但其性能没有超过瑞典原型枪:用简单的薄钢板制成的向左折叠的枪托,其稳定性不如瑞典或埃及用钢管制造的弧形枪托好;由简单的觇孔和不可调的准星组成的瞄具,瞄准基线较短;连发发射理论射速700~750发/分,难以控制射击;枪管也是简单地插在机匣里,单发射击精度不错,但分解再组装以后,由于缺少固定导槽,命中点总是不稳定。因此,在1970年下半年,M76便停产了。

此外,日本对瑞典的设计思想也很欣赏,东京的Shin Chuo Kogyo公司在1963~1965年参照瑞典冲锋枪,为日本安全部队生产了MP65和M66SCF冲锋枪。

卡拉什尼柯夫设计的第一支枪
——苏联1942年式卡拉什尼柯夫（ПпК）冲锋枪

卡拉什尼柯夫设计的第一支枪
——苏联1942年式卡拉什尼柯夫（ПпК）冲锋枪

枪械大师和他的ПпК冲锋枪

提起米哈伊尔·季莫费耶维奇·卡拉什尼柯夫，许多人都会不假思索地脱口而出：AK步枪！没错，就是他，AK步枪之父。1947年他设计的突击步枪定型，1951年正式列入苏军装备，定名为1947年式卡拉什尼柯夫自动步枪，简称AK47步枪。该枪被华沙条约国家和第三世界国家大量采用，是世界上装备数量最多、使用最广的步枪，有的国家还对它进行了仿制生产，如我国的56式冲锋枪就是它的仿制品之一。卡拉什尼柯夫随着AK47步枪名扬四海，在其后的50多年间，他亲自参与和设计了РПК47、АКМ、ПКМ、АК74、РПК74等多款枪械，这些武器结构简单、动作可靠，每一支都可堪称枪械经典。还有一些枪械虽然并未由他本人参与设计，但却深受AK系列枪械的影响，比如PP-19野牛冲锋枪，不仅在设计思想上有所借鉴，有的零件和结构更是直接取自AK步枪。卡拉什尼柯夫本人被誉为当代最有影响力的枪械设计大师之一。

追溯枪械大师投身枪械设计工作的早期历程，可以翻开《中国军事百科全书》轻武器分册（1990年第一版），书中有这样一段话："1942年首次设计了一种冲锋枪。他的创造才能得到了苏联轻武器权威A.A.布拉贡拉沃夫的赞赏。卡拉什尼柯夫由此大受鼓舞，此后在枪械设计中取得了重大成果。"说起卡氏所取得的重大成果，每一位业内人士、每一位枪械爱好者几乎都能说得一清二楚。可若提起他在1942年设计的冲锋枪，恐怕就鲜为人知了。俄罗斯炮兵、工程兵及通信兵军事历史博物馆几乎收藏了卡拉什尼柯夫设计的所有枪械，其中有一些已经是存世的孤品了，而卡拉什尼柯夫于1942年设计的冲锋枪就是馆藏中最珍贵的孤品之一。按苏联枪械命名惯例，该枪被称为1942年式卡拉什尼科夫冲锋枪，简称ПпК冲锋枪。

ПпК冲锋枪结构解析

ПпК冲锋枪采用当时相对成熟的半自由枪机式工作原理。众所周知，半自由式枪机在火药燃气作用期间，需要利用某种约束来减小枪机后坐速度以达到延迟开锁的目的。ППК冲锋枪枪机后坐速度的减缓是靠枪机组件中枪机－转动套管和转动套管－螺旋尾管这两对螺旋组件相互作用来实现的，这种结构是相当独特而罕见的。在运动部件后坐运动时，枪机沿机匣轴向运动，转动套管旋转后退，而螺旋尾管则由于其尾端的卡笋嵌在机匣尾端的定位槽内而固定不动。在转动套管沿螺旋尾管旋转运动的同时，转动套管与枪机之间也相互旋转并逐渐错开。由于转动套管和枪机的相对错开运动以及转动套管的旋转后退运动，使枪机后坐速度降低，进而延长了开锁时间。

该枪采用击针平移式击发机构。击发后，击针在活动机件（枪机和转动套管）后坐过程中解脱击发阻铁的束缚，在转动套管的带动下向后运动，并使啮合在环形突起后面的击针簧压缩。值得一提的是，击针簧同时充当枪机复进簧。

拉机柄位于机匣左侧并与枪机刚性连接。

位于下机匣内的发射机构可以进行单发或连发发射。三角旗状的快慢机柄位于下机匣左侧，有保险、单发发射（标志为"1"）、连发发射（标志为"2"）三挡。

在保险状态下扳机被锁住，不能被扣动，从而不能击发枪弹。

在单发发射状态下，单发杠杆与枪机下方的缺口扣合。扣动扳机，单发杠杆挤压击发阻铁使之后部上抬释放击针，击针在击针簧的作用下急速前冲，打击枪弹底火，击发枪弹。发射后，枪机后坐挤压单发杠杆，使单发杠杆与阻铁和扳机脱开。枪机复进时阻铁后部在弹簧作用下下降并嵌入枪机上的缺口内挂住击针。此时必须放开扳机，单发杠杆才能与阻铁和扳机扣合呈待发状态，完成下一发发射的准备动作。

将发射机构转换到连发发射状态时，连发杠杆与阻铁扣合。扣动扳机，连发杠杆压迫击发阻铁使之前端下降，后端上抬释放击针击发枪弹。这种状态下只要扣住扳机不放，在每次

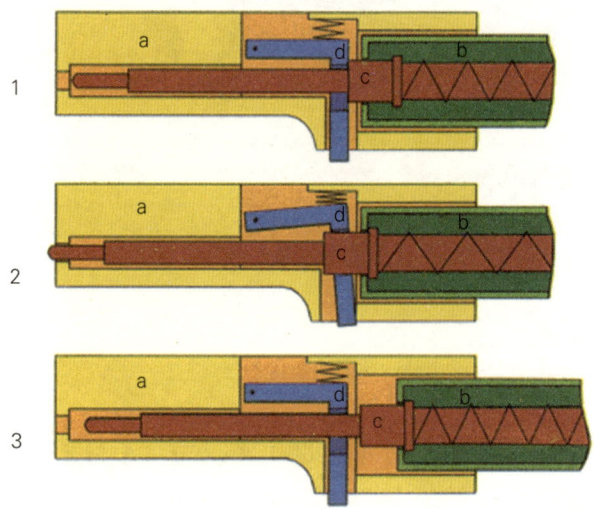

1—待击时，枪机(a)和转动套管(b)位于最前方位置，击针(c)呈待发状态；
2—击发阻铁后部上抬(d)，击针在击针簧的作用下急速前冲，打击枪弹底火，击发枪弹；
3—在运动部件后坐的过程中，转动套管与枪机分离并带动击针后退

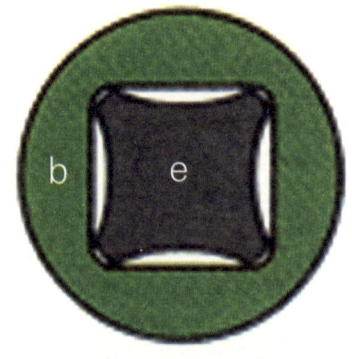

转动套管-螺旋尾管这一对螺旋偶的相互作用示意图。套管b内孔的截面形状与螺旋尾管e的截面并不重合，而是呈简单的正方形，并且四周倒成圆角。这种结构既可以减小摩擦，又简化了套管的加工工艺

弹膛完全闭锁之后，阻铁都会解脱击针进行连发发射。

抽壳机构为弹性的抽壳钩，位于枪机前方。抛壳机构属于刚性顶壳构件，抛壳挺固定在机匣上。枪机后坐时弹壳被抽壳钩从弹膛内抽出并随枪机一起后坐，当弹壳底面碰撞到抛

卡拉什尼柯夫设计的第一支枪
——苏联1942年式卡拉什尼柯夫（ППК）冲锋枪

自动机部件由枪机、带有螺旋尾管的转动套管、击针和复进簧组成

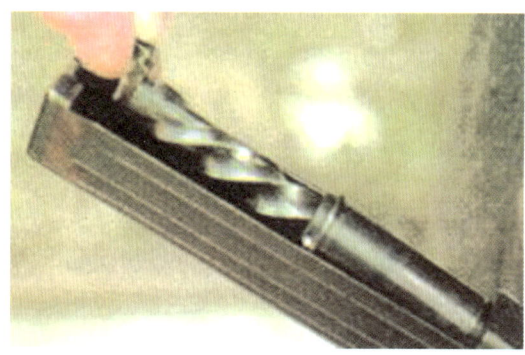

捏住尾部的突起并向上掀起，可以将枪机部件从机匣内取出

在冲锋枪的后握把内放有可伸缩的三段式通条，通条头部是可以缠绕擦枪布的断螺纹结构

扇形表尺组成，表尺射程为500m（在今天看来，500m的射击距离对冲锋枪来说是不现实的，现在的冲锋枪表尺射程几乎都在200m左右）。

握持部件由前后两个握把和枪托组成。枪托采用金属材料，可向下方折转靠在机匣左侧，由枪身结合销固定位置。抵肩板为可翻转式，在枪托折叠状态下，可以转到与枪托轴线平行的位置，打开枪托时，自动弹到与枪托轴线垂直的位置。前后两个握把都是木制的。前握把通过螺杆旋接在枪管护筒下方。后握把位于扳机护圈的后方，其内装有可伸缩的三段式通条，通条头部为断螺纹结构，可以将擦枪布缠绕其上。

枪管护筒采用薄壁金属筒制成并固定在准星底座上。结构与当时苏军的制式冲锋枪类似，侧面开有多个散热孔，前端面是倾斜的，并在枪口部位的左、右和上方各开有一个孔，起到抑制枪口上跳的作用。

不完全分解操作步骤：

1.按压弹匣卡笋，取下弹匣；

2.打开保险，向后拉拉机柄，确认弹膛内没有枪弹；

3.压下枪身结合销，握住上机匣后部向后推5～7mm然后上抬，上下机匣盖即可分离；

4.将螺旋尾管末端的卡笋从机匣尾端面上的定位槽中取出，自动机部件即与机匣分离；

5.握住枪机，旋转击针和转动套管组件，将其与枪机分开。

结合操作按相反顺序进行。

ППК冲锋枪作为一支试验样枪，是不可能为它专门设计工艺的。但这支枪的零件加工得还算精致，装配间隙调整得也比较恰当，由此可以看出帮助卡拉什尼柯夫加工这支样枪的莫斯科航空学院枪炮系的专家们对它的欣赏与关注。

壳挺时，即从机匣上方的抛壳窗抛出。

采用弧形弹匣供弹，弹匣扣位于扳机护圈前方。

瞄准装置由水平方向可以调节的准星与

ППК冲锋枪背后的故事

实际上，ППК冲锋枪是卡拉什尼柯夫设

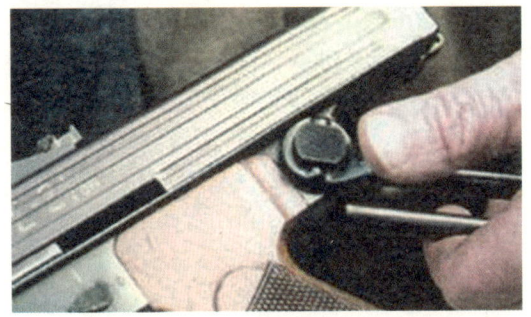

在战斗状态下,打开的枪托被按钮状的卡笋固定

分解按钮

冲锋枪的分解按钮位于前握把的后方

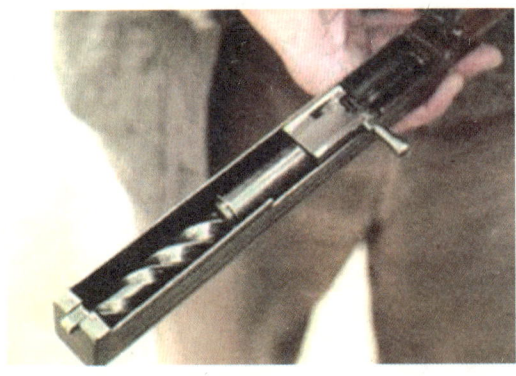

掀开上机匣盖,可以清楚地看见其内部结构。图示为将枪机推到最后方位置时的状态

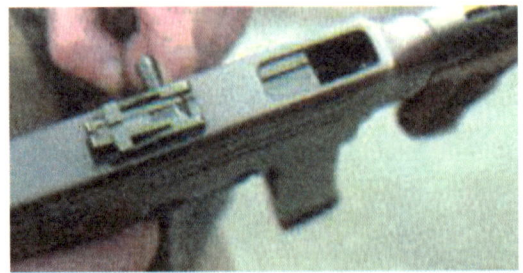

自动机后坐,经过位于机匣上方的抛壳窗位置时完成抛壳动作

计的第二支冲锋枪,第一支冲锋枪是该枪的前身,可惜的是没有留存下来。

卫国战争开始后,卡拉什尼柯夫在前线当了一名坦克驾驶员,中士军衔。在一次战斗中,他的左肩和胸部负了重伤,住进了位于雅罗鱼市的军队医院。在治疗期间,伤员们常在一起闲谈,有很多人抱怨苏联的轻武器难以压制住德军的冲锋枪。卡拉什尼柯夫也深深感到德国冲锋枪的威力远远超过苏联的武器,于是立志要设计一支新的冲锋枪。他克服伤痛的困扰,拿出了小学生使用的笔记本、铅笔和橡皮,从绘制武器自动机工作原理图开始,描绘自己想象中的冲锋枪。其实,在坦克团服役期间,他并没有亲手使用过冲锋枪,因为在卫国战争初期苏联红军中冲锋枪的应用还不是很广泛,当时很多士兵使用的是半自动的莫辛-纳甘步枪。爱好钻研技术的卡拉什尼柯夫熟知托卡列夫手枪和莫辛-纳甘步枪的机构动作,虽然并没学过制图,而且开始勾画的不过是一些草图,但到出院的时候,他的练习本上已经绘满了为冲锋枪设计的各种零件简图、装配图和剖面图。出院后,他被批准休养半年。但为了加工样枪,他并没有休息,而是回到参军前工作过的铁路机车修理站,在一个稍懂机械加工的朋友的帮助下,在简陋的小工棚里制造出他设计的第一支冲锋枪。这时是1942年的春天。

年轻的卡拉什尼柯夫带着这支加工粗糙的样枪找到哈萨克斯坦加盟共和国党中央委员会书记,书记把他介绍到莫斯科航空学院的枪炮系。在枪炮系技术专家的帮助下,卡拉什尼柯夫修改了冲锋枪方案并重新加工了样枪。这就是ППК冲锋枪。加工完成之后,该枪被送到捷尔任斯基炮兵学院进行试验和评审。

苏联红军在第二次世界大战初期,相继使用了杰格佳廖夫冲锋枪(ППД,俗称"波波德")和什帕金冲锋枪(ППШ,俗称"波波莎"),积累了一定的使用经验,同时也对冲锋枪提出了许多新的要求:质量更轻且更便于

卡拉什尼柯夫设计的第一支枪
——苏联1942年式卡拉什尼柯夫（ППК）冲锋枪

2004年，卡拉什尼柯夫在其85诞辰庆祝活动中亮相

2004年，出席85岁生日晚宴的卡拉什尼柯夫将军和家人。从左至右分别是：将军的女儿埃琳娜、将军、孙女捷芙金妮娅、曾孙女伊萝娜和孙女亚历山德拉（萨莎）

携行，使用操作更方便，在所有可能出现的战斗条件下都是可靠的。根据这些要求，军方在1942年2月底开始组织冲锋枪选型试验，当时苏联国内比较著名的枪械设计师杰格佳廖夫、什帕金、苏达耶夫等人都提交了样枪。此次选型最后胜出的就是后来令德国法西斯闻风丧胆的苏达耶夫冲锋枪(ППС，俗称"波波斯"），在当年5月份开始小批量生产并立即发给部队使用。捷尔任斯基炮兵学院对ППК冲锋枪进行试验后，认为该枪结构稍显复杂，在性能上没有明显超过刚刚选用的苏达耶夫冲锋枪，因此没有向部队推荐使用。当时在德军重兵围困列宁格勒的艰苦条件下，大量采用冲压件的苏达耶夫冲锋枪能够获得军方认可，其成本的低廉应该是其中一个重要原因。而ППК冲锋枪铣削加工的上、下机匣和两套螺旋组件构成的自动机，其复杂的工艺显然是一大不足。

ППК冲锋枪可以算作是卡拉什尼柯夫设计成功的第一支枪。在内部结构上，该枪与当时参战国装备的冲锋枪有很大区别。卡拉什尼柯夫在该枪上首次体现了自己的设计天赋：没有接受过枪械设计专业知识教育的他，凭着尽快消灭法西斯的信念，经过无数次的失败、无数次的从头开始，终于设计出这支结构独特的冲锋枪。虽然该枪最后没有被采用，但却引起当时苏联步兵武器权威、时任捷尔任斯基炮兵学院院长的布拉贡拉沃夫中将的注意。他对这支颇具独创性的冲锋枪非常赞赏，更注意到了卡拉什尼柯夫的创造才能。在他的帮助下，卡拉什尼柯夫在1943年被送入正规学校接受正规技术培训，结业后被分配到第20武器试验基地担任技术员，在此期间他参与了对郭留诺夫重机枪的改进。

布拉贡拉沃夫对ППК冲锋枪的赞赏，使年轻的卡拉什尼柯夫坚定了设计新枪的信心，继续在枪械设计和创新的道路上前行。1943年他设计了一支7.62mm的轻机枪，参与了军方组织的轻机枪设计选型，而此次选型最后胜出的是在第二次世界大战后正式装备苏军、由杰格佳廖夫设计的РПД轻机枪。1947年卡拉什尼柯夫又设计了一支9mm的冲锋枪（现存于俄罗斯炮兵、工程兵与通信兵军事历史博物馆），但由于苏军在1944年之后把注意力几乎全都放在突击步枪上，他们认为突击步枪已经包含了冲锋枪的战术作用，没有必要再发展冲锋枪了，甚至在战后一度将冲锋枪撤出军队的装备体系，因此这支枪的命运可想而知。但是在这些设计探索中，卡拉什尼柯夫的设计思想逐渐成熟，技术水平逐渐提高，最后终于设计出后来对世界轻武器发展影响深远的AK系列步枪。

轻武器典藏手册 ——世界著名冲锋枪 I

卫国战争中,"波波莎"冲锋枪和德普机枪成为苏军一线最为威猛有效的单兵自动火力

卫国战争的象征
——苏联"波波莎"冲锋枪

　　伴随着工业和科技的迅猛发展,人类社会的一系列矛盾也越发复杂和尖锐,以至诉诸战争。而战争的需求,反过来又刺激了军事工业的发展。第二次世界大战的爆发,促使许多设计思想先进、制造工艺优化、战斗性能可靠的冲锋枪脱颖而出。即使我们用今天的眼光,近乎苛刻地来赏析这些被战争赋予历史使命的冲锋枪,仍然不能不为之叹服!

　　现代战争中,冲锋枪仍然是必不可少的利器。所谓名枪,必须具备"适用(适合使用者的使命及相关作战行动的战术技术要

卫国战争的象征
——苏联"波波莎"冲锋枪

PPSh41"波波莎"冲锋枪可使用30发弹匣和71发弹鼓两种供弹具

求)"、"耐用(坚实牢固,经得住严酷的战场环境和恶劣的自然天候条件)"、"好用(具备良好的人机功效;操作使用和维护保养简单便利)"、"顶用(机构动作可靠,战斗效能确实)"四位一体综合要求。否则,无论它多么标新立异,谓之"名枪",必名不副实。

苏联PPSh-1941年式7.62mm冲锋枪,又名"波波莎"冲锋枪,是苏联著名轻武器专家乔治·S.什帕金设计的。这支具有传奇色彩的冲锋枪,在1941年初完成部队试验之后,当年就正式装备了红军部队。在此之前,苏军步兵分队中的单兵枪械主要是莫辛-纳甘7.62mm步枪以及少量由苏联枪械专家捷格佳廖夫设计的PPD("波波德")-1934/38和PPD-1940年式7.62mm冲锋枪。从外观到内部结构,"波波德"冲锋枪都承袭了芬兰索米冲锋枪的基因。"波波莎"取代了"波波德"以后,立刻经历了残酷的战争考验。它的显著特点——很高的可靠性和很强的攻击性,在列宁格勒、斯大林格勒保卫战中表现得尤为突出:哪里有红军、红海军陆战队的突击队员,哪里就有"波波莎"。在一些著名的战役会战中,哪一辆T-34坦克上搭载着红军突击队,哪里就有"波波莎"。"波波莎"很快使"大威力步枪制胜"的传统观念转变到使用手枪弹的冲锋枪上来,并在苏联红军最高统帅直至列兵的心目中树立了很高的威信。"波波莎"甚至成了苏联红军的象征。每年一度的红场阅兵,都有一个佩挎"波波莎"冲锋枪的方队。2001年5月的红场阅兵再一次出现了"波波莎"冲锋枪的方队。

在斯大林亲自督导下,从1941年底开始大规模生产"波波莎"冲锋枪,并且整营整营地装备红军部队。截至1945年,生产了400多万支"波波莎",到20世纪40年代末,共生产了500多万支"波波莎"。战后,一些国家开始仿制"波波莎"冲锋枪。其中,匈牙利的仿制品被命名为M48,朝鲜的被命名为49式,我国于1950年开始仿制"波波莎"冲锋枪,1951年6月,第一批50式冲锋枪就被送到了志愿军手中。在抗美援朝战争期间,刚生产出的50式冲锋枪几乎是直接装车运往前线。截至1953年12月,我国共生产了35.8万支50式冲锋枪。越南则在我国50式冲锋枪的基础上,仿改了带有可伸缩金属枪托的K50式。发生在欧、亚、拉美、非洲的历次局部战争和武装冲突中,都能看到"波波莎"的身影。

"波波莎"冲锋枪被称赞为具有战神一样的魅力。战争实践证明"波波莎"确实是历史上最好的冲锋枪之一。从外观上一眼看去,"波波莎"就如同一个憨厚质朴的俄罗斯村姑,显得非常粗糙,甚至有点笨拙,然而其内在却蕴含了丰富的灵巧和智慧。这位从统帅到士兵都钟爱的"村姑",魅力何在呢?

极简单的结构和极低廉的成本

"波波莎"的整个机匣、枪管护筒以及绝大部分部件都是用钢板冲压制成,装配时大量采用铆焊工艺,生产加工极为简单,经济性很好。这一点,对于一支装备数量多(可能配备到每一个士兵)、作战损耗量大的冲锋枪来说,是至关重要的。如果一支最基本的单兵武器,生产复杂,成本昂贵,那么对于支持战争是难以想象的。即使是科技和经济高度发达的今天,尽一切可能降低武器成本,简化生产工艺,追求最好的经济性,也是武器设计者追求的目标之一。

"波波莎"采用自由枪机式自动方式,全枪仅92个零件。简单的结构带来的直接军事效益有两个方面。其一是便于操作使用和维护保养;其二是具有较高的战斗使用可靠性。前者,便于战士很快地掌握它、熟悉它。武器实际战斗使用的规律揭示:结构越简单,越容易操作使用和维护保养,就越具有战斗勤务使用的可靠性,也越有利于发挥战斗效益。不使用任何工具,就能很快地分解"波波莎",全枪在不完全分解状态下仅"四大件"。全枪没有"死角",便于很快地擦拭和结合。可以说,"波波莎"是世界上最简单的冲锋枪之一,真正能使一个初握

二战期间,生产"波波莎"冲锋枪的苏联兵工厂装配车间工作场景。该枪特点是简单耐用,广泛使用钢板冲压件制造,全枪零件为87件,只需要6个工时即可由机床加工完成

"波波莎"冲锋枪的保险设计非常简单,可依靠拉机柄上的保险凸笋将枪机锁定

者一看就会、一摸就熟、一用就通。"波波莎"良好的战斗使用可靠性,不仅源于结构简单,还得益于什帕金独到的结构设计。其一,枪口装置不仅可以在射击时起到防跳和制退作用,当枪口碰触地面、工事胸墙等时,还可以有效地防止尘土进入枪管,这一点,什帕金当初也可能没有想到,但战斗使用却充分体现出这一设计带来的良好"副作用"。其二,开放式供弹具卡槽,不仅最大限度地减轻了枪本身和弹鼓的质量和体积,而且给装填、抛壳部位以尽可能大的空间,尘土雨雪难以留存在这个关键部位。同时,弹膛口又被抛壳口前沿遮挡,尘土难以进入。其三,拉机柄上的保险凸笋,可简便确实地将枪机固定在前后位置上。目前为止,实际使用还没有遇到过故障,大量的史料中也查不到有关"波波莎"的故障记载。

较高的精度和较强的火力

"波波莎"是冲锋枪中精度较高的一种,其原因有三。一是枪与弹的质量比较大,发射过程中枪机前后运动造成的前冲后坐,大部分被枪的质量抵消,加上枪口装置的作用,连续射击几乎感觉不到后坐和震动,完全是一种"只听枪声,不觉枪动"的感觉。二是瞄准具设计得简单、牢固、合理。准星可以作方向和高低调整,又有护圈保护。后期生产的"波波莎"冲锋枪,采用L形翻转式可调表尺,射程分别为100m和200m。我国仿造的1950年式冲锋枪采用觇孔照门,对抵消瞄准误差更为有利,射击精度也很高。三是"波波莎"的射速高达1000~1100发/分。这样高的射速,得益于自动机行程短,因此复进周期也短。使用证明,在有效射程以内,"波波莎"的连发精度很高。3~5发的短点射常常全部命中目标。因此,"波波莎"特别适用于近距离突击、概略瞄准、仓促射击,连续消灭多个目标的紧迫战斗环境中。在抗美援朝战争中,

"波波莎"冲锋枪的枪管护筒采用金属钢板冲压而成,具有较好的防护、散热效果

"波波莎"冲锋枪的保险机构设计在扳机前方位置

中朝军队使用"波波莎"和50式冲锋枪,把美国侵略者打得灵魂出窍,敌人的尸体上往往都是密集的3个弹着点,近乎达到了弹无虚发的程度。

与其高射速相适应,"波波莎"冲锋枪配备了能装71发枪弹的大容弹量弹鼓。这种弹鼓有两个环形输弹槽,外槽可容39发枪弹,内槽可容32发枪弹。弹鼓的使用十分方便,只是要逐发将71发枪弹放入输弹槽内略显费时,但大容弹量弹鼓打起来的感觉大不一样。经过训练的突击队员,懂得如何控制射击频率,力争低耗高效,基本配备的4盘枪弹,还真的能打上一阵。

此外,"波波莎"冲锋枪还可使用容弹

"波波莎"冲锋枪的不完全分解图

量为35发的弧形弹匣。然而，这个35发弧形弹匣，却使外粗内秀的"波波莎"大逊其色。因为弧形弹匣是"双排单进"供弹方式，因此不借助专用压弹器，要把35发弹逐发装入弹匣实属不易。另外，弧形弹匣伸出枪下方的长度要比弹鼓长近1/2，而其容弹量却约是弹鼓的1/2，这样使枪的火线增高，从而有可能增加射手的伤亡率，而且使更换弹匣的次数增加了一倍。不过，弧形弹匣的结构较弹鼓简单，日常携行也比较轻便。

良好的人机功效和环境适应性

"波波莎"体形虽然粗壮，但却非常匀称；外观虽然粗糙，但却十分耐用。"波波莎"的长短、肥瘦、宽窄、体重，都给使用者以舒适感。使用中，无论是据枪瞄准，抵近射击，还是后背前挂，揣携战斗，都给使用者以确实感、稳固感。仅以以下3例描述"波波莎"优良的人机功效。例一，"波波莎"的枪管护筒和前端的枪口装置，除上述作用外还相对地抑制了枪口噪声，并防止射手被发烫的枪管灼伤。使用"波波莎"冲锋枪时，枪声远不及现有的一些轻型冲锋枪那样刺耳，也不会有使用某些轻型冲锋枪担心被枪管烫伤的顾忌。为了抑制枪口上跳，在枪口装置的下方不开口，这一措施还避免了当枪口接近地面射击时，枪口气焰把尘土吹起来迷盲射手眼睛和暴露射手位置的不足。例二，"波波莎"冲锋枪可折叠的弹匣卡笋扳手较长和宽大的扳机护圈，在冬季戴皮毛手套射击时，也不影响使用。例三，木质枪托，据枪贴腮非常舒适，特别在高寒条件下使用，据枪贴腮的舒适性远远优于金属枪托。还不止于此，木质枪托在近距格斗中还具有金属枪托望尘莫及的作用——格、劈、磕、砸。在攻克柏林国会大厦的殊死激战中，红军突击队员把"波波莎"的战斗效能发挥到了极至，木质枪托毙伤的法西斯不在少数。

"波波莎"今年已过了61岁的生日。抚今追昔，我们从它粗糙壮实的外表和简陋朴实的内在中能感悟到什么呢？当把弹鼓中的71发枪弹一口气打光，打得前面靶纸横飞的时候，也许你所感悟到的不仅仅是它的猛烈、可靠，还可能感悟到一种反抗强敌侵略的民族精神！苏联人民用"波波莎"把德国法西斯赶出了国土，追歼于柏林；中朝人民用"波波莎"把美帝国主义侵略者打得魂飞魄散，滚回了老家。小小的"波波莎"蕴含着多么高扬的正义战争伟力；简陋的"波波莎"也证明了人是战争决定因素的真理，揭示了正义战争必胜的客观规律。

苏联"波波莎"冲锋枪(左)和"波波斯"冲锋枪(右)的中国仿制型50、54式冲锋枪

反法西斯战场上的"铁骨男孩"
——苏联"波波斯"冲锋枪

1942年,世界反法西斯战争进入了最为艰苦卓绝的时期。苏联人民抗击德国法西斯的卫国战争惨烈地进行着。大规模的坚守防御作战,特别是城市防御作战,对单兵火器提出了特殊的要求——前线急需冲锋枪。红军最高统帅斯大林同志命令大量生产冲锋枪!

在大量生产PPSh41式冲锋枪的同时,苏联枪械设计师阿力克谢·苏达列夫设计出了另一种结构简单的7.62mm冲锋枪——"波波斯"-42(PPS-42)。或许是受到德国MP40冲锋枪的启发,PPS-42冲锋枪采用了金属折叠枪托,这是苏军第一支折叠枪托冲锋枪。这个"铁骨男孩"是在德军重兵围困列宁格勒的极其困难的条件下出生的,还在"襁褓"中就加入了红军侦察队、红军海军陆战队突击队的行列。这样做,对一支刚研制出来的武器来说似乎勉为其难,但却又在情理之中。对武器设计者来讲,尽早把新研制出来的武器送到一线,

特别是送到那些执行特殊任务的部队,以实战检验武器的性能和品质,是求之不得的好事。PPS-42冲锋枪在列宁格勒保卫战中经历了直接的战斗使用试验,通过小批量及很短的使用时间就发现和改进了存在的问题,为最终达到几乎尽善尽美的程度,并于1943年正式成为苏军制式武器,起到了不可替代的作用,被正式命名为苏联PPS-1943年式7.62mm冲锋枪(以下简称PPS-43冲锋枪)。

PPS-43冲锋枪这个反法西斯战火锤炼出来的"铁骨男孩",又经历了无数战火的磨炼,授予它一枚世界上最优秀冲锋枪的金牌,应当之无愧。

我们评价某一支枪是否优秀,是全面地、客观地从总体上来考察,而不是只及其一,不及其余。我们说PPS-43冲锋枪优秀,当然也不例外。那么,就让我们从不同的角度来全面地品味PPS-43冲锋枪的特点吧。

反法西斯战场上的"铁骨男孩"——苏联"波波斯"冲锋枪

相当可靠的战斗性能

人类作战实践不止一次证明，一种枪械的可靠性，大凡依赖三大要素，即"结构简单"、"机构可靠"、"控制方便"。这"三大要素"如同三角形的稳定性一样，构成枪械的可靠性。这"三大要素"或缺或偏颇，枪械的可靠性就可能打折扣。

PPS-43冲锋枪堪称是这"三大要素"有机结合的典范。首先，PPS-43冲锋枪的结构极为简单。全枪装配前单个零件数（包括各种簧、轴、销）仅103个，组合为22个部件，而不完全分解（部队正常使用时的分解）仅"三大件"（我军在装备PPS-43冲锋枪或仿制品54式冲锋枪时期盛行的军中俚语）。再如，该枪不设单发机构，简化了击发机构，但射手可以充分利用枪机行程较长、射速相对减慢的特点，用扣压扳机的手指控制打单发。PPS-43冲锋枪可以说是自20世纪以来最简单的冲锋枪之一了。其简单，还特别体现在设计的巧妙上。其中最经典之处，就是复进簧导杆端部同时作为抛壳挺，一物多用，淋漓尽致。

简单的结构，直接的优势是使所构成的机构关系简单化，从而为机构动作的可靠创造了有利条件，打下了良好基础。这就是我们要进一步说的第二个特点：PPS-43冲锋枪机构动作极为可靠。PPS-43冲锋枪采用典型的自由枪机式自动方式，恰到好处地匹配和协调了枪机质量、枪弹后坐冲量以及复进簧张力等相互间复杂的关系，而且具有相当宽泛的环境适应性。而这些正是采用自由枪机式自动方式的枪械往往难以解决的问题。PPS-43冲锋枪各部分所采用的机构动作，都是最简单的原理，一个学过物理知识的初中生，一看也能明白。例如，PPS-43冲锋枪的保险装置，利用简单的斜面，就使水平方向操作的手柄上下运动，从而实现可靠确实的保险。

特别指出的是，PPS-43冲锋枪是一种非常适合于浸水条件下作战的冲锋枪。PPS-43

"波波斯"冲锋枪枪身特写，可见拉机柄上已省略了保险凸笋的设计

"波波斯"冲锋枪枪身特写，此时枪机位于后方，露出弹膛

"波波斯"冲锋枪枪身后部特写，可见扳机护圈前方的手动保险

冲锋枪全枪仅有3个非金属件(2片握把护板和1片复进机缓冲器是用塑料制成的)，没有木质枪托、护木被水泡胀的顾虑，加上它在内空间设计上疏密有致，几乎存不住水和灰尘，而且结构简单，动作确实，便于清洗和维护保养。因此它一装备我军，就成为我军侦察兵特别是两栖侦察兵爱不释手的武器。

第三，PPS-43冲锋枪在使用上的简便性，堪称世界第一。所谓使用上的简便性，大致取决于三点：其一，操控动作尽可能接近大多数人的基本习惯性动作；其二，完成某一操作程序的动作简单易行且动作数量尽可能少；其三，为操作者提供的操作环境具有"一步到位性"、"避免误动性"和"多重选择性"。其中前两点好理解，在此不多赘述。后一点是指持枪的各种动作，应尽可能做到便于使用者不动则已，动则一步到位，尽量避免中间环节，不会造成误动。同时，应具有便于不同的使用者、不同的使用环境、不同的使用体位(包括人体不同的姿势、左右手)等的选择性。PPS-43冲锋枪堪称是上述三点有机结合的优化体。例如打开折叠枪托的动作，使用者只需向上、向后展开撑杆，再向上、向后旋转托铁以习惯性动作一步到位。又如，不完全分解动作，以一手握握把，并用拇指按压机匣卡笋打开机匣，然后稍向后拉枪机并向下取出枪机，再从枪机上取下复进机，极为简便，不会误动。再如，采用35发双排双进弧形弹匣，装弹简便顺畅，如此等等。难怪在越战时期，侵越美军特种部队人员选择使用掠获的PPS-43冲锋枪。尽管美军特种部队人员经常使用PPS-43冲锋枪是为适应某些战术上的需要，但是PPS-43冲锋枪好用，确也是其被选择的主要原因之一。

良好的人机功效

人机功效的优劣，是现代武器特别是轻武器战斗能力的重要指标。评价一支枪好用与否，不能不研究这支枪的人机功效水平。

轻武器的人机功效主要包括"优美的造型"、"恰当的尺寸"和"实在的质量"三大要素。这三者或缺或偏颇，枪械的人机功效就可能打折扣。枪械人机功效的好坏，不仅直接关系到全枪整体性能的优劣，而且也是枪械设计者功力和综合(包括专业技术知识、战术技术知识，甚至人文修养等多方面)素质的体现。PPS-43冲锋枪堪称是这"三大要素"有机结合的典范，这与设计师丰厚的底蕴和功力密切相关。

武器的外观往往能充分体现其威力，并且对人员的心理也具有不可忽视的影响。对己方而言，武器外观造形使人员树立的对该种武器的信心是与战斗力成正比的。同样，对敌方而

"波波斯"冲锋枪枪机组件特写

反法西斯战场上的"铁骨男孩"——苏联"波波斯"冲锋枪

言,其人员对该种武器外观造型产生的恐惧也与战斗意志的削弱成正比。把PPS-43冲锋枪比喻为一个"铁骨男孩"是不为过的。PPS-43冲锋枪的造型具有广泛的人体适应性,少年拿着不显大,成人拿着不显小,女性拿着显得英姿飒爽,男性拿着显得威猛果敢。它那快慢适中、节奏明快的射速,以及它那全黑色的枪身和露在抛壳窗的银白色枪机形成鲜明的反差,拉开枪机(成待击状态),黑洞洞的抛壳窗和枪管护筒上的散热孔,给敌人以黑衣死神般的威慑。相传20世纪50年代末我军在西南边境平叛剿匪作战中,曾经有一小战士俘虏近百名土匪的战例。经审问才查明,这些匪徒之所以束手就擒,就是看到这个小战士手中的54式冲锋枪上有那么多"黑洞洞",怕不听话,这个解放军"娃娃兵"一怒之下枪弹四射,可不是闹着玩的。这个小故事虽不乏革命乐观主义的夸张和演绎,但对PPS-43冲锋枪的美誉确也可见一斑。

枪械人机功效中最基本的要素是几何尺寸的安排和各部质量的匹配。其中,几何尺寸在枪械人机功效乃至全枪整体性能中起着极为重要的作用。就PPS-43冲锋枪的几何尺寸安排而言,可以说对全枪人机功效乃至整体性能的优化起到了至关重要的作用。我们从几个长度尺寸的安排来分析。PPS-43冲锋枪从枪托底端至弹匣前沿的距离为522mm,从枪托底端至扳机的距离为300mm,从握把前沿至弹匣前沿的距离为250mm,枪托长213mm,而成人小臂和大臂的平均长度为300mm左右。这样,当抵肩据枪瞄准射击时,射手握握把的右手臂(大臂与小臂)的张角约为60°,与托底至扳机连线成等边三角形。此时,射手握持弹匣的左手臂(大臂与小臂)的张角也约为60°,即左肩至左手腕的连线成等边三角形。人体肩部正面平均宽度约为500mm,则又在右肩支点(枪托抵肩处)、左手支点(握弹匣处)和左肩构成了一个等边三角形。这样的据枪姿势显然是十分自然、舒适、稳固的。身高1.8m以下、1.5m以上的人员,其肢体长度值大多在上述相关平均值上下。使用PPS-43冲锋枪都感到合适,更高或更矮的人员使用也不会感到明显不适。

再说PPS-43冲锋枪质量。研究表明,健康成人对物体重量的感觉,与自身体重有关。一方面,当物体重量一定时,体重重的人可能会感觉到轻一些,而体重轻的人则可能会感到重一些;另一方面,人们愉快承受物体重量的能力有一定范围。通常在人员直立承担小于人体十分之一的重量时,压重感不明显。PPS-43冲锋枪的战斗全重3.65kg,约为我国健康成人体重(平均体重约50kg)的7.3%。由此可

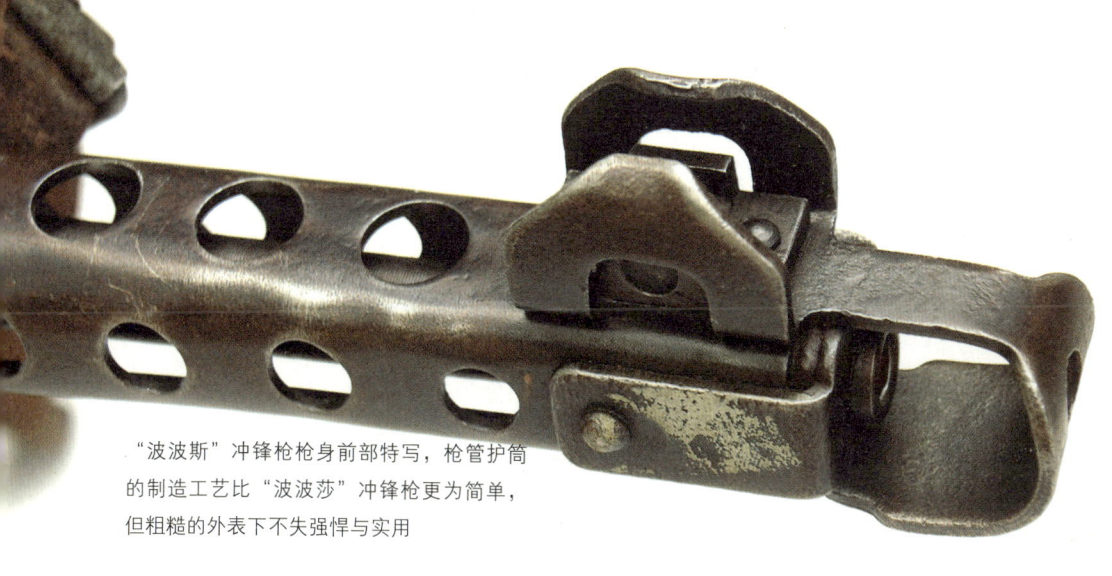

"波波斯"冲锋枪枪身前部特写,枪管护筒的制造工艺比"波波莎"冲锋枪更为简单,但粗糙的外表下不失强悍与实用

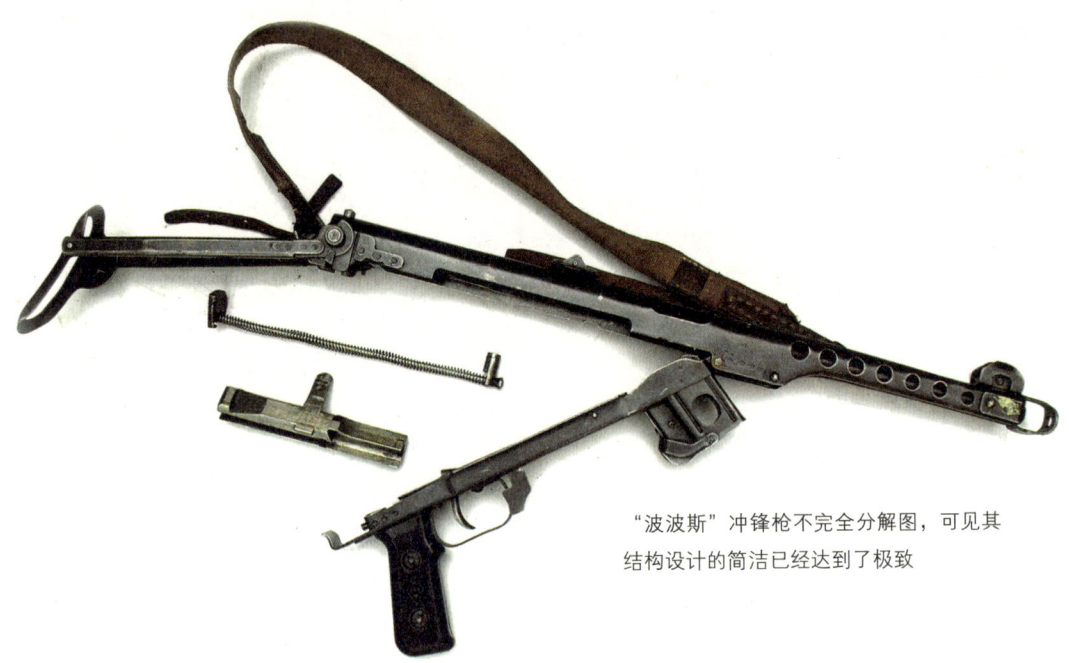

"波波斯"冲锋枪不完全分解图,可见其结构设计的简洁已经达到了极致

见PPS-43冲锋枪的人员适用范围是很大的。谈到枪的质量,不能不谈一下枪的质心问题。很多枪并不算重,但使用起来却颇感费劲,质心不当就是主要原因之一。PPS-43冲锋枪战斗状态时的质心,大约在弹匣后沿与照门之间,射击和携行使人感到舒适轻松。

相当低廉的成本

PPS-43冲锋枪之所以美誉叠加,还在于它低廉的经济成本,而产品的经济性则永远是人类科技发展所追求的目标之一。对于打钢铁拼消耗的战争而言,低耗高效更具有重要和深远的战略意义。单兵武器装备量和损耗量极大,因此在生产制造上强调取材广泛、制造简便、成本低廉,是每一个国家和军队都必需的和不容置疑的。PPS-43冲锋枪以便于筹措、价格低廉的"金属大白菜"——钢板为材料,除枪机、枪管等少数零部件采用机加外,大量采用冷冲压和铆焊工艺,利于大量生产,成本低廉。同时,采用金属折叠枪托,并增加了小握把,不仅便于携行,更便于搭乘车辆、飞机、舰船,便于跳伞,而且节约了大量的木材。该枪虽然从外观上看比现在的有些枪略显粗糙,但比它的大姐"波波莎"却精致了许多。PPS-43冲锋枪从1943年开始到第二次世界大战结束以后许多年一直在生产,并曾大量装备华沙条约各国军队。我国仿制试生产期间称为"仿43式"冲锋枪,1954年生产定型后,改称为"1954年式7.62mm冲锋枪"。

PPS-43冲锋枪诞生于反法西斯战火之中,为最后战胜法西斯,保卫胜利果实立下了汗马功劳。在中国人民抗美援朝和保卫祖国安全的作战中,PPS-43冲锋枪及其"克隆"品——1954年式7.62mm冲锋枪更是功不可没。

PPS-43冲锋枪问世至今,已经58个年头了,但我们这些曾经以它为"第二生命"的人仍然记忆犹新。即使是现在,当你为国家安全和祖国统一而战的时候,给你一支崭新的PPS-43冲锋枪,你一定也会很快地爱上"波波斯"这个英俊果敢的"小伙子"的。